환경시스템과 공공정책 정오표

면수	위치	수정 전	수정 후
96	위로 5	해파리 군체	산호와 말미잘 군체
98	아래로 1	이용된다	이용한다
126	위로 1	식들은	식물은
165	위로 10	식물에	식물에게
214	아래로 3	역할이	경제에 작용하는 환경자원의 역할이
269	아래로 4	이 같은	이와 같은
276	위로 7	저장고를	곡식을
281	위로 3	= q	= q
296	아래로 10	10	I0
	위로 8	t'/t0	t/t0
302	그림 A.3	World-State	MINIWORLD- STATECON으로 교체
304	아래로 3	F 1000	F = 1000

P. 302 그림 A.3을 다음 그림으로 교체

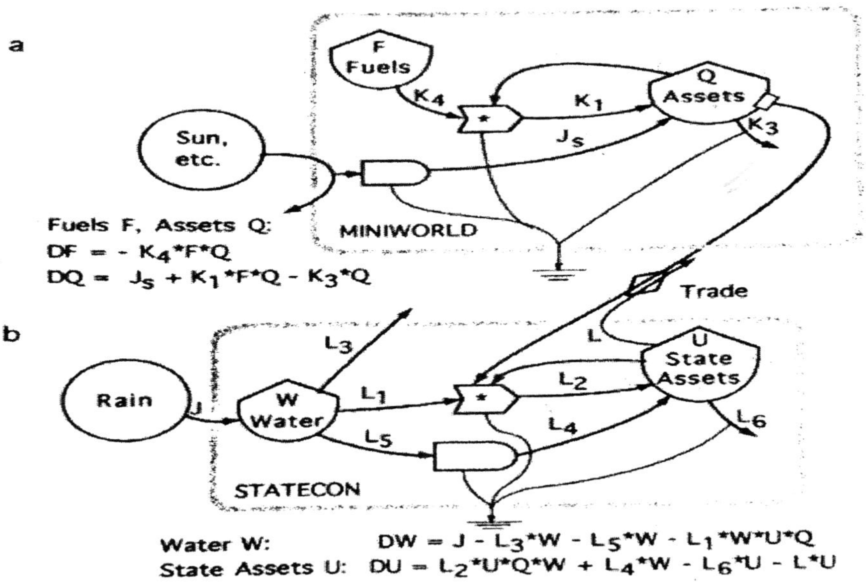

환경시스템과
공 공 정 책

이석모 · 손지호 · 이동주 역

PUKYONG NATIONAL UNIVERSITY PRESS
부경대학교 출판부

환경시스템과 공공 정책

2020년 2월 28일 발행

역　자 | 이석모 · 손지호 · 이동주
발행인 | 김 영 섭
발행처 | 부경대학교 출판부
주　소 | 부산광역시 남구 용소로 45
전　화 | (051) 629-6914
F A X | (051) 629-6917
E-Mail | upress@pknu.ac.kr

값 16,500원

ISBN 979-11-87263-35-7 (93530)

| 저자 서론 |

인간의 우주에 대한 탐험은 지구와 인간의 역할에 대한 시각을 완전히 바꿔 놓았다. 이제 우리는 환경과 사회를 하나의 시스템으로 보는 방법을 알고 있다. 각 개인에 대한 교육은 개인이 경제와 어떻게 연결되어 있는지와 개인이 자원과 환경에 어떻게 의존하고 있는지를 보여야 한다.

이 교재에서 새로운 과학 접근방식으로 중요한 공공 정책에 대하여 분석하는 방법을 배운다. 마이크로컴퓨터 시뮬레이션, 에너지 원리 및 시스템의 개념은 우리가 사는 세상, 우리 시대의 당면한 과제 및 번영을 위한 공공 정책을 이해하는 데 필수적인 도구 중의 하나이다.

부분에 대한 관점을 미시적 관점이라고 부르는 것과 마찬가지로 전체 시스템에 대한 관점을 거시적 관점이라 한다. 환경과학과 경제학을 통합된 개념으로 학습하면 우리의 정책이 지구의 안녕에 미칠 영향을 이해하는 데 도움이 된다.

먼저 에너지 시스템 언어와 원리를 배우는 것으로부터 시작한다. 왜냐하면, 에너지는 모든 것에 필요하기 때문이다. 제1부에는 시스템 다이어그램과 기본적인 시스템의 종류가 설명된다. 시간 경과에 따라 시스템이 어떻게 수행하는지를 보여주기 위해 학생들은 마이크로컴퓨터 프로그래밍하는 방법을 배운다.

다음으로 제2부에서는 지구상의 주요 생태계(생물권)를 소개하고, 이들의 특성과 인간 경제와의 관계에 있어서 고려사항을 설명한다. 제3부에서는 농업, 임업, 도시를 시작으로 인간 경제의 시스템을 분석한 다음 국가에 대해서 그리고 국가 간의 관계를 고찰한다.

이 교재는 자원과 환경을 이용할 경우 공공 정책의 선택에서 야기되는 갈등을 고려한다. Emergy 계산은 자원과 자원의 이용에 대한 편익을 평가하는 방법을 제공하기 때문에 지구를 관리하기 위한 올바른 정책을 선택할 수 있다. 다가올 먼 미래에 대하여 고려해야 할 사항이 포함된다. 본 교재는 그동안 일반적인 교육과정에서 개별 과목으로 가르쳐 왔던 과학, 공학, 공공 정책 등을 학제 간 교육이 되도록 한 교과목으로 집필하였다.

좋은 독서와 안전한 여행을!

Howard T. Odum

본 교재는 플로리다 대학의 H.T. Odum 교수 등의 "Environmental System and Public Policy"를 컴퓨터 시뮬레이션 부분을 제외하고는 원문에 가깝도록 번역하였다.

역자 일동

| 목차 |

저자 서론 · 3

제1부 | 원리와 시스템 언어 · 7

제1장 시스템과 부호 ········ 7
제2장 생태계 내에서의 에너지와 물질의 흐름 ········ 16
제3장 소나무 숲의 먹이 그물망 ········ 25
제4장 영양단계와 에너지의 질 ········ 31
제5장 생산과 최대능률의 원리 ········ 39
제6장 성장모델 ········ 46
제7장 정량 모델의 시뮬레이션 ········ 57
제8장 반복진동 시스템(Oscillating systems) ········ 76

제2부 | 생태계의 종류 · 83

제9장 해양 ········ 88
제10장 하구 ········ 107
제11장 호소와 하천 ········ 114
제12장 습지 ········ 124
제13장 냉대 생물권 ········ 130
제14장 온대림 ········ 136
제15장 초원과 사막 생물권 ········ 144
제16장 열대 생물권 ········ 150
제17장 농업 시스템 ········ 156
제18장 임업 시스템 ········ 163
제19장 도시 시스템 ········ 169

제3부 | 경제시스템 • 179

제20장 초기 부족 문화 …… 180
제21장 에너지와 경제 …… 187
제22장 국가 경제의 기초로서 환경 …… 202
제23장 지역의 경제시스템 …… 210
제24장 경제가 환경에 미치는 영향 …… 220
제25장 연료와 전기 …… 229
제26장 대체 에너지 …… 237
제27장 인구와 수용 능력 …… 251
제28장 국제 교역 …… 257
제29장 미래 예측 …… 264
제30장 저 에너지 세계 …… 273

부록 • 279

참고문헌 • 305

제 1 부 ｜ 원리와 시스템 언어

제1장 시스템과 부호

▌학습 목표▐

1. 생태계의 구성요소(생물과 무생물)
2. 부호의 명칭과 의미
3. 생태계 모델 구축

1.1 시스템

시스템은 서로 연결되어 상호 작용하는 부분들의 집단이다. 지구는 생물과 무생물 환경으로 구성되어 있으며 이들은 상호작용을 통해 시스템을 형성한다. 생물과 무생물 환경으로 이루어진 시스템을 **생태계**라 한다.

육상의 대부분의 생태계는 나무와 같은 생물과 영양염, 기후 현상과 같은 무생물 환경을 포함한다. 생물이 존재하는 지구의 표면을 **생물권**이라 한다. 생물권에는 여러 종류의 작은 생태계를 포함하고 있다. 예를 들면 산림, 초원, 호소, 하구 등이 있다.

생태계 내에서 한 종의 생물 집합체를 **개체군**이라 한다. 각 생태계는 서로 다른 여러 개체군을 포함한다. 예를 들면, 생태계는 소나무의 개체군, 다람쥐의 개체군, 메뚜기의 개체군을 포함한다.

생태계의 여러 생물 집합체를 **군집**이라 한다. 군집은 여러 종의 개체군으로 구성된다. 이들 개체군은 서로 연결되어 상호작용을 한다.

1.2 생태계의 구조와 기능

일부 생물은 태양에너지를 이용하여 무기 화학 물질로부터 유기물을 합성한다. 이러한 과정을 **광합성**이라 한다. 유기물을 합성하는 식물을 **생산자**라고 한다. 생산된 **유기물**은 살아있는 세포에 의해서 많은 세포를 만들고, 목질(wood)과 지질(fats)을 만드는 데 이용된다. 생물이 생산한 유기물질을 **생체량** 또는 **생물자원**이라고도 한다.

일부 생물은 생산자에 의해 만들어진 유기물질을 소비한다. 이러한 생물이 **소비자**이다. 소비자는 식물을 먹이로 하는 초식동물이나, 육류를 먹이로 하는 육식동물, 또는 죽은 생물을 소화하는 **분해자**가 될 수 있다. 소와 메뚜기는 초식동물이며, 늑대와 거미는 육식동물, 곰팡이와 박테리아는 분해자이다.

소비자가 먹이를 소화하여 이용하고 난 후에는, 일부의 화학물질이 부산물로 남는다. 식물성장을 위한 비료로 필요한 이들 부산물을 **영양염**이라 한다. 영양염이 소비자에 의해서 배출되어 식물에 의해 재이용되기 위해서 환원될 때, 영양염이 **재순환**된다고 한다.

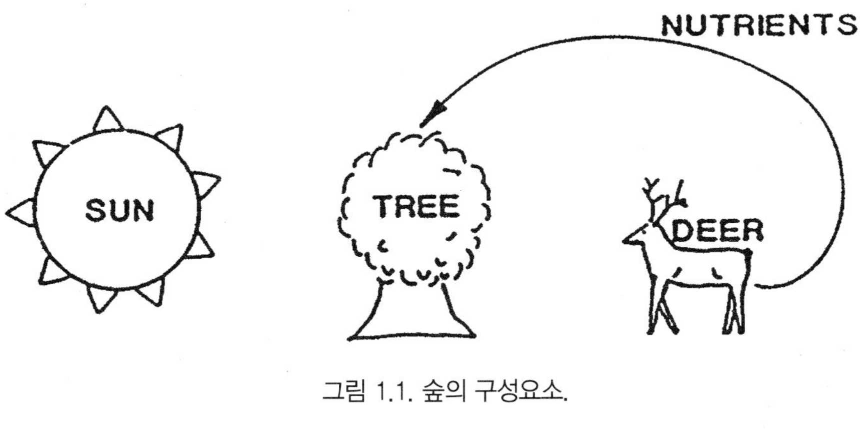

그림 1.1. 숲의 구성요소.

숲은 대표적인 생태계의 한 예이다. 나무를 비롯한 식물 생산자는 태양에너지와 영양염을 이용하여 유기물을 합성한다. 이것을 소비자가 섭취하고 소비자는 영양염을 방출하여 식물의 뿌리로 보낸다. <그림 1.1>은 숲 생태계의 구성요소를 나타내며, 화살표는 에너지, 먹이, 영양염이 흐르는 방향을 나타낸다.

1.3 부호

부호를 사용하면 시스템의 상호관계를 그림으로 쉽게 나타낼 수 있다. 앞으로 배우게 될 첫 번째 그룹의 부호가 <그림 1.2>에 나타나 있다.

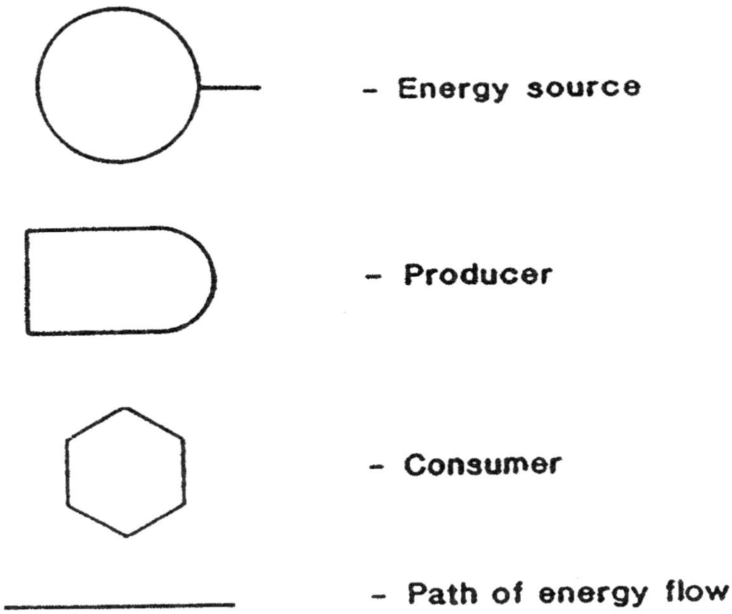

그림 1.2. 숲의 구성요소를 위한 부호.

<그림 1.3>은 이러한 부호를 이용하여 그린 숲 생태계이다. 구성요소와 경로는 <그림 1.1>과 같으며, 다만 나무, 사슴 등의 그림 대신에 부호가 그려져 있다. 태양은 에너지원, 녹색 식물은 생산자, 동물은 소비자 부호로 각각 나타나 있다. 화살표는 각 구성요소에서 다

른 구성요소로 가는 에너지 경로를 나타낸다. 여러 경로를 통하여 물질과 에너지가 이동한다. 간단한 방법으로 중요한 관계를 나타내는 그림도 하나의 **모델**이다.

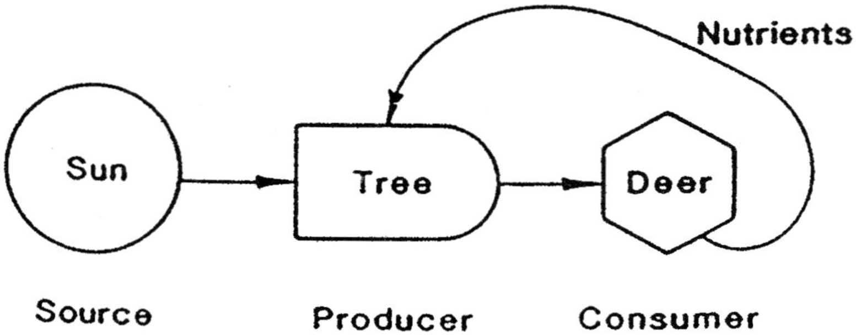

그림 1.3. 숲의 구성요소를 표현하기 위한 부호의 사용.

새로운 두 개의 부호가 <그림 1.4>에 소개되었다. **상호작용 부호**는 에너지 시스템 다이어그램에서 상호작용 과정을 나타낸다. 예를 들면, 광합성 과정에서 에너지와 물질의 상호작용은 이 부호에 의해 나타난 하나의 상호작용이다. 보유량은 <그림 1.4>의 **저장고** 부호에 의해서 나타난다. 예를 들면, 영양염의 보유량은 저장고 부호에 의해서 나타낼 수 있다. 저장고 부호는 물탱크와 같은 모양을 하고 있다.

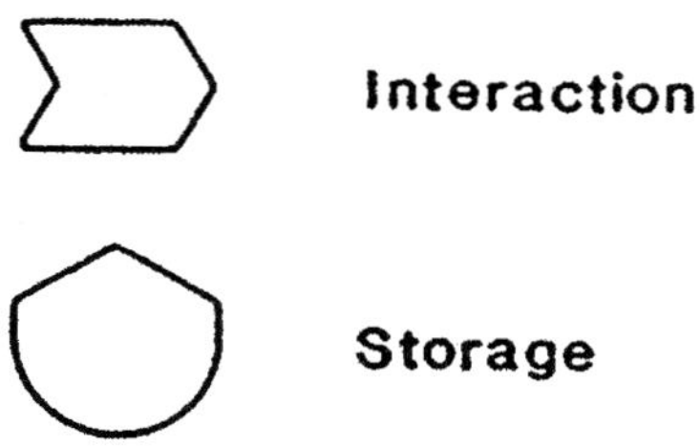

그림 1.4. 상호작용과 저장고 부호.

생산자와 소비자 내부의 구성요소, 에너지와 물질의 흐름 경로가 <그림 1.5>에 소개되었다. 광합성 과정은 생산자 내부에서 영양염과 에너지가 결합하는 상호작용임을 알 수 있다. 광합성을 위한 생산과정에는 일정량의 식물 생체량 또한 필요하다. 소비자 역시 내부에는 상호작용과 저장고 부호를 포함한다. 사슴을 예로 들면, 소비자 내부의 상호작용은 녹색 식물을 먹는 과정이다. 저장고 부호는 사슴의 생체량을 의미한다. 소비자 내부의 구성요소와 에너지와 물질의 흐름 경로는 생산자 내부의 모습과 비슷하다.

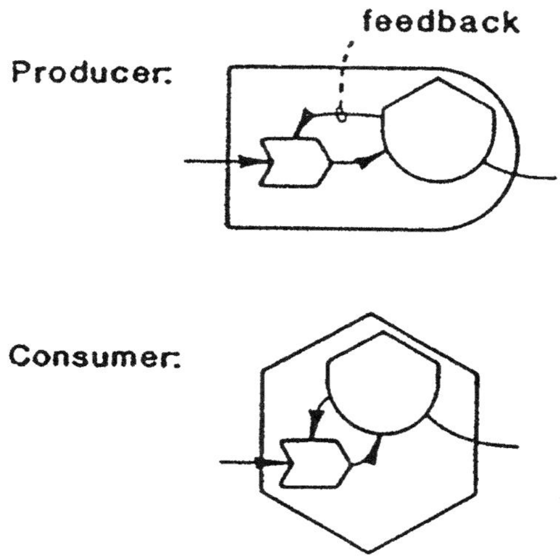

그림 1.5. 생산자와 소비자 내부의 구성요소.

<그림 1.5>에서 보면 저장고 부호에서 상호작용 부호로 되돌아가는 흐름을 나타내는 선이 있다. 이 흐름은 생체 보유량이 더 많은 생체량을 생산하고 있음을 나타낸다. 여기서 왼편으로 돌아가는 선을 **피드백(feedback)**이라 한다.

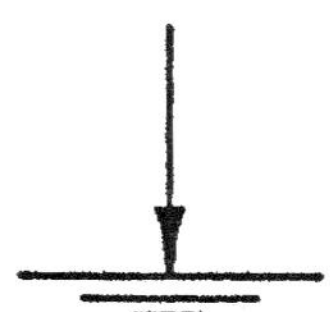

그림 1.6. 열 분산 부호.

에너지는 상대적으로 농축되어 있을 때만 일을 하는 데에 이용된다. 에너지가 일할 수 있는 능력과 그 농도를 상실할 때, 분산된다고 한다. 농축된 저장고와 상호작용 과정에서 일부 에너지를 항상 사용할 수 없는 형태로 분산된다. 모든 저장고와 상호작용에 수반되는 에너지의 분산은 <그림 1.6>의 **열 분산(heat sink)** 부호로 나타낸다. 분산된 에너지는 다시는 사용할 수 없다.

예를 들면, 광합성 과정에서 대부분의 태양에너지는 사용되어 다시 이용할 수 없는 형태로 분산된다. 소비자인 동물이 식물을 섭취할 때, 대부분의 섭취된 에너지는 동물의 생존 유지와 성장 과정을 위해서 분산된다.

1.4 숲 생태계 모델

지금까지 소개된 부호를 이용하여 <그림 1.7>과 같이 전체 숲 생태계를 간단히 나타낼 수 있다. 부호 주위에 그려진 상자는 시스템의 경계를 표시한다. 에너지원과 열 분산 부호만이 경계선 밖에 그려진다. 에너지원 부호는 외부의 에너지원으로부터 제공되기 때문에 경계 밖에 있다. 열 분산은 에너지가 시스템 바깥으로 에너지가 분산되어 재이용할 수 없으므로 경계 밖에 있다.

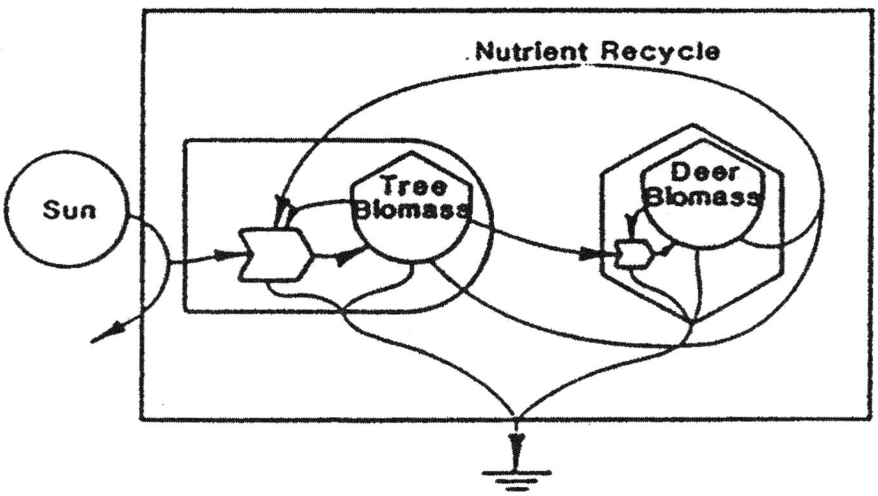

그림 1.7. 부호를 이용하여 그려진 숲 생태계.

태양광의 흐름을 나타내는 선은 숲에서 이용되지 않고 복사되는 양이 있으므로 다시 되돌아가는 가지를 가지고 있다. 소비자에 의해서 방출된 영양염은 왼편의 식물 생산과정으로 재순환한다. 요약하면, 에너지 부호는 생태계에서 생산자와 소비자가 어떻게 연결되어, 에너지를 이용하고, 물질이 순환되며, 더 많은 생산을 위하여 저장고의 보유량을 이용하는지를 보여준다.

1.5 화폐가 이용되는 거래 부호

화폐를 포함하는 경제시스템의 화폐는 재화와 용역에 대한 지급수단으로 사용된다. <그림 1.8>에서처럼, 에너지가 한 방향(실선)으로 흐를 때 화폐는 반대 방향(점선)으로 흐른다. 생산된 육류와 곡물은 농장에서 도시로 이동하고, 화폐는 그것에 대한 대가로 지급된다.

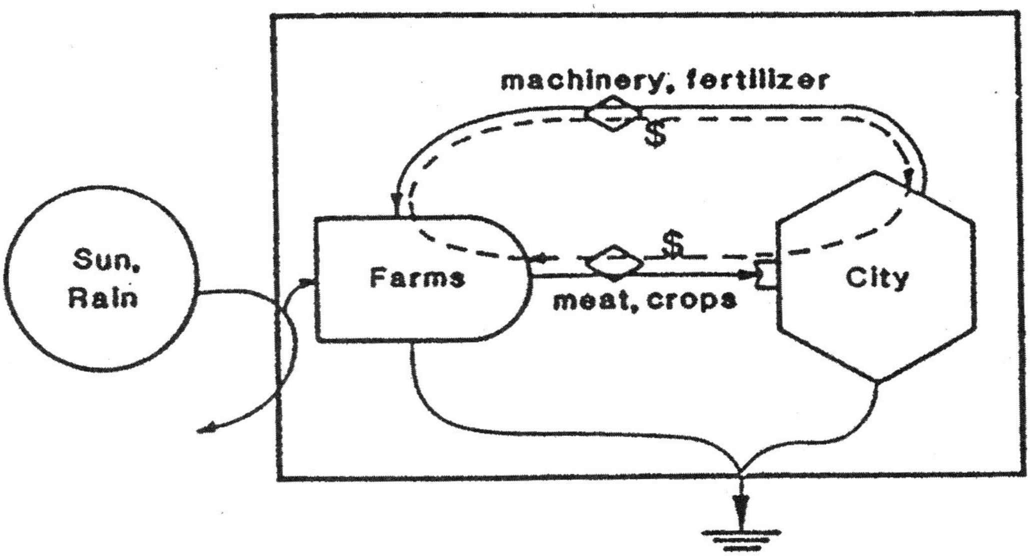

그림 1.8. 반대 방향으로 향하는 에너지와 화폐 흐름.

<그림 1.9>에는 통상적인 흐름 경로를 포함하는 10개의 부호가 소개되었다. 이 중 제1장에서는 8개의 부호가 이용되었으며, 나머지 2개는 다음에 이용된다.

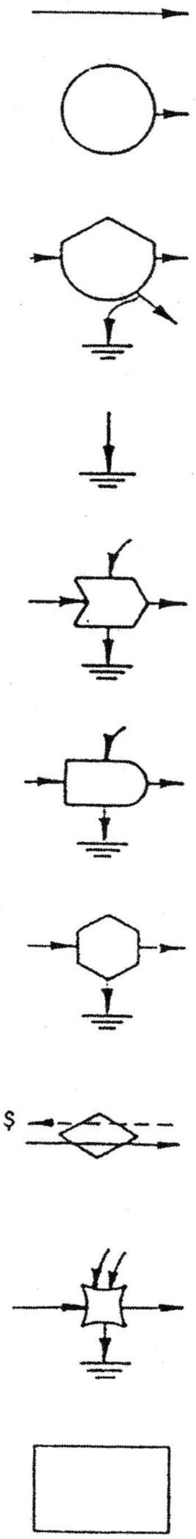

에너지 경로 – 에너지 흐름

에너지원 – 태양, 바람, 조석, 해변의 파도, 강우 등

저장고 – 에너지가 저장되는 곳, 예로는 숲의 생체량, 토양, 유기물질, 지하수와 같은 자원

열 분산 – 광합성에 이용된 후의 태양광 에너지나 동물의 신진대사로 방출된 열처럼 분산되어 사용할 수 없는 에너지

상호작용 – 서로 다른 형태의 에너지나 물질의 흐름이 결합하는 과정

생산자 – 나무, 농작물, 공장과 같이 에너지와 원료물질로부터 생산품을 만드는 기초 단위

소비자 – 곤충, 소, 미생물, 인간과 도시와 같이 생산자로부터의 생산품을 이용하는 기초 단위

거래 – 에너지, 물질, 서비스와 화폐의 교환

스위치 – 불의 점멸, 꽃의 수분작용과 같이 실행되고 중단되는 과정

box – 숲 생태계에서 토양 시스템, 하구 생태계에서 어업 시스템과 같은 하부 시스템을 나타내는 부호. 시스템의 경계를 위해서도 사용된다.

그림 1.9. 에너지 부호.

연습문제

1. 다음을 정의하라.
   a. 소비자
   b. 생산자
   c. 분해자
   d. 광합성
   e. 군집
   f. 영양염
   g. 에너지 분산
   h. 상호작용
   i. 저장고
   j. 생산
   k. 에너지원
   l. 생물권
2. 숲 생태계를 <그림 1.7>을 이용하여 설명하라.
3. 이번 장에서 이용된 8개의 부호를 그리고, 그것이 의미하는 바를 설명하라.
4. 숲 생태계 그림에서 에너지와 영양염의 흐름을 추적하라.
5. 친구에게 100원을 받고 연필 4자루를 준 것을 시스템 부호를 이용하여 그려보라.
6. 사슴을 생산하여 판매하고 목초와 사슴을 생산하기 위하여 재화와 용역이 유입되는 것을 나타낼 수 있도록 <그림 1.7>을 다시 그려라. 그리고 화폐 흐름을 점선으로 나타내고 에너지 흐름에 대한 대가로 지급하는 화폐 흐름을 나타낼 수 있도록 거래 부호와 $ 표시를 첨가하라.

제2장 생태계 내에서의 에너지와 물질의 흐름

학습 목표

1. 숲 생태계의 주요 에너지원과 흐름 경로
2. 에너지 법칙
3. 에너지의 측정단위 : kcal와 joule
4. 광합성과 유기물 소비에 대한 다이어그램 작성
5. 숲 생태계의 질소와 인의 순환
6. 숲 생태계의 물의 순환
7. 에너지, 인, 질소, 물, 산소, 이산화탄소의 유입 원과 흐름을 포함한 숲 생태계 다이어그램 작성

2.1 보다 상세한 숲 생태계 모델

제1장에서 우리는 숲 생태계에 대한 매우 단순한 모델을 검토하였고 구성요소와 생산, 소비, 재순환 과정을 그림으로 나타내기 위한 부호를 소개하였다. 제2장에서는 이러한 시스템이 폐기물, 영양염, CO_2, 산소의 저장과 흐름을 나타낸다. 생태계를 지속하게 유지하기 위해서는 계속해서 물질의 공급이 필요하다. 물질의 공급은 시스템 외부로부터, 내부의 재순환으로부터, 양쪽 모두로부터 가능하다. 시스템 내에서 가장 중요한 물질, 에너지원, 그들의 흐름을 추적하기 위해서 부호를 사용한 그림을 이용한다. 또한, 각종 물질에 대한 출처와 흐름에 대해서 각각 분리하여 그림을 그린다.

태양광을 이용한 녹색 식물의 광합성 과정은 일반적으로 다음과 같이 표현한다.

$$물 + CO_2 + 영양염 \rightarrow 유기물 + 산소$$

산불이나 산업 활동의 화석연료 사용을 포함하는 소비자에 의한 유기물의 소비과정은 다음과 같이 반대 방향이다.

$$유기물 + 산소 \rightarrow 물 + CO_2 + 영양염$$

숲 생태계의 생산과 소비과정을 부호를 이용하여 나타내면 <그림 2.1>과 같다.

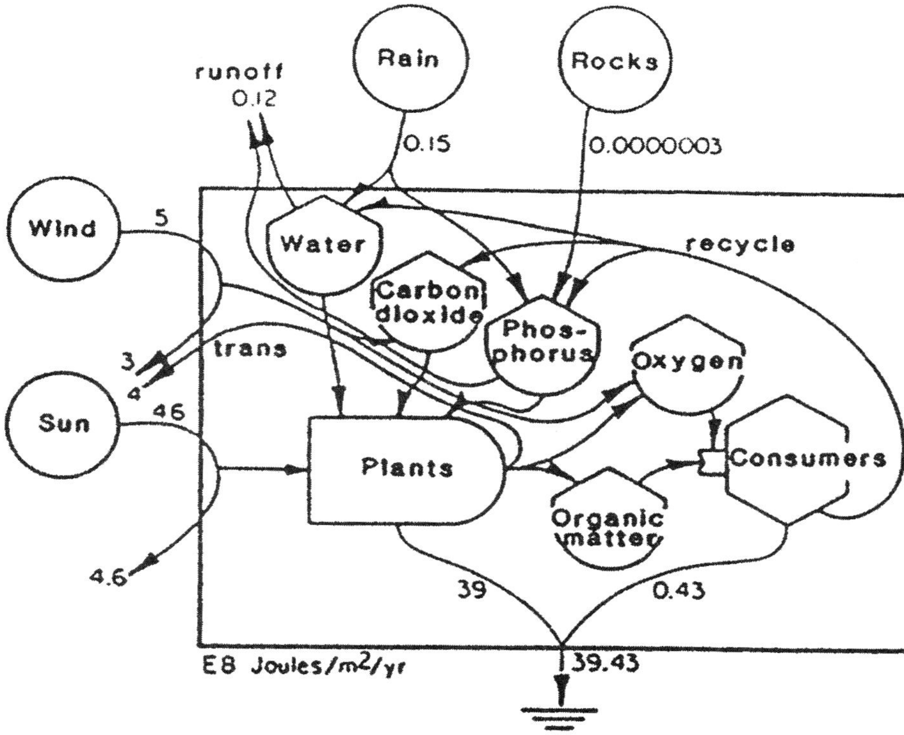

그림 2.1. 유입 원, 흐름, 열 손실, 재순환을 나타내는 숲의 광합성 생산과 유기물질 소비에 대한 다이어그램. 경로상의 숫자는 연간 숲의 제곱미터 당 E8 joules.

<그림 2.1>의 숲 다이어그램에 나타나 있는 여러 구성요소와 생산, 소비, 재순환 과정들이 생태계가 살아 움직일 수 있도록 구성된다. 숲속의 여러 녹색 식물은 유기물을 생산하기 위해 태양으로부터 에너지, 토양으로부터 물과 영양염, 공기로부터 CO_2를 이용한다. 일부 유기물은 녹색을 띤 상태에서 곤충에게 먹히며; 일부는 땅에 떨어진 후 **미생물**에 의해 소모되며; 일부는 산불에 타버린다. 소비자는 공기로부터 산소를 이용하고, 부산물로 영양염, CO_2, 소량의 물을 배출한다.

바람은 산소와 CO_2를 공급하는 외부 에너지원이다. 바람이 숲을 지나면서, 소비자로부터 축적된 과량의 CO_2를 날려 보낸다.

여러 해가 지나면 숲 생태계는 균형을 이룬다. 물은 유입되고 유출되며, 영양염은 토양으로부터 살아있는 생물체에 옮겨간 후 토양으로 다시 돌아간다. 만일 유입과 유출이 같아 저장고의 보유량이 변하지 않을 경우, 이러한 생태계는 **정상상태**에 있다.

2.2 정량적인 에너지 흐름

에너지는 모든 과정에서 필요하다. 에너지의 양은 방출된 열에 의해서 측정된다. 에너지를 측정하기 위한 단위에는 보통 두 가지가 있다. 1 칼로리는 1g의 물을 섭씨 1도 올리기 위해 요구되는 열량이다. 1 **킬로칼로리**는 1,000칼로리이다. 인체는 섭취된 음식으로부터 하루 약 2,500킬로칼로리의 열량을 배출한다.

또 다른 에너지 단위인 J(joule)이 점차 국제적으로 이용되고 있다. 1 킬로칼로리는 4,186J과 같다.

에너지는 생태계의 어느 과정에서나 필요하다. 숲은 태양에너지와 소량의 다른 에너지를 이용한다. 숲 생태계의 에너지원, 저장고, 에너지 흐름이 <그림 2.1>에 표시되어 있다.

2.3 흐름 경로상에 수치의 기록

물질, 에너지, 화폐가 한 시스템에서 얼마나 흘러오는지를 보기 위한 좋은 방법은 흐름 경로상에 수치를 기록하는 것이다. 예로서, <그림 2.1>과 같이 흐름 경로상의 수치는 연간 에너지의 유출과 유입량이다. <그림 2.3>의 수치는 연간 단위 면적당 시스템을 따라 흐르는 인의 g 수를 나타낸다. 수치는 저장된 평균 보유량을 나타내기도 한다. 예를 들면, <그림 2.3>에서 생체 중의 인의 평균 보유량은 연간 단위 면적당 10g이다.

2.4 에너지 법칙

숲 생태계의 에너지 그림(<그림 2.1>)은 두 가지의 기본적인 에너지 법칙을 설명하고 있다.

첫 번째는, 물질은 생성되거나 소멸하지 않는다는 에너지 보존의 법칙이다. 시스템 생태학의 경우에는 시스템으로 유입된 에너지는 저장된 에너지와 유출된 에너지의 합과 같다는 것을 의미한다. <그림 2.1>에서 저장고의 보유량은 변하지 않으며 유입된 에너지의 합은 유출된 에너지의 합과 같다. <그림 2.1>에서 에너지원으로부터 유입된 에너지의 양은 열 손실을 통해 분산된 에너지의 양과 같다.

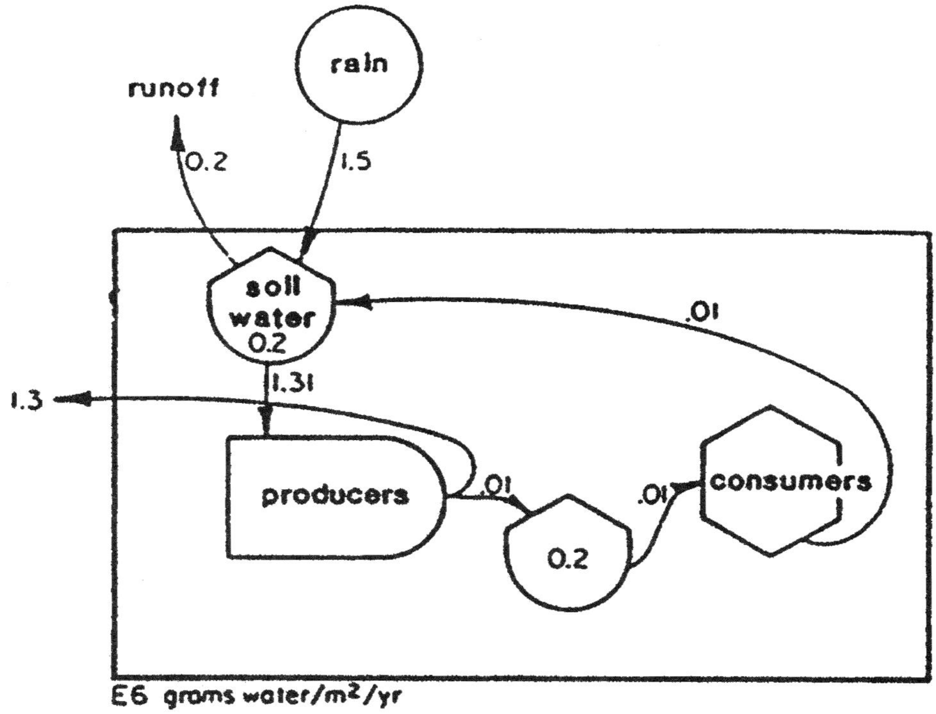

그림 2.2. 〈그림 2.1〉의 숲 생태계에서 물의 저장고와 흐름.

두 번째 에너지 법칙은 에너지 분산의 법칙이다. 에너지는 일할 수 없는 형태로 분산되는 경향이 있으므로 제2법칙은 일을 하는 에너지의 유용성이 소모됨을 의미한다. 에너지는 저장고로부터도 분산된다. 지난 장에서 열 분산 부호를 소개할 때 모든 생산, 소비, 재순환 과정과 저장고 부호에도 열 분산이 요구된다고 언급하였다. <그림 2.1>의 숲 생태계 다이어그램에서 에너지 분산의 경로가 있음을 확인할 수 있다. 열 분산 부호를 통과한 에너지는 아주 분산되기 때문에 일을 할 수 있는 능력이 없다. 분산된 에너지는 이용된 에너지이지 폐기된 에너지가 아니다. 에너지의 유출은 생물학적인 것은 물론이고 그 외의 모든 과정에서도 필수적이고 본질적인 부분이다.

2.5 숲 생태계의 물의 순환

생태계는 물이 필요하다. 숲속의 나무는 뿌리에서부터 줄기를 통하여 잎으로 많은 양의 물을 끌어들이며, 잎의 미세한 기공을 통해 다시 수증기 형태로 내보낸다. 이러한 잎으로부터 물의 유출을 **증산**이라 한다. 나무를 통하여 증산되는 물의 양은 광합성에 의해서 이용되는 소량의 물보다 훨씬 많다. 지표의 물은 지하에 도달하기 전에 증발한다. 증산과 증발을 합쳐서 **증발산**이라 한다. <그림 2.2>는 숲 생태계의 단위 면적당 물의 흐름과 저장을 나타낸다. 강우, 유출, 증산을 통해 흐르는 양과 비교하여 저장되는 물은 거의 없다. <그림 2.2>는 <그림 2.1>에서 물에 대한 부분만을 발췌한 것이다.

2.6 인의 순환

영양염과 같은 화학물질도 생태계에 의한 과정과 저장을 위해서 필요하다. 건강한 생물체를 유지하기 위해 가장 중요한 영양염 중의 하나가 인이다. 인은 일반적으로 질소나 칼륨과 같은 기타의 영양염보다 매우 미량으로 존재한다. 만일 숲 생태계에서 인이 원활하게 순환되지 않으면, 인이 부족하게 되어 숲의 식물성장을 제한한다. 인을 포함하는 흐름과 저장부호가 <그림 2.1>에 나타나 있다. 그러나 인을 포함하지 않는 항목을 제거하고 인의 유입과 재순환을 별도로 나타낼 수 있다. 인의 저장고와 경로만으로 <그림 2.3>과 같이 **인**

의 순환 그림을 그릴 수 있다.

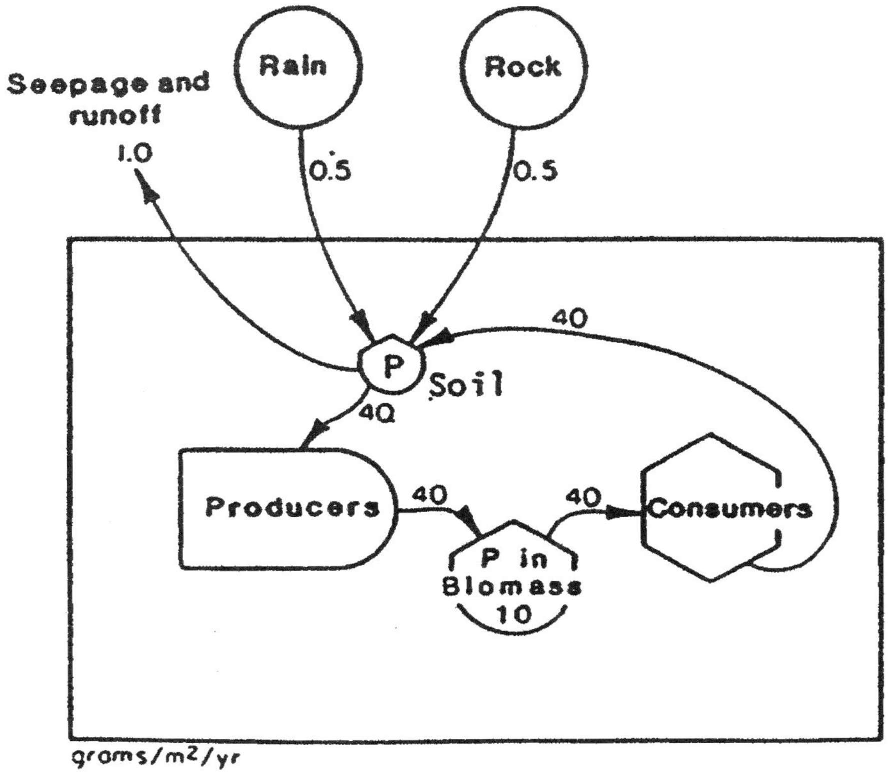

그림 2.3. 〈그림 2.1〉에 그려진 생태계를 위한 인의 순환.

<그림 2.3>에서 보면 외부의 인 유입 원으로 강우와 암석을 나타낸다. 인은 식물이 생명유지에 필요한 유기화합물을 생산하는데 이용되는 무기 인산염 형태로 존재한다. 무기 성분의 인산염은 생체의 일부를 이루고 있다가 소비자에 의해서 먹이로 소비될 때, 다시 무기 형태로 돌아간다. 방출된 무기 인은 토양 속에 영양염으로 저장된다. 결론적으로 <그림 2.3>에서 보는 바와 같이 인은 순환된다. 순환되는 인의 일부는 지표로 유출되거나 지하로 침투되는 물과 함께 시스템 밖으로 유출된다. 인은 순환과정에서 기체 상태로 존재하지 않는다.

2.7 질소 순환

화학원소로서 질소는 모든 생명체에 필수적이며 살아있는 모든 생명체에 존재한다. 질소는 근육(살), 신경, 머리카락, 힘줄, 피부, 털, 비단, 우유, 치즈, 종자와 열매, 효소와 같은 단백질뿐만 아니라 유전자의 구조를 구성하는 주요 성분 중 하나이다.

공기의 78%는 질소가스이지만 많은 생물은 기체 상태의 질소를 이용할 수 없다. 기체 상태의 질소는 에너지가 요구되는 특별한 과정에 의해서 질산, 아질산, 암모니아와 같은 이용 가능한 형태로 전환된다. 예를 들면 질소비료 공장에서는 연료를 이용하여 질소가스를 농업에 필요한 질소비료로 전환한다. 번개가 칠 때 발생하는 에너지는 질소를 빗속에서 질산염으로 전환한다. 대기 중의 질소를 이용할 수 있는 형태로 전환하는 식물, 조류, 박테리아를 **질소고정 생물**이라 한다.

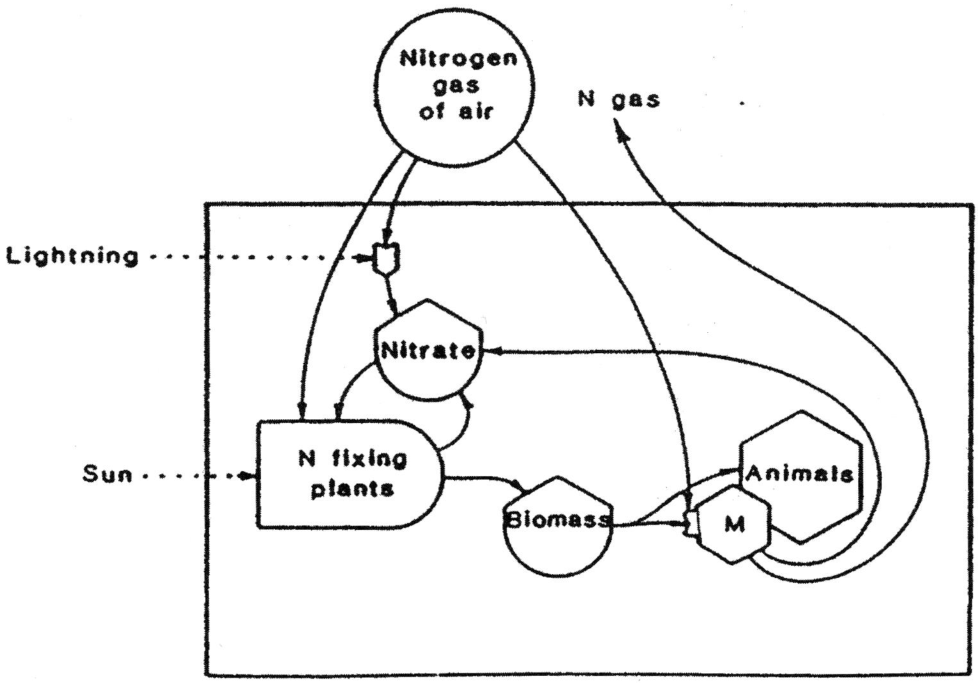

그림. 2.4. 생태계를 위한 질소 순환. M, 미생물.

일부의 풀과 나무는 잎으로부터 운반된 당을 에너지원으로 이용하여 질소를 고정하는 뿌리혹을 가진다. 남조류는 태양에너지를 이용하여 질소를 고정할 수 있다. 일부 박테리아는 유기물을 이용하여 질소를 고정할 수 있다. <그림 2.4>는 생태계에서 질소의 순환을 나타낸다. 질소고정 생물을 시작으로 하여 질소는 식물로 이동한 후 동물의 먹이 사슬에 포함된다. 식물과 동물체 내에서 질소는 단백질과 같은 유기화합물 형태로 존재한다. 동물의 배설물 또는 동식물의 사후 분해되어 질소는 토양과 물속으로 회귀한다. 소변 중의 요소와 같은 여러 가지 질소 폐기물은 박테리아에 의해서 암모니아, 아질산, 질산으로 전환된다. 이들은 다시 순환하여 식물에 이용된다. 일부 미생물은 질소를 대기 중의 질소가스로 돌려보내며, 이를 **탈질작용**이라 한다.

생산과 소비에 이용되는 탄소와 산소와 같은 다른 필수 화학물질에 대해서도 유사한 그림을 그릴 수 있다.

이상을 요약하면, 생태계에 포함되는 에너지, 물, 인의 흐름을 나타내는 방법으로 에너지 부호를 사용한 다이어그램이 이용된다. 모든 구성요소를 포함하는 에너지 다이어그램은 에너지와 물질이 어떻게 상호작용하여 하나의 시스템을 형성하는지를 보여준다.

연습문제

1. 다음을 정의하라.
   a. 생체량
   b. 질소고정 생물
   c. 영양염
   d. 증산
   e. 킬로칼로리
   f. J
   g. 정상상태
   h. 미생물
2. 숲 생태계에서 바람의 중요한 역할 3가지를 나열하시오.
3. 숲 생태계에서 태양 외의 두 가지 에너지원을 말해보시오.
4. 숲 생태계에서 두 가지 소비자를 말해보시오.
5. 증발과 증산의 차이는 무엇인가?
6. 숲 생태계에서 인이 필요한 이유를 설명하시오.
7. <그림 2.1>을 이용하여 열역학 1 법칙을 설명하시오.
8. 에너지 법칙이란 무엇인가?
9. 광합성과 유기물 소비에 대한 방정식을 쓰시오.
10. 질소고정과 탈질작용을 설명하시오.
11. <그림 2.1>에서 몇 %의 유입 에너지가 열 분산으로 유출되는가?

제3장 소나무 숲의 먹이 그물망

‖ 학습 목표 ‖

1. 숲 생태계의 구성요소와 생산, 소비, 재순환
2. 유기물이 이용되는 경로
3. 식물, 동물, 토양, 미생물을 연결하는 소나무 숲의 먹이 그물망
4. 스위치 작용
5. 동물의 피드백

제2장에서는 숲을 예로 하여 생태계 내의 에너지와 물질의 흐름을 설명하였다. 이번 장에서 우리는 나무, 먹이 그물망, 분해자, 동물과 화재의 조절 활동에 대해서 뿐만 아니라 소나무 숲 생태계가 시간의 경과에 따라 어떻게 조성되어 가는지를 더욱 자세히 공부한다.

3.1 식물의 광합성과 호흡

잎의 광합성에 의해 만들어진 당분은 나무의 다른 부분에 공급된다. 당분은 작은 튜브를 통해 잎에서 가지, 줄기, 뿌리, 꽃, 열매에 전달된다. <그림 3.1>은 생산자로서 나무의 잎과 소비자로서 나무의 나머지 부분을 나타낸다. 나무의 소비자 부분은 잎을 지탱하고, 토양으로부터 영양염과 물을 공급하며, 재생산을 수행한다. 밤에는 잎 역시 전날의 태양 에너지에 의해 만들어 저장된 당분을 이용하는 소비자가 된다. 소비과정은 당분과 산소를 이용하여, 제2장에서 설명한 것과 같이 CO_2와 물, 영양염을 방출한다. 이러한 과정을 **호흡**이라 한다.

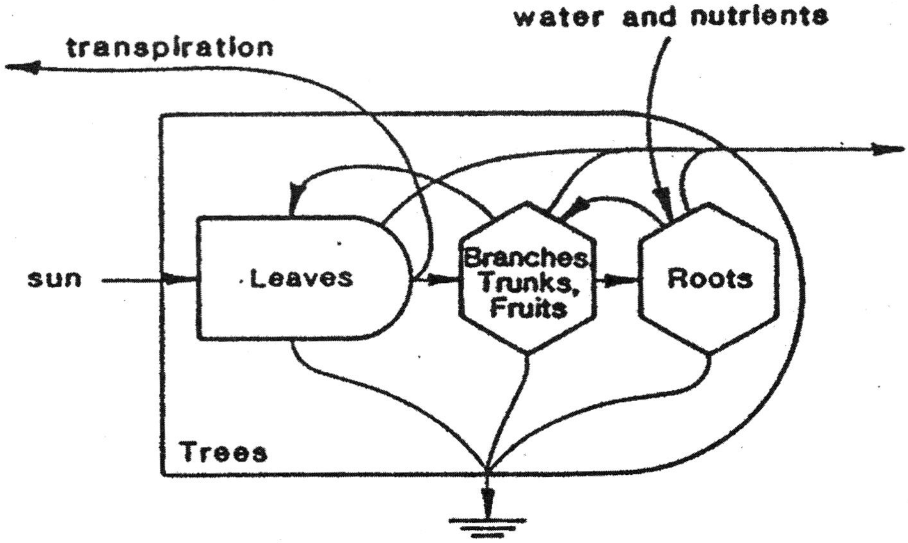

그림 3.1. 식물의 광합성과 호흡.

잎이 생산한 양은 나무의 나머지 부분이 소비하는 양보다는 일반적으로 많다. 숲의 모든 나무는 동물과 토양 유기물을 포함하는 생태계의 나머지 부분을 부양하는 충분한 먹이를 생산한다. 식물의 생산과정에서 광합성과 호흡이 동시에 이루어지고 있음을 나타내기 위해서, 더 큰 생산자 부호가 나무의 모든 구성요소를 둘러싸고 <그림 3.1>과 같이 그린다.

잎의 증산작용을 위하여 태양과 바람은 에너지를 공급한다. 물은 줄기의 목질 부분에 있는 작은 관속으로 올라간다. 이때 물은 잎의 광합성에 필요한 영양염을 동시에 운반한다. 토양에서 잎으로 전달되는 물과 영양염의 이동 경로가 <그림 3.1>에 나타나 있다.

3.2 토양 유기물과 분해자

식물이나 동물의 배설물과 사체는 생명이 없는 유기물로서 숲의 바닥에 떨어진다. 이러한 것을 **잔해**(litter)라고 한다. 잔해 속에는 죽은 잎, 가는 나뭇가지, 줄기, 동물의 배설물,

깃털 등이 포함된다. 지렁이를 비롯한 여러 종류의 토양 동물은 잔해를 먹이로 하며, 잔해를 작게 조각낸다. 곰팡이, 박테리아, 기타 미생물은 남아 있는 유기물을 먹이로 이용한다. 이러한 소비자는 복잡한 유기물 분자를 간단한 영양염으로 분해하기 때문에 **분해자**라고 부른다. 분해자는 뿌리에 의해 다시 흡수되는 영양염(인산염, 질산염, 칼륨, 기타 여러 화학물질)을 만든다.

3.3 산불과 스위치 작용을 나타내는 부호

스위치 작용을 나타내는 새로운 부호가 <그림 3.2>에 나타나 있다. 스위치 부호는 일정 제어 조건에 따라 흐름 경로가 연결되거나 단절되는 것을 나타낸다. 산불은 스위치 작용의 한 예이다. <그림 3.3>에서 스위치 작용부호는 산불을 나타내기 위해서 이용된다. 산불은 생물자원을 소비하고 많은 영양염을 방출한다.

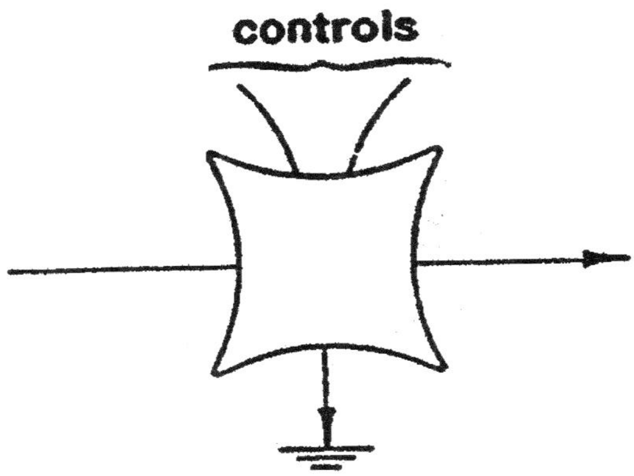

그림 3.2. 연결과 단절의 스위치 경로를 위한 부호.

3.4 보다 상세한 소나무 숲 그림

소나무 숲 생태계에 대한 보다 상세한 모델이 <그림 3.3>에 나타나 있으며 <그림 3.1>의 부호가 포함된다. 잔해가 형성되는 경로, 죽은 생물자원의 저장, 영양염을 재생시키는 미생물 분해자는 물론 이들과 토양 동물과의 상호작용을 주의 깊게 관찰할 필요가 있다.

3.5 먹이 그물망의 구조

단순한 먹이연쇄에서는 식물 생산자는 초식동물이 먹고, 초식동물은 육식동물이 먹는다. 초식동물은 1차 소비자이며, 육식동물은 2차 소비자이다. 예를 들면, 다람쥐는 소나무 씨앗과 도토리를 먹고, 올빼미는 다람쥐를 먹는다. 먹이연쇄의 각 단계에서 일부분의 먹이는 다음 소비자의 생체조직으로 된다.

간단한 먹이 사슬이 다른 먹이 사슬과 서로 연결되어 **먹이 그물망**을 형성한다. <그림 3.3>의 소나무 숲 다이어그램은 먹이 그물망을 나타낸다.

3.6 피드백 제어

<그림 3.3>의 피드백은 식물 소비자뿐만 아니라 먹이연쇄에서 낮은 단계의 소비자를 조절하는 모든 고차 소비자의 작용을 나타낸다. 먹이는 왼쪽에서 오른쪽으로 이동하는 반면 제어 작용은 오른쪽에서 왼쪽으로 되돌아간다. **피드백 제어**는 고차 단계의 소비자가 낮은 영양단계의 생물을 위하여 제공하는 서비스를 의미한다. 예를 들면, 벌은 꿀을 빨아들이는 동안 꽃가루에 의한 수분작용을 가능하게 해준다. 다람쥐는 도토리를 보관하기 위해 땅속에 심고, 새들은 배설을 통하여 씨앗을 운반한다.

개체수 조절 또한 피드백 서비스의 한 예이다. 한 종의 식물이 많이 자라면, 이를 먹이로 하는 곤충의 개체수도 역시 증가한다. 곤충의 수가 증가하면 많이 자란 식물을 많이 먹고 이로 인해 다른 종의 식물이 자랄 수 있도록 한다. 그 결과 숲은 더 큰 다양성과 생산성을 유지한다.

3.7 산불

날씨가 건조할 때 소나무 숲에서는 때때로 화재가 발생하여 어린 잡목을 태운다(<그림 3.3>). 소나무는 화재에 내성이 있는 두꺼운 껍질을 가지고 있으므로 타지 않는다. 규칙적으로 잡목을 태워주면 소나무 숲만 자라게 할 수 있다.

산불이 발생한 지 여러 해가 지나게 되어, 지나치게 많은 유기물이 축적된 상태에서 산불이 발생하면, 너무 뜨거울 뿐만 아니라 빨리 타게 되므로 모든 나무를 태우고 가끔 인근 주택의 화재로 연결되기도 한다. 주기적으로 잡목을 태우면 모든 것을 한꺼번에 삼켜버리는 대규모 화재를 막을 수 있다. 저지대나 습지와 같이 산불이 자주 일어나지 않으면 잡목이 빨리 자라고, 우거진 잡목은 그늘을 만들어 새로운 소나무 종자가 자라는 것을 방해하여 결국은 무성한 잡목 숲을 형성한다.

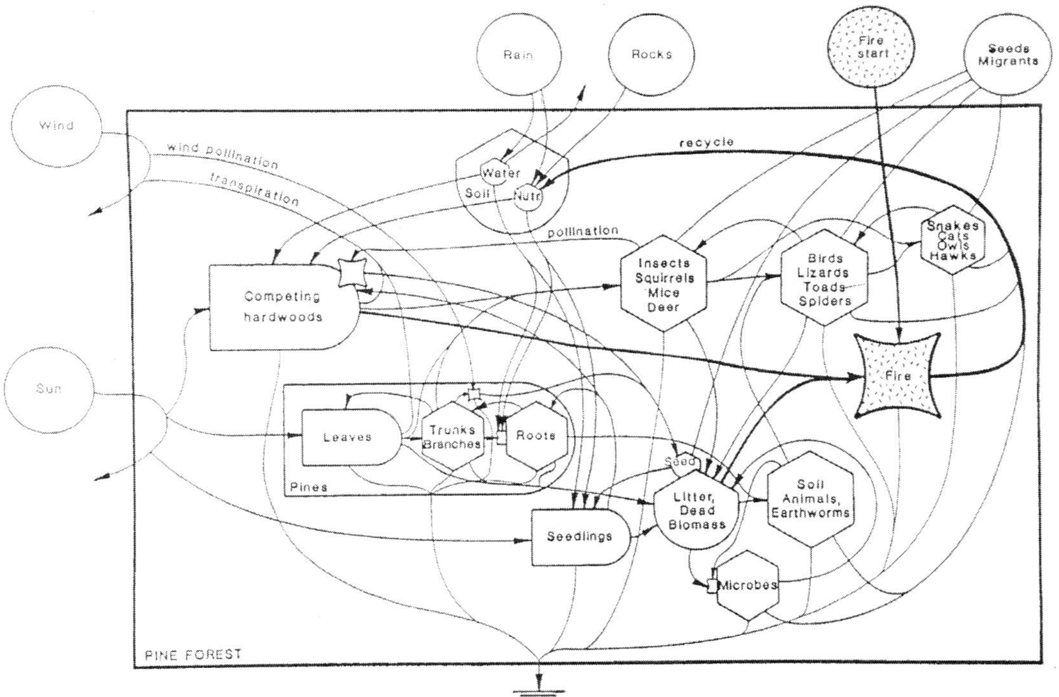

그림 3.3. 소나무 숲의 생태계.

연습문제

1. 다음을 정의하라.
   a. 스위치 작용
   b. 호흡
   c. 군집조절
   d. 다양성
   e. 잔해
   f. 먹이 그물망
   g. 피드백
2. <그림 3.3>을 이용하여, 숲 생태계에서 1차, 2차, 3차 소비자의 역할을 설명하시오.
3. 먹이 그물망을 정의하시오.
4. 생태계가 유지되기 위해서 피드백 제어가 필요한 이유를 설명하시오.
5. 다음에 해당하는 부호를 그리시오.
   a. 토양
   b. 잎
   c. 독수리
   d. 비
   e. 산불
   f. 생산
6. 피드백 제어나 서비스에 대한 두 가지 예를 제시하시오.
7. 1차, 2차, 3차 소비자의 예를 드시오.
8. 생태계에서 무기물질이 재순환되는 두 가지 경로를 설명하시오

제4장 영양단계와 에너지의 질

학습 목표

1. 먹이연쇄, 영양단계, 계층구조
2. 시스템의 수용 능력
3. 에너지와 에머지
4. Transformity 계산
5. 현대 산업사회와 농경사회의 에너지 이용

제4장에서 우리는 에너지가 연속적으로 전환되는 먹이 그물망을 공부한다.

먹이 그물망 내의 에너지 교환을 조사하기 위해서 먹이 그물망을 단순한 하나의 먹이 연쇄로 취급하는 것이 편리하다. 그다음 생물이 소비하는 먹이의 종류에 따라 먹이연쇄는 단계가 나누어진다. 이러한 각 단계를 **영양단계**라 한다.

4.1 정량적인 먹이연쇄

숲속의 먹이연쇄는 <그림 4.1>과 같다. 먹이연쇄 내에서 각 구성요소 간의 에너지에 관한 상호관계를 쉽게 알 수 있다. 약 1백만 J의 태양에너지가 광합성에 이용되고 있다. 일부는 직접적인 태양에너지이며; 일부는 바다에 내리쬔 태양에너지가 비로 된 후 숲에 도달한다. 전체 에너지의 약 1%를 숲의 생산자가 식물 생체량으로 전환한다. 다시 말해서, 매년 약 10,000J의 새로운 나무와 식물이 생산된다. 990,000J은 생산과정에 이용되어 열 분산으로 줄어든다. 태양에너지의 광합성 효율은

$$\frac{10,000}{1,000,000} = \frac{1}{100} \text{ or } 1\%$$

이다.

대개 식물의 광합성 효율의 범위는 0.01-2% 정도이다. 이렇게 효율이 낮은 것은 태양광의 밀도가 낮으며, 태양에너지를 높은 질의 에너지로 농축하는 데는 연속적인 여러 단계의 과정과 클로로필을 포함하여 여러 세포기관이 필요하기 때문이다. 식물은 수십억 년 동안 광합성 과정을 진화시켰기 때문에 태양에너지를 이용하는 가장 효율적인 방법이 광합성이다. 태양에너지를 대체 에너지원으로 고려할 때 이러한 개념은 중요하다.

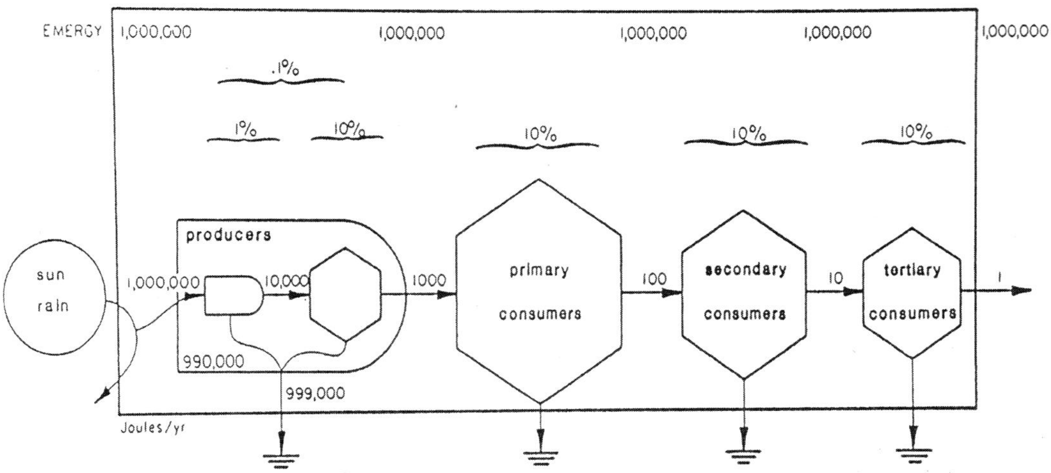

그림 4.1. 연속적인 에너지 변환 단계로 이루어진 숲의 먹이연쇄. 피드백 작용은 생략됨.

숲의 먹이연쇄에서 연속적인 영양단계를 관찰하면 각 영양단계에서 이용 가능한 에너지 중 약 10%가 새로운 생체량으로 전환된다. 이 비는 생산자에게도 적용되며, 생산자는 호흡 과정에 의해서 생산량의 90%를 소비한다. 일 년 동안 숲을 유지하는데 직·간접적으로 필요한 태양에너지 1,000,000J은 10,000J의 새로운 에너지가 된다. 이 중에서 1,000J만 새로운 생산자의 생체량이고, 이것은 다음 단계로 소비되어 100J의 1차 소비자의 생체량이 된다. 1 차 소비자는 다음 단계로 소비되어 10J의 2차 소비자의 생체량이 되고, 또다시 1J의 3차 소비자의 생체량이 된다.

이상을 요약하면 1J의 3차 소비자를 생산하기 위해서는 1,000,000J에 해당하는 태양과 비의 에너지가 소요된다.

4.2 수용 능력(carrying capacity)

특정 지역에서 자원의 기본 구조를 손상하지 않고 살 수 있는 모든 생물체의 양을 그 지역의 **수용 능력**이라 한다. 일반적으로 지역에 유입되는 에너지가 많을수록 수용 능력은 크게 되고 유입되는 에너지가 작을수록 수용 능력은 작아진다. 예를 들면, 대기 중의 먼지 때문에 숲에 도달하는 햇빛이 감소하면, 숲의 수용 능력은 감소할 것이다. 영양염과 같은 자원도 역시 수용 능력에 영향을 미친다.

특정 생물에 대한 한 지역의 수용 능력은 그 생물이 먹이연쇄에서 위치한 영양단계에 따라 결정된다. 즉 먹이 소비자는 적게 수용할 수밖에 없다. 예를 들어, <그림 4.2>의 목장에서 젖소보다는 목초가 더 많이 자랄 수 있다.

4.3 에너지의 질

먹이연쇄의 오른쪽에 있는 소량의 에너지를 생산하기 위해서 왼편의 많은 에너지가 이용되기 때문에, 오른쪽의 에너지를 고급의 에너지로 간주한다. 뱀 1g을 생산하는 데는 나무 1g을 생산하는 것보다 더 많은 에너지가 이용되기 때문에 뱀이 가지는 에너지는 나무보다 고급의 에너지이다. 에너지의 질은 왼쪽에서 가장 낮고, 먹이연쇄를 따라 단계별로 증가한다.

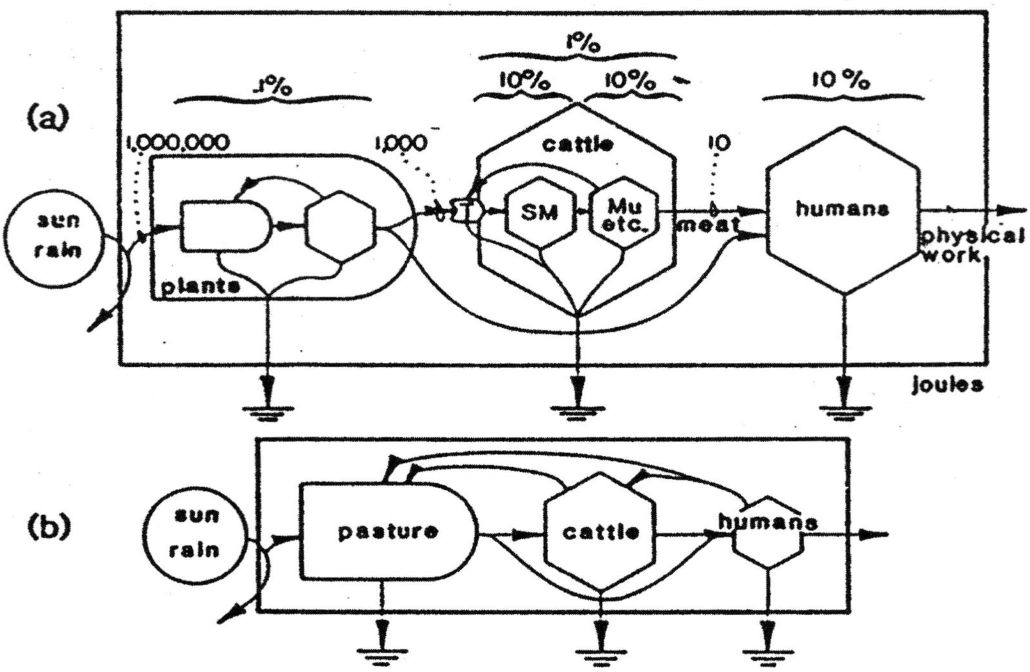

그림 4.2. 인간에게 육류를 공급하는 젖소 목장의 연쇄 (a) 에너지 전환 단계;
(b) 피드백 서비스. T, 이빨; SM, 위; MU, 살코기.

4.4 에너지 관점에서 본 목장

소규모 목장을 상상해보자. 농부는 목초를 키우고, 소에게 풀을 먹이며, 쇠고기를 좋아하기 때문에 소를 유일한 식량원으로 이용한다. 목장을 관리하는 에너지는 농부의 노동력에서 비롯된다. 이러한 간단한 목장 시스템에 대한 먹이연쇄가 <그림 4.2(a)>에 나타나 있다.

소를 나타내는 부호를 자세히 보라. 소는 실제로 체내에 두 가지 영양단계를 가진다. 소가 풀을 뜯어 먹으면 이것은 우선 소의 위에 있는 미생물에 의해서 소화되고 미생물과 나머지 풀이 소에 의해서 소화, 흡수된다. 우리는 소가 이용 가능한 에너지의 10%를 새로운 생체량으로 전환할 것을 기대했지만, 이상의 두 단계 섭취과정 때문에 실제로 소는 풀이 가지고 있는 에너지의 약 1%만을 고기와 우유로 전환한다. 또한, 이 목장 시스템에서 농부는 소로부터 섭취한 에너지의 10%만을 목장 관리를 위한 노동력으로 전환한다.

<그림 4.1>의 숲 생태계에서, 태양에너지 1백만J이 뱀의 활동 1J에 소비된다. 위의 목장 시스템에서도 같은 양의 태양에너지가 농부의 노동력 1J을 생산하기 위해서 사용된다. 다시 말하면, 뱀과 농부 역할은 에너지의 질적인 면에서 같은 단계임을 알 수 있다. 농부와 뱀 모두 각각의 먹이연쇄에서 에너지를 이용하여 시스템을 제어한다. <그림 4.2(b)>에서 피드백은 농부에게서 소로, 다음에는 목초로 되돌아온다. 농부로부터의 피드백은 가축을 사육하여 울타리에 가두고, 기타 목장을 보호하는 형태로 관리를 한다. 소 역시 목초를 먹음으로써 목초를 관리한다.

소가 목초를 먹음으로써 목초가 일정하게 자랄 수 있고 다른 나무의 종자가 들어서는 것을 막아 준다. 숲속의 곤충이 가지는 역할과 같이 이러한 피드백은 장기적으로는 모든 시스템의 생존을 위해서 필요한 것이다.

인류의 식단에서 육 고기를 빼고 단지 채식만을 함으로써 더 많은 식량 에너지가 절약된다는 제안이 가끔 있었다. 기아에 허덕이는 인류의 식량 상황을 고려할 때, 이것은 호소력이 있는 제안이다. 간단한 목장의 예에서 보듯이 목초에는 소보다 100배나 많은 이용 가능한 에너지가 있다. 그러나 모든 먹이연쇄로부터 알 수 있듯이, 에너지는 각 단계의 일에 의해 농축된다. 채식만의 경우에는 영양의 균형을 위해서 사람은 동물이 현재 하는 에너지의 수집과 농축을 위한 활동을 해야 한다. 즉 건강한 식생활을 위하여 필요한 곡물, 채소, 견과류를 재배하고 수확하는 데는 엄청난 에너지가 필요하다. 또한, 소는 사람이 먹을 수 없는 풀을 소화한다.

그러나 여러 음식 문화에서 볼 때 인류는 필요 이상으로 많은 양의 육 고기를 먹는다. 가장 효율적인 식생활은 주로 채식에 의존하고 영양의 균형을 맞추기 위하여 규칙적으로 소량의 육류를 섭취하는 것이다.

4.5 현대 사회와 에너지

<그림 4.2>는 에너지 사용이 적은 세계를 나타낸다. 농업과 축산에 기초한 농촌의 먹이 연쇄에 의해서 노동력이 생성된다. 현대 산업사회에서는 에너지 연쇄의 길이가 더 길다. 현대 사회는 각 개인에게 더 많은 에너지를 집중시킨다. 인간의 서비스는 보다 높은 질의 에너지를 가지기 때문에 더욱 높은 질과 큰 효과를 가진 서비스를 가능하게 한다.

<그림 4.3>은 유기물을 생산하는 녹색 식물을 시작으로 더 긴 현대의 에너지 연쇄를 나타낸다. 생산된 유기물은 석탄과 석유, 그다음에는 전기와 휘발유와 같은 연료로 변환되어 고도로 교육된 인간에게 공급된다. <그림 4.3>에서 보면 1J의 인류 서비스를 위하여 2천만 J의 태양에너지가 요구되며, 이러한 양은 <그림 4.2(a)>의 단순한 농부에 비해 20배나 된다.

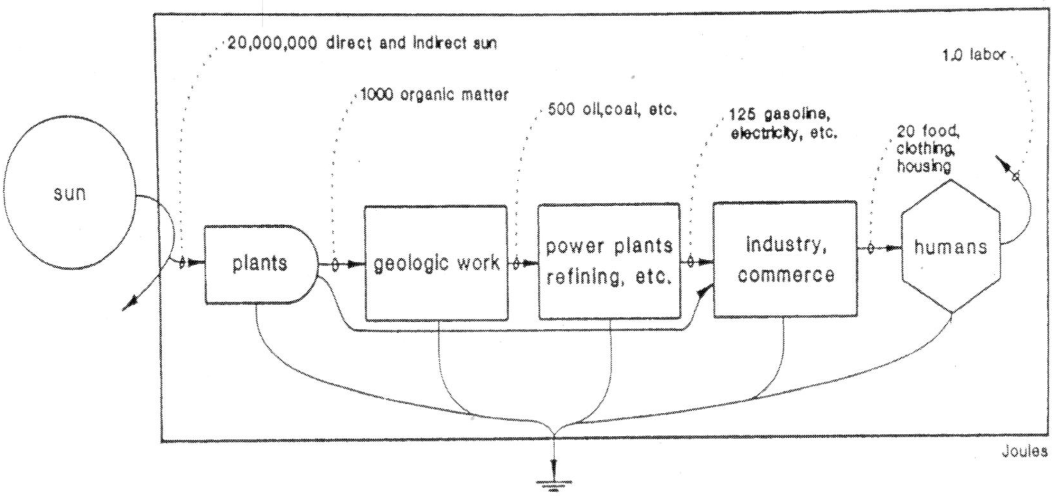

그림 4.3. 연료에 기반을 둔 도시인의 에너지 연쇄

4.6 태양 에머지

화석연료와 같은 고급의 에너지를 만들기 위해서는 태양과 같은 많은 양의 저급의 에너지가 사용된다. 따라서 서로 다른 형태의 에너지를 비교하기 위한 계산이 이루어져야 한다. 얼마나 많은 태양에너지가 다른 에너지를 만들기 위해서 이용되었는가를 계산하기 위해서 보통 태양에너지를 출발점으로 계산한다.

이러한 개념을 나타내기 위해서 하나의 생산품을 만드는데 이용된 태양에너지의 양을 **에머지(emergy)**라는 용어를 사용하여 표현한다. 단위는 **emjoules**이다. 예를 들면, 1J의 석탄을 생산하는데 40,000J의 태양에너지가 필요하므로, 1J의 석탄 에머지는 40,000 solar emjoules이다.

4.7 Solar Transformity

어떤 형태의 에너지 1J을 만드는데 이용된 태양에너지 양이 그 에너지에 대한 **solar transformity**이다. 단위는 solar emjoules/joule(sej/J)이다.

$$\text{solar transformity of energy Type A} = \frac{\textit{solar joules required}}{1\ \textit{joule of energy of Type A}}$$

<그림 4.1>에서 1,000,000 solar joules이 100 joules의 1차 소비자를 생산한다. 따라서 1차 소비자의 solar transformity는 10,000 sej/J이다. 1차 소비자의 에너지는 태양에너지보다 10,000배의 가치가 있다. 먹이연쇄에서 오른편으로 갈수록 transformity는 높아진다.

연습문제

1. 다음을 정의하라.
   a. 효율
   b. 영양단계
   c. 정량적
   d. 클로로필
   e. 진화
   f. 수용 능력
   g. 에너지의 질
   h. emergy
   i. emjoules
   j. transformity
2. 숲 생태계의 먹이연쇄에서 어느 것이 가장 에너지의 질이 높은가? 이유는?
3. <그림 4.2(b)>에서 피드백의 중요성을 설명하라.
4. <그림 4.2(b)>에서 사람이 왜 에너지 연쇄의 끝에 있는지 이유를 설명하라.
5. 에너지 질의 측면에서 <그림 4.3>과 <그림 4.2(b)>의 사람을 비교하라.
6. 1,000J의 태양에너지가 물속의 조류에 의해서 10J의 탄수화물로 전환되었다. 탄수화물의 에머지는 얼마인가? transformity는? 단위를 꼭 기록하라(J, sej, sej/J).

제5장 생산과 최대능률의 원리

학습 목표

1. 생산과정과 에너지 부호
2. 총생산과 순 생산
3. 에너지 시스템의 외부와 내부 제한 인자
4. 최대능률의 원리

5.1 생산

생산은 두 가지 이상의 성분이 결합하여 새로운 생성물을 형성하는 과정이다. 예를 들면, 토양 속의 영양염, 물, CO_2, 햇빛이 유기물을 형성하기 위하여 광합성을 통해서 결합한다. 산업체에서는 생산품을 제조하기 위하여 에너지, 노동력, 자본, 원자재의 등을 이용한다. <그림 5.1>에 생산과정이 나타나 있다. 원료 성분의 유입과 생산품의 유출이 그려진 화살촉 모양의 상호작용 부호에 유의하라. 상호작용 부호가 사용되는 곳에는 언제나 생산과정이 일어나고 있음을 말해준다.

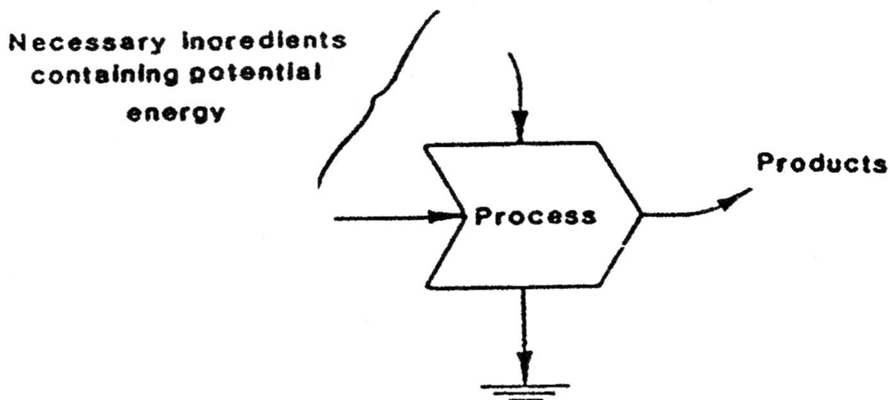

그림 5.1. 두 가지 성분이 상호작용하는 생산과정.

생산과정이 일어나는 동안 유입성분은 각기 다른 형태와 질의 에너지를 수반한다. 생산과정에서 이들 에너지는 새로운 형태로 전환된다. 일부 에너지는 이용할 수 없는 형태로 분산되어 열 분산을 통해 유출된다. 생산과정에서 발생하는 이러한 에너지 변환을 **일(work)** 이라고 한다.

5.2 총생산과 순 생산

식물의 광합성과 호흡에서처럼 생산과 소비를 동반한 경우 우리는 총생산과 순 생산을 구분해야 한다. <그림 5.2>에서 **총생산**은 단위 시간당 유기물질의 실질 생성률이다. 총생산은 상호작용 부호의 화살촉 끝에서의 흐름이다(이 경우에 5g/일). **순 생산**은 생산과 호흡이 동시에 진행될 때 실제로 관찰되는 생산이다. <그림 5.2>에서, 총생산은 5g/일이며, 호흡은 3g/일이다. 순 생산은 총생산에서 호흡을 빼고 남은 것으로 2g/일이다.

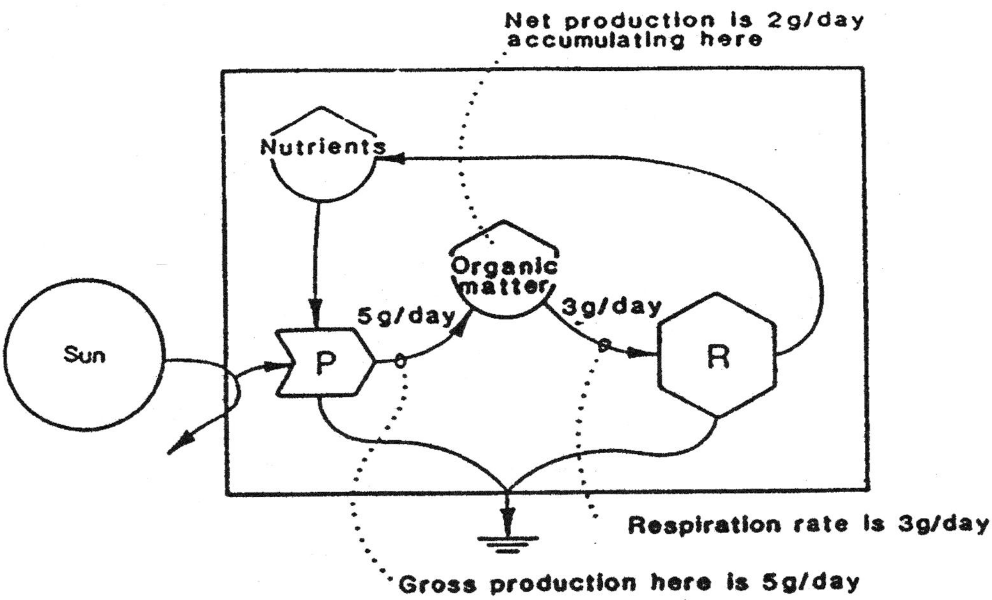

그림 5.2. 총생산과 순 생산. P, 생산; R, 호흡.

숲 생태계와 같이 복잡한 시스템에서는 생산과 소비가 여러 단계로 일어나기 때문에 순 생산이 한 가지 이상이다. 예를 들어, 나무의 순 생산, 낙엽과 같은 잔해의 순 생산 등이다.

순 생산은 측정 시간의 길이에 따라 다르다. 예를 들면, 일반적으로 식물은 낮 동안에 합성한 많은 유기물을 야간에 소모한다. 식물의 순 생산은 낮 동안에는 크지만, 야간의 호흡을 포함하면 매우 작다. 일 년 동안 순 생산을 계산하면, 대개 매우 작거나 심지어는 0에 가깝다.

5.3 제한 인자

원료 성분을 더 많이 이용할 수 있으면 대부분 생산과정은 더 빠르게 진행된다. 그러나 반응속도는 부족하기 쉬운 성분에 의해 제한된다. 이런 성분을 **제한 인자**라 한다. 예를 들어, 광합성 반응에 햇빛은 꼭 필요하므로 야간에는 반응이 느려져서 중단된다. 햇빛은 광합성을 좌우하는 제한 인자이다. <그림 5.3>에서, 영양염의 공급이 증가하여도 생산은 증가하지 않는다. 이러한 경우는 **외부 제한 인자**의 예이며, 제한 인자는 시스템 외부에 있다.

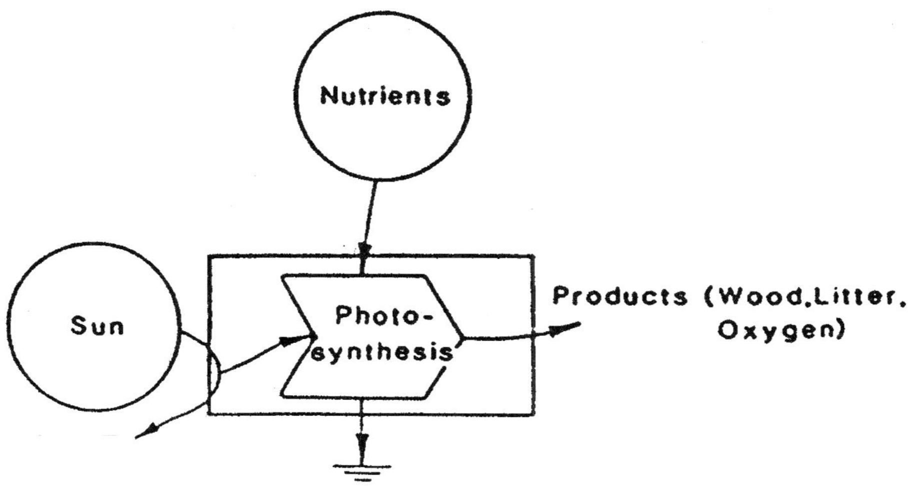

그림 5.3. 햇빛은 광합성 과정에서 가끔 제한 인자가 된다.

<그림 5.2>에서 햇빛이 증가하면 생산된 유기물질에 영양염이 결합하여 저장되므로 충분한 속도로 재순환되지 않아 영양염이 제한 인자가 된다. <그림 5.2>는 **내부 제한 인자**에 대한 예이며, 영양염의 재순환 속도가 느리므로 생산이 제한된다.

<그림 5.4>는 영양염 증가에 따른 생산력의 변화를 나타낸 그래프이다. 영양염이 증가함에 따라 생산량도 증가하지만, 햇빛이 제한 인자가 되어 생산력은 그 증가속도가 느려진다. 이 그래프는 제한 인자의 전형적인 형태이다. 제한 인자 곡선은 경제학에서 **수확체감의 법칙**을 설명한다.

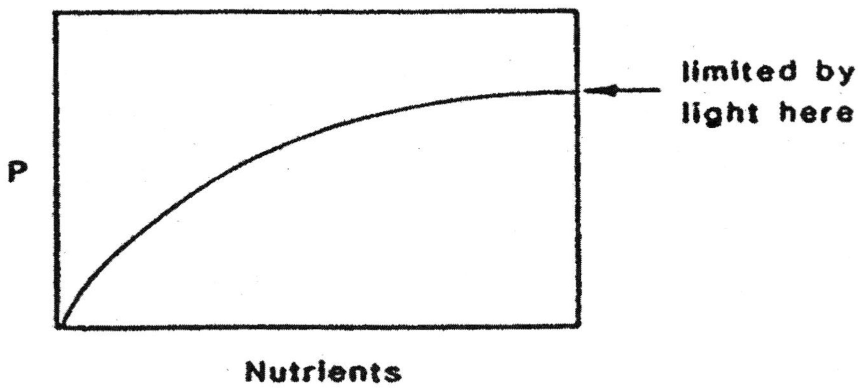

그림 5.4. 영양염이 증가함에 따라 빛이 제한되는 경우의 생산속도(P) 그래프.

5.4 최대능률의 원리

최대능률의 원리는 어떤 형태의 시스템 조직이 지속 가능할지를 알려준다. 이 원리는 성공적인 시스템의 조직체계가 왜 유사한지에 대한 이유를 설명한다. 성공적인 시스템의 설계는 오랜 시간이 지나도 생존을 지속하는 설계이다. 최대능률의 원리는 다음과 같이 정의할 수 있다:

생존을 지속하는 시스템 설계는 에너지를 최대한 빨리 유입시키도록 구성되며 더 많이 유입시키기 위하여 유입된 에너지를 피드백에 이용한다.

다른 또 하나의 정의는:

최적의 시스템 설계가 존재한다는 것은 최적의 설계로 최고의 동력을 유인할 수 있으며 그것을 다른 모든 필요에 알맞게 이용하는 것이다.

최대능률의 원리로 시스템을 설계하면 시스템은 유입된 에너지를 보다 고급의 생산품으로 전환하여 더 많은 에너지를 얻도록 피드백시킬 뿐만 아니라 에너지를 가능한 효율적으로 이용하여 시스템의 공정이 저하되지 않도록 한다. 앞 절의 생태계 다이어그램은 생산과정을 가속하는 피드백의 보기이다.

능률을 최대화하는 시스템은 자신이 속해 있는 더 큰 시스템에도 이바지하는 시스템이다. 예를 들면, 한 생태계 내의 생물 종은 전체 시스템의 에너지 이용에 이바지하도록 구성된다. 숲과 같은 보다 큰 시스템에서 볼 때 나무는 더 많은 태양에너지를 흡수하기 위해서 잎의 수와 크기를 증가시키는 등 성장을 통해 더 많은 태양에너지를 이용한다. 이러한 나무의 생산 활동은 비옥한 토양의 생성, 안정된 미기후 조성, 영양염 재순환, 동물의 먹이 제공 등을 통하여 전체 숲 생태계를 유지하는데 피드백된다. 따라서 나무는 자체뿐만 아니라 나무가 속해 있는 보다 큰 시스템의 능률을 최대화시킨다.

경제활동의 능률을 극대화하기 위해 지역 내부의 자원이 이용되고 추가적인 자원은 외부와 교환한다. 강수와 일사량의 최적기에 맞추어 곡식을 재배하는 농장을 생각해 보자. 비료를 최적으로 사용하여 농작물이 잘 자라면 재배된 농작물을 사람들이 사갈 것이다. 농부는 충분한 재정적 이윤을 얻게 되어 생활이 윤택하게 되고, 비옥한 토양을 항상 유지하게 되며, 매년 이러한 과정을 반복하게 된다. 농부는 그렇지 못한 농장을 인수하여 자신의 효율적인 시스템을 확장한다. 농부의 성공적인 영농법은 유지가 지속적이며, 다른 농부에게 전수된다. 이러한 농부의 활동은 전체 경제의 에너지 이용을 증진하기 때문에 경제적 지원으로 이런 영농방법은 계속될 것이다.

에너지 공급이 풍부한 시기에서는 경쟁적으로 성장을 최대로 하는 것이 능률을 극대화하는 것이다. 따라서 생물 천이의 초기 단계에서 생물 군집은 전체 생산량이 빠르게 증가한다.

에너지 공급이 일정할 경우 능률의 최대화는 경쟁보다는 다양성과 효율성 증가를 의미한다. 에너지 자원이 점차 부족해짐에 따라, 다양성을 통해 효율을 증가시킴으로써 최대한 능률이 극대화된다. 정상상태에 도달한 숲 생태계에서는 모든 생물이 각각 생태학적 지위를 가지고 있으므로 거의 경쟁을 하지 않는다. 생물은 경쟁적인 관계보다는 상호보완적인 관계를 유지한다. 성숙한 경제시스템 역시 경쟁보다는 상호협력 관계가 더욱 일반적이다. 따라서 이용 가능한 화석연료의 양이 줄어들고, 많은 국가가 자연환경 에너지에 의존하면, 상호팽창과 집단이기주의 경향이 줄어드는 희망적인 현상이 발생한다. 그렇게 되면 국가 간에는 더욱 평화적인 관계가 형성된다.

연습문제

1. 다음을 정의하라.
   a. 일
   b. 총생산
   c. 순 생산
   d. 제한 인자
   e. 최대능률의 원리
   f. 수확체감의 법칙
   g. 경쟁
   h. 생태학적 지위
   i. 화석연료
   j. 미기후
2. 외부와 내부의 제한 인자를 설명하고 각 예를 제시하라.
3. 생산과 일을 구별하라.
4. 하루 동안의 생산(광합성)과 소비를 시간의 함수로 그려보자.
5. 최대능률의 원리를 설명하라.
6. 능률을 최대로 하는 시스템의 다이어그램을 작성하고 그 이유를 설명하라.
7. <부록 A>의 제한 인자에 대한 프로그램을 시뮬레이션하여 관찰한 바를 설명하라.

제6장 성장모델

| 학습 목표 |

1. 지수 성장모델
2. 로지스틱 성장모델
3. 일정한 흐름의 재생 가능한 에너지원에 의한 성장
4. 탱크 모델
5. 재생 불가능한 에너지원에 의한 인구 모델
6. 재생 가능과 재생 불가능의 두 가지 에너지원에 의한 모델
7. 각 모델의 시간 경과에 따른 양(Quantity)의 변화

생물권은 시간의 흐름에 따라 변화하는 시스템으로 구성된다. 자연환경 시스템이나 인간의 경제시스템 모두 변화하는 방법에 따라 설명할 수 있다. 시스템의 변화양식은 시스템의 구성과 이용 가능한 에너지원의 종류로서 결정된다. 예를 들면, 어떤 생태계는 다른 생태계가 성장을 멈춘 동안에도 크기와 복잡성이 증가한다. 일부 마을은 도시로 성장하는 반면에 어떤 마을은 몇십 년 동안 같은 규모로 남아 있다. 이런 마을은 정상상태에 도달한 것이다. 나머지 마을은 규모나 복잡성이 줄어들고, 공장은 문을 닫고, 사람은 다른 곳으로 떠난다.

시스템에 대한 다이어그램(모델)을 작성하게 되면 그 시스템의 구성에 대하여 알 수 있다. 다이어그램에 나타난 에너지원의 종류에서 우리는 그 시스템의 성장과 감소에 대한 변화양상을 예측할 수 있다. 지금부터 여러 종류의 시스템이 어떻게 변화하는지를 그래프로 나타낸다.

6.1 Model 1 : 지수 성장(Exponential Growth)

<그림 6.1>은 첫 번째 모델을 그려놓은 것이다. 이 그림은 일정한 압력으로 공급되는

에너지원(constant-pressure source)에 의하여 성장하는 개체군을 나타낸다. 일정한 압력의 에너지원은 필요한 만큼의 에너지를 충분히 공급한다. 예를 들어, 먹는 속도와 관계없이 계속해서 사료가 재공급되는 토끼장 속의 토기를 생각하라. 다이어그램 속에서 에너지 흐름을 따라 가보자. 토끼의 개체수가 증가함에 따라 더 많이 먹고 더 많은 에너지를 유입시키도록 피드백하여 훨씬 많이 번식된다. 만약 암수 토끼 1마리씩으로 시스템이 시작된다면 그들이 4마리의 새끼를 생산하고, 또 그 새끼는 짝을 이루어 8마리의 새끼를, 같은 증가율로 다음 세대는 16마리, 다음은 32마리, 또 다음은 64마리와 같이 계속 증가한다. 토끼 수가 증가함에 따라 더 많은 에너지원이 이용되고, 토끼 수는 훨씬 빠르게 증가한다.

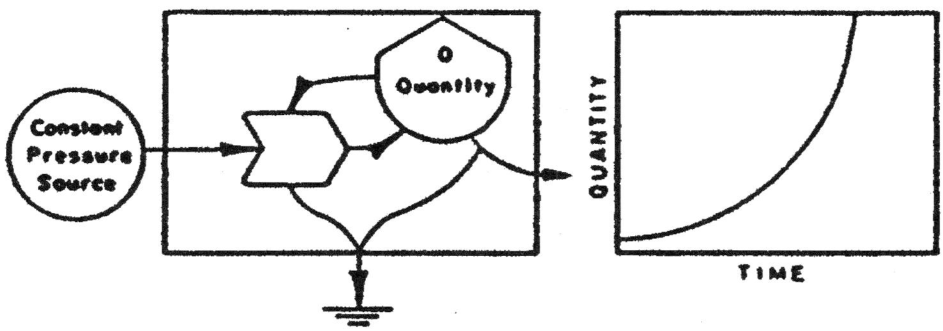

그림 6.1. 일정한 압력으로 공급되는 에너지원을 가진 시스템의 지수 성장.

먹이 공급이 필요한 만큼 계속될 때까지 토끼의 개체수 성장이 가속화된다. 이와 같은 조건에서의 개체수 성장을 **지수 성장**이라고 한다. 지수 성장은 시간에 따라 일정한 비율로 증가한다.

현실적으로 볼 때 에너지원이 일정 압력으로 무한정 유지될 수는 없으므로 영구적인 지수 성장은 불가능하다. 그러나 개체수가 성장하는 초기 단계에는 먹이 수요와 비교하여 이용 가능한 양이 많아서 에너지를 일정 압력으로 이용할 수 있으므로 지수 성장이 가능하다. 그러나 결국 먹이가 제한될 수밖에 없으므로 이러한 상황을 다른 모델을 이용하여 표현할 필요가 발생한다.

6.2 Model 2 : 로지스틱 성장

일정한 압력으로 공급되는 에너지원에 의하여 초기에는 개체들이 빠르게 성장하지만, 그 수가 늘어남에 따라 개체 간의 상호작용(interaction)으로 인한 혼잡현상 때문에 성장이 멈추게 되어 정상상태에 도달한다. 이와 같은 종류의 성장을 **로지스틱 성장**이라 한다.

로지스틱 성장은 개체수에 비례한 증가와 개체 간 상호작용(혼잡, crowding)에 비례한 감소 사이의 균형으로 이루어진다.

이러한 성장 과정은 <그림 6.2>의 다이어그램을 통하여 이해할 수 있다. 초산발효 반응의 경우 효모의 성장이 한 예이다. 처음에는 개체 성장이 거의 지수적이다. 먹이의 농도는 일정하고, 개체수가 증가함에 따라 더 많이 먹기 위해 피드백(feedback)이 일어난다. 그러나 효모 세포 간에 간섭이 일어나면서 세포의 부산물이 성장을 방해한다. 세포의 증가와 감소 사이에는 결과적으로는 정상상태가 이루어진다.

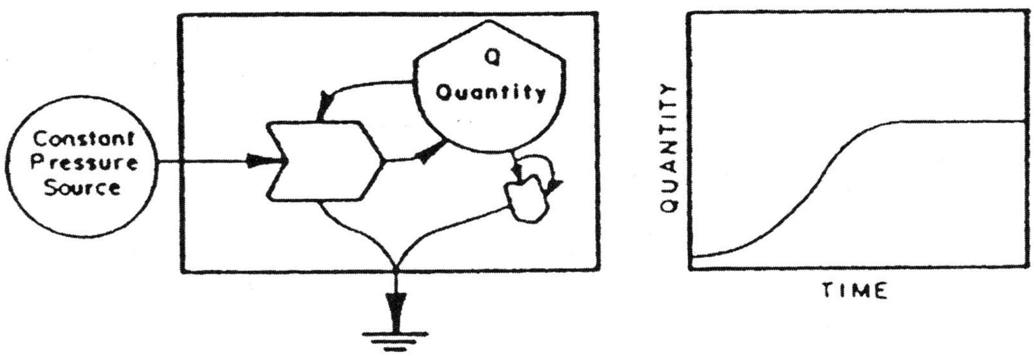

그림 6.2. 로지스틱 성장: 일정한 압력의 에너지원과 혼잡현상으로 이루어진 시스템의 성장.

<그림 6.2>의 모델에서 생산 부분은 <그림 6.1>의 경우와 같다. 에너지 공급은 일정한 압력으로 일어나고, 개체군은 유입한 에너지를 피드백시켜 보다 많은 에너지를 유입한다. 그러므로 초기의 개체수 증가는 지수적이다. 그러나, <그림 6.2>에서 보듯이, 자신의 방해

작용으로 에너지 손실이 가속화되고 결국에는 개체수 성장을 멈출 정도로 에너지 유출이 일어난다. 그러므로 그래프는 지수 성장을 하다 점점 속도가 느려져서 마침내 정상상태에 도달하는 모양을 나타낸다. 이와 같은 시스템은 **일정한 압력의 에너지원과 자체의 상호작용에 의한 에너지 손실**이라는 특징을 가진다.

<그림 6.2>의 저장부호의 표시가 양(Quantity)이라는 것에 유의하라. 우리는 보유량의 개념을 표시하기 위하여 양이라는 일반적인 용어를 계속해서 사용한다. 양(Quantity)이라는 용어는 개체수나 생체량, 저장된 에너지의 양 또는 이들 모두를 의미한다.

<그림 6.2>와 같은 모델 2의 다른 예로서 도시의 인구 증가와 행정서비스 비용의 증가를 들 수 있다. 주택, 도로, 상점, 차량의 혼잡현상이 증가하여 쓰레기, 소음, 범죄, 오염 같은 부정적인 요소가 증가함에 따라 이들 처리비용이 점점 커질 때까지 지수적인 성장이 이루어진다. 인구가 증가하면 할수록 에너지의 손실이 커져 마침내 도시의 성장이 느려진다.

6.3 Model 3. 흐름이 일정한 에너지원에 의한 성장

생태계는 외부 시스템에 의하여 흐름이 조절되는 여러 가지 에너지원을 이용하고 있다. 흐름이 **일정한 에너지원**에 대한 예로서 태양, 비, 바람, 하천의 흐름을 들 수 있다. 시스템 내의 군집은 외부 에너지의 유입을 증가시킬 수 없다. 유입되는 에너지에 의하여 군집의 성장이 제한된다. 햇빛을 이용하는 나무가 하나의 예이다. 나무는 광량을 증가시키거나 감소시킬 수 없다. 이와 같은 에너지원을 **재생 가능**한 에너지원(renewable source)이라고 한다.

<그림 6.3>은 재생 가능한 에너지원을 다이어그램으로 나타내는 방법을 보여준다. 에너지원으로부터의 흐름은 시스템 내부로 유입되는 것과 함께 일부는 계속해서 시스템 외부로 다시 유출되고 있다. 에너지의 이용은 유입경로에서 나누어진 분기선으로 나타나 있다. 여러분은 이 선을 하천을 끌어들이기 위해 연결된 파이프라고 생각하면 된다.

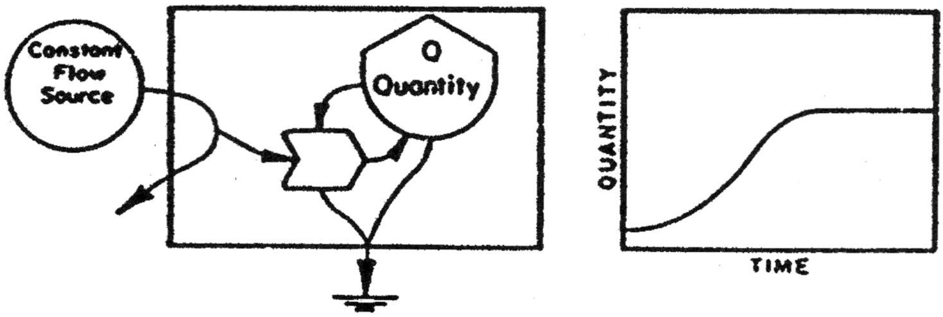

그림 6.3. 흐름이 일정한 에너지원을 가진 시스템의 성장.

이제 <그림 6.3>과 같이 하천의 유량이 일정하고 인구수에 비례하여 취수가 이루어지는 강변 도시의 성장을 생각해 보자. 이 모델은 압력이 일정한 대신에 흐름이 일정한 에너지원이 있는 것을 제외하고는 지수 성장모델과 같다. 물이 유입되는 속도만큼 빠른 속도로 모든 물이 이용될 때까지 인구수가 증가할수록 점점 더 많은 취수가 일어난다. 그 후의 인구는 증가하지 않고 정상상태를 유지한다.

자연 생태계에서 중요한 예로 **천이(succession)**를 들 수 있다. 숲의 성장을 예로 들면, 나무가 어릴 때 빛 에너지는 제한되지 않는다. 어린나무는 빠르게 성장하고 대부분 햇빛은 충분히 이용되지 않은 채 그냥 통과한다. 그러나 숲이 성장할수록 나무는 더 많은 에너지를 이용하고, 이용되지 않고 통과하는 에너지는 줄어든다. 성장은 점차 느려져서 균형을 이룬다. 숲의 유기물 생산과 분해 사이에는 균형이 이루어진다. 천이 현상은 제2부의 서론과 제14장에서 다시 공부하게 된다.

흐름이 일정한 에너지원에 의한 성장의 또 다른 예로서 강을 따라 마을이 들어서는 현상을 들 수 있다. 음용수, 농업용수, 수산용수, 하수처리를 목적으로 각 마을은 물을 이용한다. 유입되는 속도만큼 빠른 속도로 모든 물이 사용될 때까지 새로운 마을이 건설된다.

흐름이 일정한 유입 원의 성장 그래프는 <그림 6.3>과 같이 "S"자 모양이다. 이 모양은 <그림 6.2>의 로지스틱 성장과 같지만 생성되는 이유는 다르다. 로지스틱 성장모델은 일정한 압력의 에너지원에 의한 성장이기 때문에 에너지원에 대한 한계는 없지만, 혼잡현상(Crowding)에 의한 한계가 있다. 흐름이 일정한 에너지원에 의한 성장모델은 에너지원의 공급 속도에 의해서 제한을 받는다.

6.4 Model 4 : 단순 저장 탱크에서의 성장

네 번째 모델은 에너지원으로부터 유입된 다음 유출되는 저장 탱크에 관한 것이다. 비어있는 도시의 물탱크를 생각하자. 본래 이 탱크에는 일정한 양의 물이 공급되고 이 물은 배수관을 통하여 유출된다. 물이 유입되면서 탱크는 차게 된다. 물이 차면, 늘어나는 물의 압력으로 인해 배출이 더 빠르게 일어난다. 마침내 들어오는 물과 나가는 물의 양이 같아지면, 수위는 일정하게 유지된다. 이러한 현상이 <그림 6.4(a)>에 나타나 있다. 이 그래프는 수량이 빠르게 증가한 후 그 속도가 점점 느려지면서 결국에는 일정한 상태인 **역학적 평형**에 도달하는 수량의 변화를 보여준다.

유출을 나타내는 흐름 경로는 또 하나의 분기선을 가지고 있다. 오른쪽으로 흐르는 물과 열 분산(heat sink)을 통하여 아래로 통과하는 에너지를 나타낸다.

처음부터 물탱크가 가득 차 있다고 가정해 보자. 그러면 어떤 현상이 일어나겠는가? <그림 6.4(b)>와 같이 탱크를 가득 채워서 시작한다면, 수위는 전과 같이 정상상태에 도달할 때까지 감소할 것이다. 만약 물이 유입되지 않는다면 어떤 현상이 벌어질까? <그림 6.4(c)>와 같이 탱크의 수위는 초기에는 급격히 감소하지만, 수량이 감소함에 따라 수압이 줄어들기 때문에, 수위의 하강 속도는 점점 느려진다.

자연에서 예를 들면 하천수가 꾸준히 유입되어 배출구로 흘러가는 연못을 들 수 있다. 하천이 유입되는 초기에는 유입과 유출이 같아질 때까지 연못의 수위는 증가한다(<그림 6.4(a)>). <그림 6.4(b)>는 많은 비가 오고 난 후의 연못의 상황을 나타낸다. 비 때문에 연못의 수위는 높아지지만, 비가 그친 후에는 곧 전과 같은 수위로 돌아간다. 만약 하천의 유로가 변경되어 유입이 없다면, <그림 6.4(c)>와 같이 연못의 물이 고갈될 때까지 빠져나간다. 또 다른 예로 숲속의 낙엽 더미를 들 수 있다. 나무에서 떨어져 쌓이는 속도와 썩어서 분해되는 속도가 같을 때까지 낙엽 더미는 계속해서 쌓이게 된다(<그림 6.4(a)>). 만약 갑자기 돌풍이 불어 많은 잎이 떨어지면 잎의 양은 <그림 6.4(b)>와 같이 변화한다. 겨울철에 낙엽이 다지고 난 후에는 낙엽 더미는 <그림 6.4(c)>와 같이 감소한다.

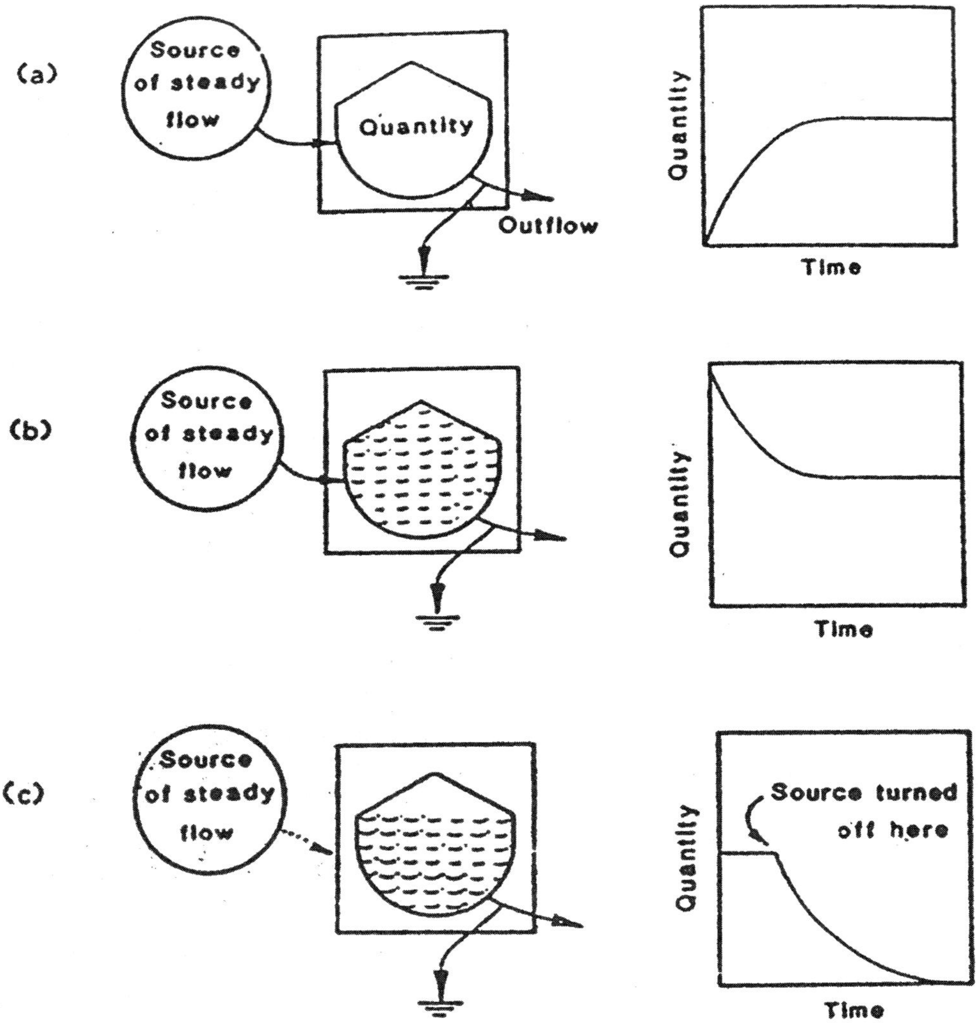

그림 6.4. 모델 4 : 저장 탱크와 일정한 유입 에너지원으로 된 시스템의 성장, 정상상태, 쇠퇴. (a) 빈 탱크에서 시작, (b) 가득 찬 탱크에서 시작, (c) 정상상태에서 에너지원을 차단한 경우.

6.5 Model 5 : 재생 불가능한 에너지원에 의한 성장

일부 시스템은 재생 불가능한 에너지원에 의존한다. 예를 들면 썩은 통나무를 갉아먹고 성장하는 딱정벌레를 들 수 있다(<그림 6.4>). 딱정벌레 개체수가 적을 때는 풍부한 에너지 때문에 지수적으로 성장한다. 그 후 통나무가 줄어들면서, 딱정벌레 개체수의 성장은 느려지고, 통나무가 계속해서 줄어듦에 따라 딱정벌레의 수는 감소한다. 그리고 통나무가 없어지면 딱정벌레 군집도 사라진다. 그래프에서 Q는 딱정벌레의 개체수를, N은 남아 있는 통나무를 나타낸다.

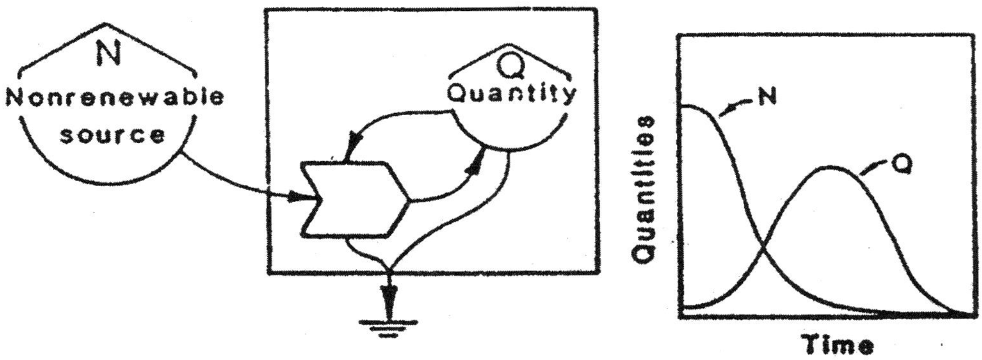

그림 6.5. 모델 5 : 재생 불가능한 에너지원에 의한 시스템의 성장.

또 다른 예로 재생 불가능한 한 가지의 경제적 자원에 의존하는 광산촌을 들 수 있다. 광산촌은 결국 유령의 폐광촌이 된다.

6.6 Model 6 : 두 가지 에너지원에 의한 성장

여섯 번째 모델은 재생 가능한 에너지원과 재생 불가능한 에너지원 두 가지를 가지고 있는 경우이다(<그림 6.6>). 두 에너지원은 기존의 보유량과 상호작용하여 보유량을 증가시키고 다시 생산과정에 피드백된다. 따라서 두 에너지를 이용하여 성장이 이루어진다. 재생 불가능한 에너지원이 고갈되면, 재생 가능한 에너지만을 이용하기 때문에 성장이 감소하면서 정상상태에 도달한다. 이 모델은 재생 불가능한 에너지원 모델(<그림 6.5>)과 재생 가능한 에너지원 모델(<그림 6.6>)의 조합으로 구성되어 있다.

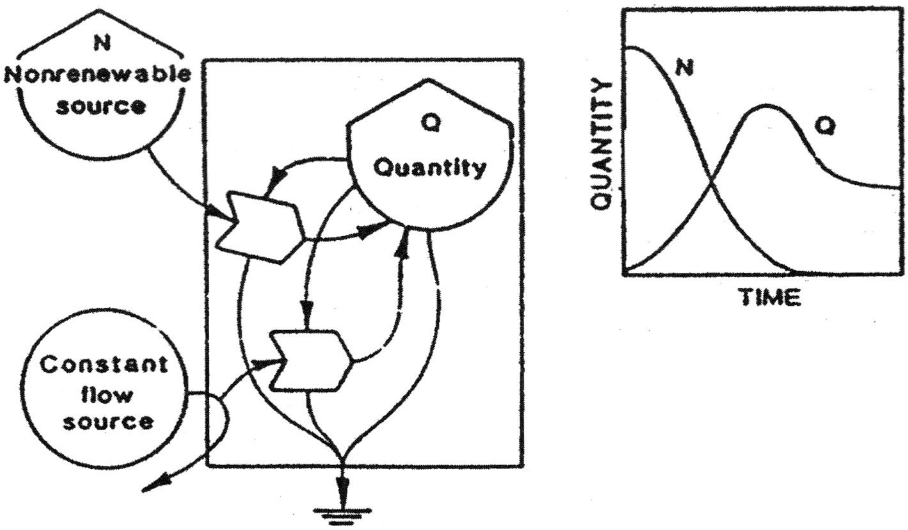

그림 6.6. 재생 불가능한 에너지원과 재생 가능한 에너지원에 의한 성장.

모델 6의 예로 물고기가 사는 연못에 양어 사료를 공급하는 경우를 들 수 있다. 이 경우 두 가지 에너지원은 태양으로부터 연못으로 유입되는 일정한 흐름의 재생 가능한 에너지원과 공급된 먹이와 같은 재생 불가능한 에너지원이다. 물고기 개체수는 초기에 양어 사료가 부족하기 전까지 지수적으로 성장한다. 양어 사료를 다 먹은 후의 개체수는 광합성 작용에 기초한 먹이연쇄에 의존하는 수준까지 줄어든다.

같은 방법으로 성장하고 쇠퇴하는 또 다른 시스템은 인간사회에 의해 조성된 경제시스템이다. 우리의 경제시스템은 재생 불가능한 화석연료와 태양, 비, 바람과 같은 재생 가능한 에너지에 의해 성장한다. 재생 불가능한 화석연료를 다 소비한 후, 우리의 경제시스템은 양적으로 감소하여 일정 흐름의 재생 가능한 에너지에만 의존하는 농업, 임업, 수력 발전 등으로 살아가는 정상상태가 정착된다. 그러나 새로운 에너지원이 발견된다면, 또 다른 모델이 필요할 것이다.

연습문제

1. 다음의 용어를 정의하라.
   a. 모델
   b. 지수 성장
   c. 일정한 압력의 에너지원
   d. 가속작용
   e. 로지스틱
   f. 상호 방해 작용
   g. 흐름이 일정한 재생 가능한 에너지원
   h. 역학적 평형
   i. 재생 불가능한 자원
   j. 재생 가능한 자연환경 자원
2. 지구시스템에 대한 자신만의 모델을 그려라. 모델의 모든 부분에 명칭을 표시하라.
3. 초기 단계에 지수 성장을 보이는 생물 시스템 세 가지를 나열하라.
4. 지수 성장을 하는 시스템이 결국 정상상태로 되는 두 가지의 이유를 들어라.
5. 저장 탱크의 성장에 대한 모델을 그려보라. 모델이 정상상태에서 시작하는 경우와 정상상태로 끝나는 경우를 설명하라.
6. "1849년의 Gold Rush"에 대해 다이어그램을 그려보라. 당신의 다이어그램에 의한 성장 그래프는 어떤 모습을 하는가? 그리고 이유는?
7. 에너지 보존과 재생 가능한 에너지원의 연구를 지원하는 것이 왜 중요한가?
8. 이 장의 시스템들이 생산품을 이용하여 에너지의 이용을 증가시키는 방법을 설명하라. 제5장에서 소개한 최대능률의 법칙을 어떻게 설명하고 있는가?
9. 모든 모델에서 에너지 제2법칙 때문에 저장량이 분산되는 경로를 확인하라.
10. 모든 모델의 저장 탱크가 초기에 비어 있으면 (Q=0), 어떤 모델의 경우에 저장량이 증가하겠는가?

11. 농업을 예로 들어, 재생 가능 에너지와 재생 불가능 에너지가 각각 어떻게 상호작용하여 피드백을 제공하는지 설명하라.
12. 제6장의 모든 모델 중에서 숲의 성장과 천이를 가장 잘 나타내는 것은 어떤 모델인가?
13. 이 장에 있는 모델에 대한 부록의 시뮬레이션 프로그램을 실행하라.

제7장 정량 모델의 시뮬레이션

학습 목표

1. 탱크 모델의 방정식 유도
2. 계산기에 의한 시뮬레이션
3. 컴퓨터 시뮬레이션
4. 생산-소비 모델의 시뮬레이션

이 장에서는 시스템에 대한 **정량 모델**을 시뮬레이션하는 기법을 소개한다. 먼저, 탱크 모델을 이용하여, 시간 경과에 따라서 탱크에 저장된 물의 변화를 계산하여 표와 그래프로 나타낸다. 그 후에 컴퓨터를 이용하여 계산을 한다. 컴퓨터에 의한 계산을 "프로그램 수행"이라 한다.

7.1 서론

에너지 언어로 작성된 다이어그램은 시스템이 어떻게 반응하는지를 시각적으로 나타내는 좋은 방법이다. 서로 다른 에너지원과 저장고를 가진 시스템에 대한 여섯 가지 모델이 제6장에서 소개되었다.

여러분은 시간에 따라 각 시스템이 어떻게 반응하는지 그래프를 만들어 보았다. 그러나 시스템이 어떻게 반응하는지 보기 위하여 실제 숫자를 적용할 때 에너지 부호 언어는 훨씬 강력한 힘을 발휘한다.

우리가 이미 사용해 온 에너지 다이어그램은 실제로 수학적인 표현이다. 이 다이어그램을 가지고 우리는 양(quantities)과 관계(relationships)를 나타내기 위해 숫자를 사용한다.

각 저장부호에 보유량을 기록하고, 각 경로상에 흐르는 양을 기록하면 바로 수학적인 표현이 된다. 이렇게 하면 컴퓨터가 이해하는 언어에 아주 가까운 표현이 된다.

컴퓨터를 사용할 수 있다면, 컴퓨터를 통해 이 장에서의 시뮬레이션 연습을 할 수 있다. 만약 컴퓨터를 사용할 수 없다면, 직접 계산하여 시뮬레이션할 수 있으므로 걱정할 필요가 없다.

7.2 간단한 경로에 대한 계수

모델에서 발생하는 어느 순간의 일을 정량적으로 표현하기 위해, 다이어그램 상에 숫자가 간단하게 쓰여 있다. 유량은 흐름의 선 위에, 저장량은 저장부호 내에 기록된다.

20 ℓ 의 물이 들어 있는 싱크대를 상상해보자. 마개를 뽑게 되면 개개의 시간마다 남아 있는 물의 10%가 유출된다. 처음 한 시간 동안에는 싱크대에서 2 ℓ 의 물이 감소한다. 이 시스템을 정량적인 에너지 다이어그램으로 표현하면 다음과 같다.

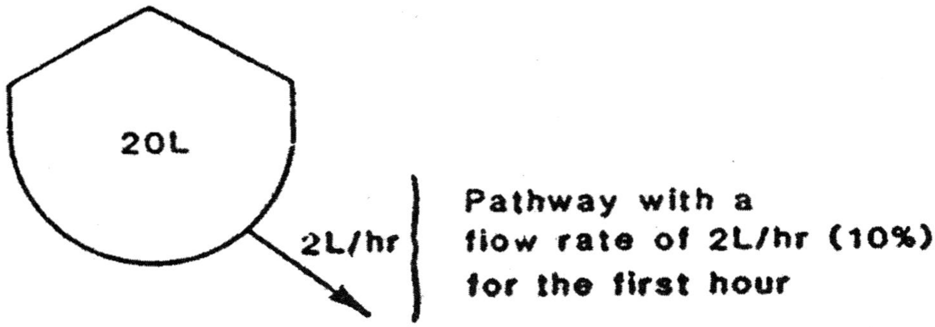

그림 7.1. 물탱크에서 유출이 일어나는 모델.

이 다이어그램은 시작하여 최초 한 시간의 순간에 대한 시스템의 정량적인 묘사이다. 그렇지만 다음 한 시간의 시작점에서는 사건이 달라진다. 싱크대에 남아 있는 물의 양은

18ℓ이고, 유출률(0.1)에 의해 유출되는 물은 1.8ℓ/hr가 된다. 개개의 시간이 지남에 따라 물은 감소하고, 유출량도 점점 적어진다. 우리는 이 계산을 위한 방정식이 필요하다.

먼저 저장된 물의 양을 Q라고 표시한다(Q는 시간에 따라 변화한다).

다음 우리는 물의 저장량과 유출량의 비를 나타내는 **경로계수**(k)를 이용하여 유출을 표시한다. 유출 관이 클수록 이 계수는 커진다. 이 예제에서 경로계수는 0.1(10%)이다.

유출량 = 경로계수 × 물통에 남은 양 = k×Q

여기서,

경로계수 : 저장량에 대한 단위 시간당 유출량의 비

싱크대의 배수에 대한 모델은 다음과 같다.

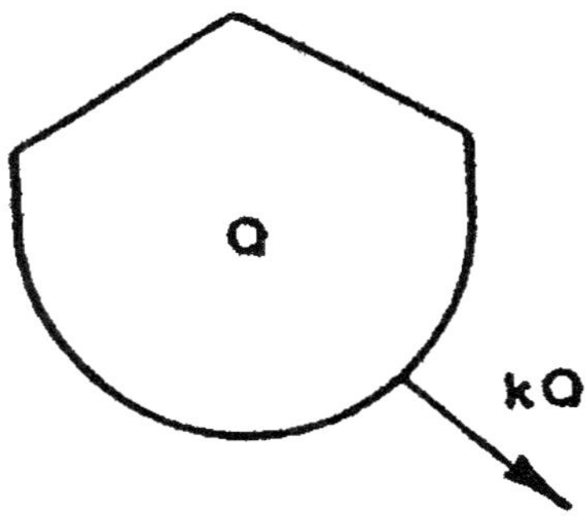

그림 7.2. Q와 kQ로 표현된 탱크 모델, k=0.1.

7.3 계산에 의한 시뮬레이션

<표 7.1>은 시간에 따른 탱크의 저장량과 유출량의 계산 결과이다.

표 7.1. 물탱크(〈그림. 7.2〉)의 유출에 대한 시간별 계산

Time since start (hours)	Quantity Q (liters)	Outflow rate kQ (liters/hour)
0	20	2
1	18	1.8
2	16.20	1.62
3	14.58	1.46
4	13.12	1.31
5	11.81	1.18

k = .1

<표 7.1>의 계산과정을 살펴보자. 이 계산은 저장량이 단계적으로 감소하는 일련의 반복과정이다. 이렇게 계산하는 과정을 **반복계산(iteration)**이라 한다. 예를 들면, <그림 7.1>과 <그림 7.2>의 과정은 다음과 같은 문장으로 표현한다. 다음 시간의 양은 현재의 양에서 유출량을 뺀 값이다.

(새로운 Q) = (지난 시간의 Q) -(k×Q)

앞의 식은:

새로운 Q는 지난 시간의 Q에서 지난 시간의 Q와 k를 곱하여 뺀 것과 같음을 의미한다.

이 식을 컴퓨터 화면에 나타낼 때 '*'는 곱하기를, '='는 같음을 의미한다.

Q = Q - k * Q

탱크 유출모델(<그림 7.1>)에서 Q의 처음 값은 20 ℓ 이고, k=0.1 ℓ /hr이다. <표 7.1>에서 초기치는 시간 = 0일 때, Q = 20 ℓ 로서 첫 줄에 나타나 있다.

처음 한 시간의 경우:

$$\text{유출량} = kQ$$
$$= 0.1/\text{hr} \times 20\,\ell = 2\,\ell/\text{hr}$$

처음 한 시간이 끝날 무렵 남은 물의 양은 한 시간 동안의 유출량을 뺀 값으로 계산된다.

$$\text{새로운 저장량} = \text{지난 시간의 저장량} - \text{유출량}$$
$$= 20\,\ell - 2\,\ell$$
$$= 18\,\ell$$

두 번째 한 시간의 경우:

$$\text{유출량} = kQ$$
$$= 0.1/\text{hr} \times 18\,\ell = 1.8\,\ell/\text{hr}$$

두 번째 한 시간이 끝날 무렵

$$\text{새로운 저장량} = \text{지난 시간의 저장량} - \text{유출량}$$
$$= 18\,\ell - 1.8\,\ell = 16.2\,\ell$$

<표 7.1>은 최초 5시간 동안의 시간별 계산 값이다. 이 표를 20시간까지 확장하고 그래프를 그려보면 <그림 7.3>과 같이 나타난다.

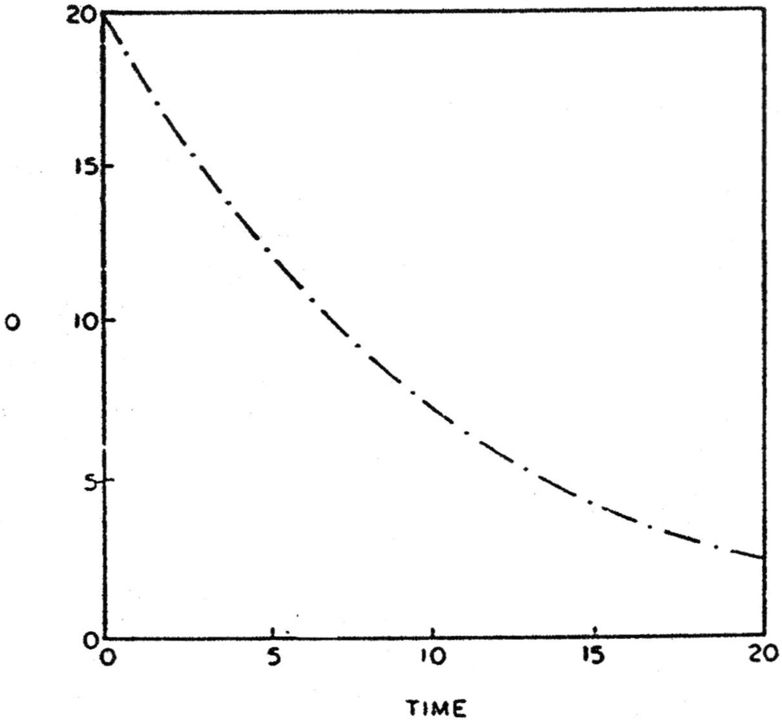

그림 7.3. 〈표 7.1〉과 같이 계산하거나 〈그림 7.2〉의 모델을 시뮬레이션할 경우 시간에 따른 저장량의 변화 그래프.

7.4 흐름도

계산이 연속적으로 반복될 때 여러 단계의 계산과정을 흐름도로 표현한다. <그림 7.4>는 <표 7.1>의 계산을 위한 흐름도이다. 맨 위의 "시작"에서 출발하여 처음 값을 입력하고 처음 값을 그래프에 표시한 다음 시간 간격에 따라 계산하여, 20시간이 될 때까지 반복계산을 수행한다. 이와 같은 흐름도는 계산의 단계를 이해하는 도움을 준다.

계산과정의 각 단계에 대한 목록을 **프로그램**이라 한다. 흐름도(<그림 7.4>)는 프로그램을 작성하는 하나의 방법이다. 만약 명령문이 컴퓨터 언어로 쓰여 있다면 이를 **컴퓨터 프로그램**이라 한다.

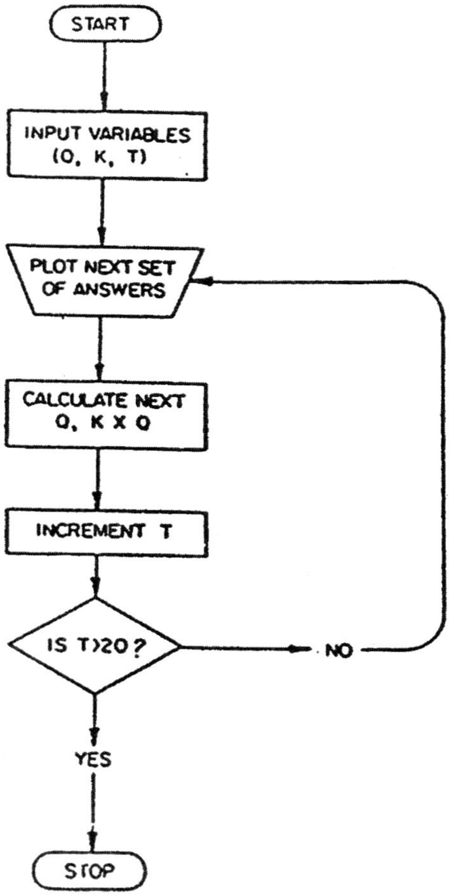

그림 7.4. 〈그림 7.2〉의 모델을 시뮬레이션 한 결과인 〈표 7.1〉을 계산하기 위한 흐름도.

7.5 컴퓨터 시뮬레이션

먼저 우리는 컴퓨터를 이용하여 엑셀 매크로를 사용하여 어떻게 시뮬레이션을 하는지 알아보자. 먼저 컴퓨터에서 엑셀 프로그램을 열면 다음과 같은 홈 화면이 나타난다. 홈 화면에서 보기를 클릭하여 매크로 보기를 선택하면 매크로 이름을 입력하기 위한 창이 나타난다. 매크로 이름을 문법에 맞게 입력하면(특히 띄어쓰기 대신 _ 부호를 사용함에 주의) 만들기 탭이 활성화된다. 만들기 탭을 클릭하면 바로 문장을 입력할 수 있는 화면이 나타난다. 다음 단계는 표 7.2의 기본적인 BASIC 언어를 이용하여 명령문을 작성하면 된다.

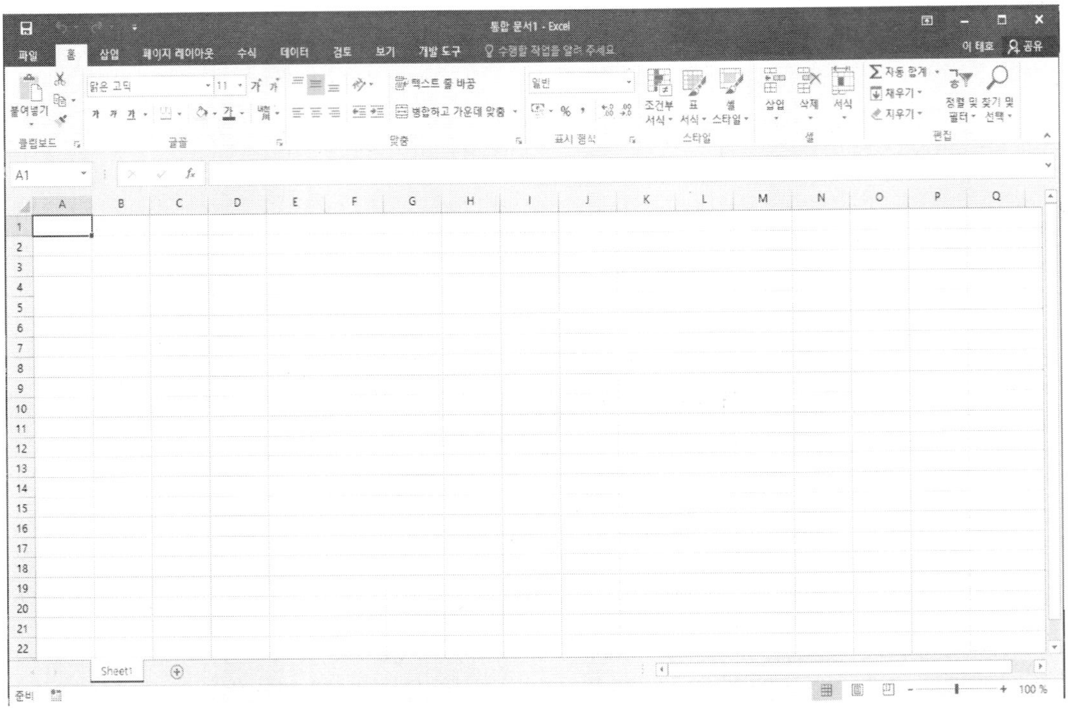
통합 문서1 - Excel
파일 홈 삽입 페이지 레이아웃 수식 데이터 검토 보기 개발 도구
수행할 작업을 알려 주세요
붙여넣기
맑은 고딕
텍스트 줄 바꿈
병합하고 가운데 맞춤
일반
조건부 서식 표 서식 셀 스타일
삽입 삭제 서식
자동 합계 채우기 지우기
정렬 및 필터 찾기 및 선택
클립보드 글꼴 맞춤 표시 형식 스타일 셀 편집
Sheet1
준비
100 %

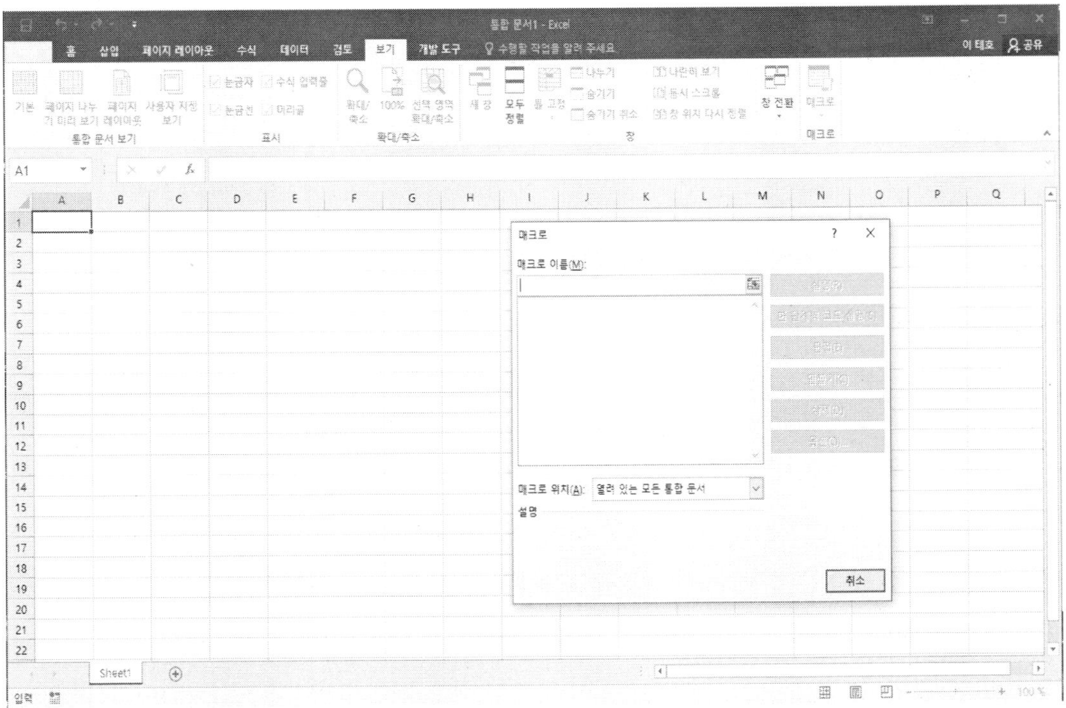
통합 문서1 - Excel
홈 삽입 페이지 레이아웃 수식 데이터 검토 보기 개발 도구
수행할 작업을 알려 주세요
통합 문서 보기 표시 확대/축소 창 매크로
매크로
매크로 이름(M):
매크로 위치(A): 열려 있는 모든 통합 문서
설명
취소
Sheet1
입력

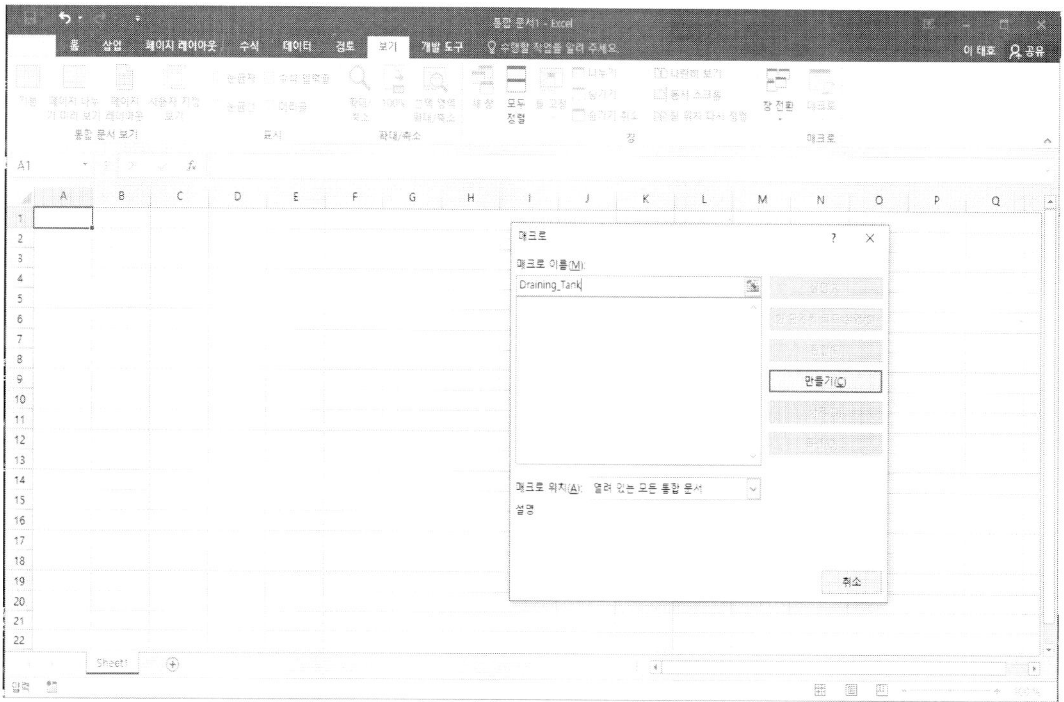
통합 문서1 - Excel
매크로
매크로 이름(M):
Draining_Tank
만들기(C)
매크로 위치(A): 열려 있는 모든 통합 문서
설명
취소

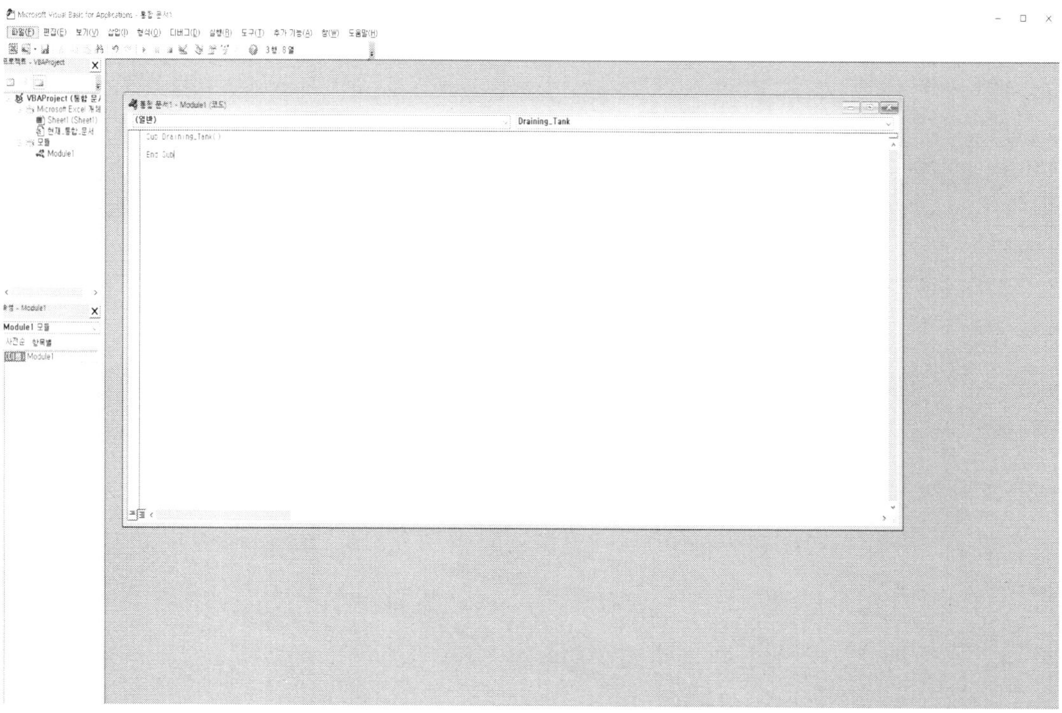
(일반)
Draining_Tank
Sub Draining_Tank()
End Sub

여기서는 전체적인 엑셀 매크로와 Visual basic의 내용은 생략하고, 필요한 데이터를 유도하는 코드에 관해 주로 다루도록 한다. 우선 컴퓨터에서 계산하기 위해서는 컴퓨터가 이해하는 언어로 표시한다. 시뮬레이션하기 위하여 기본적으로 필요한 언어가 <표 7.2>에 수록되어 있다. 이것은 BASIC 언어의 일부분으로 기본적인 생태계 시뮬레이션을 수행하기 위한 언어와 기호이다.

표 7.2. BASIC 명령어와 역할

명령어	역할
Dim 변수 As integer single	변수의 크기 정의 (2바이트의 짧은 정수) (4바이트의 단정도 실수)
변수의 처음 값	각 변수의 처음 값을 입력한다.
계수 값	각 변수의 처음 값과 시간당 변화량을 이용하여 보정된 각 흐름의 계수를 입력한다.
Cells(1, 1) = t Cells(1, 2) = q	초기 시간을 지정한 셀에 출력한다. 변수의 처음 값을 지정한 셀에 출력한다.
For t = 1 To 최종 시간 (Step 증가치) 실행문장 Cells(t + 1, 1) = t Cells(t + 1, 2) = q Next t	For 문과 Next 문 사이의 실행문장에 대하여 시간 증가치 간격으로 최종 시간까지 반복 계산하여 지정한 셀에 출력한다.

표 7.3은 Basic 언어를 이용하여 실제 프로그램을 작성한 예이다. 프로그램 작성이 끝나면 바로 실행하여 결과를 볼 수 있다. 실행은 실행(R) 탭을 클릭하여 Sub/사용자 정의 폼 실행을 선택하거나 F5 단축키를 사용하면 된다. 미리 프로그램이 입력되는 경우는 해당 프로그램을 선택하여 실행을 클릭하면 된다. 실행 결과는 프로그램 화면을 닫으면 바로 엑셀 형태로 나타나며 이를 그래프로 나타내기 위하여 해당 칼럼을 설정하고 삽입을 선택하여 추천 차트에서 분산형 중 원하는 형태를 선택하면 된다. 그래프가 작성되면 차트 제목이나 가로축과 세로축의 제목을 입력하면 된다.

표 7.3. 〈그림 7.1〉의 모델을 시뮬레이션하기 위한 BASIC 프로그램

```
Sub Storage_Tank()
Dim q As Single, k As Single, t As Integer
q = 20
k = 0.1
t = 0
Cells(1, 1) = t
Cells(1, 2) = q
For t = 0 To 20
q = q - k * q
Cells(t + 1, 1) = t
Cells(t + 1, 2) = q
Next t
End Sub
```

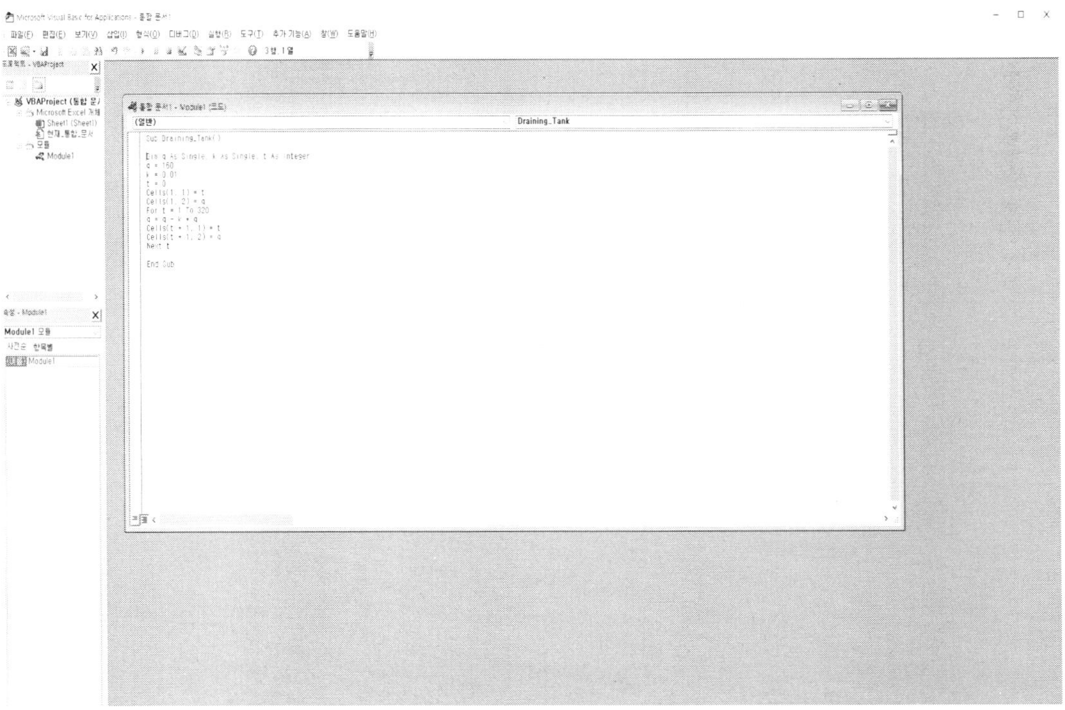

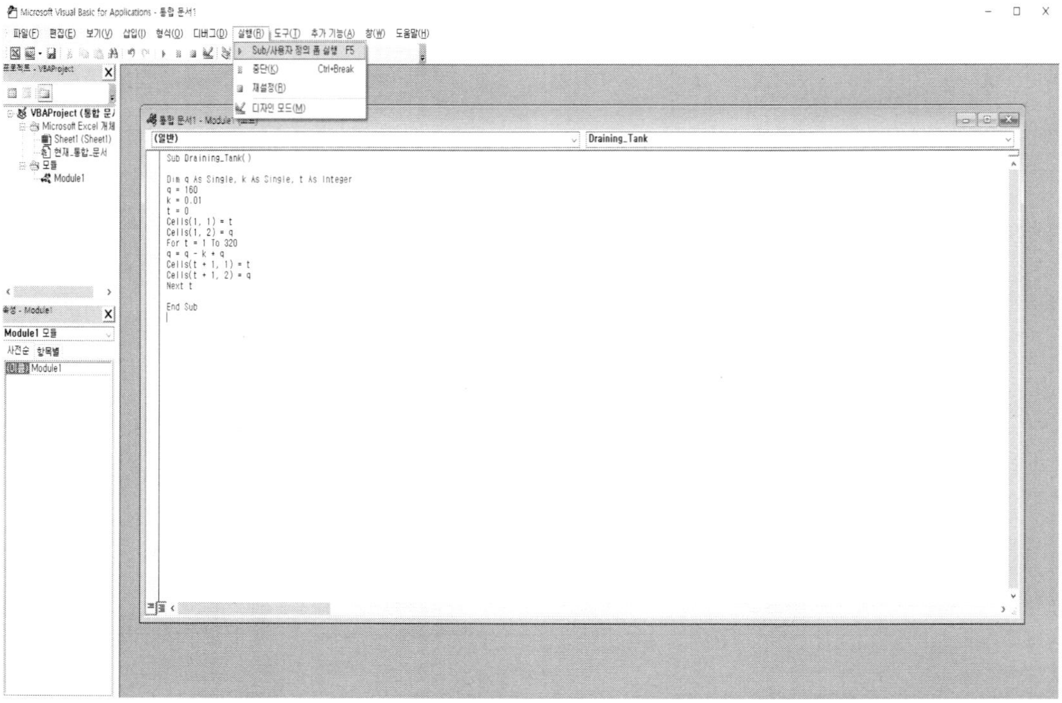
Microsoft Visual Basic for Applications - 통합 문서1
Sub/사용자 정의 폼 실행 F5
중단(K) Ctrl+Break
재설정(R)
디자인 모드(M)
Draining_Tank
Sub Draining_Tank()
Dim q As Single, k As Single, t As Integer
q = 160
k = 0.01
t = 0
Cells(1, 1) = t
Cells(1, 2) = q
For t = 1 To 320
q = q - k * q
Cells(t + 1, 1) = t
Cells(t + 1, 2) = q
Next t
End Sub

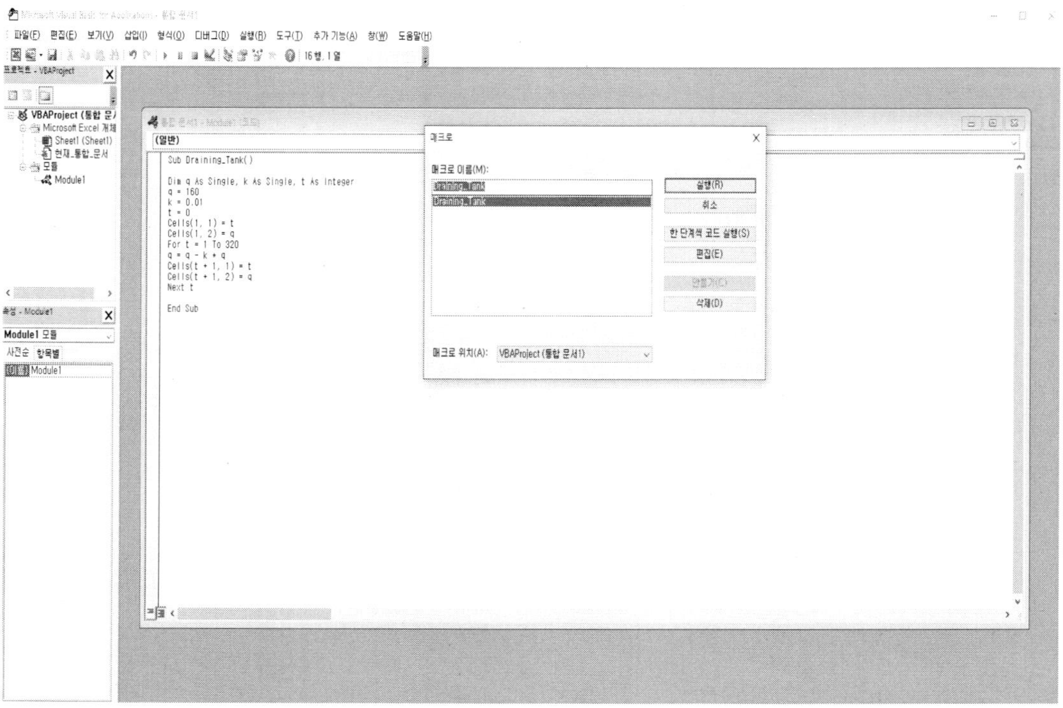
Sub Draining_Tank()
Dim q As Single, k As Single, t As Integer
q = 160
k = 0.01
t = 0
Cells(1, 1) = t
Cells(1, 2) = q
For t = 1 To 320
q = q - k * q
Cells(t + 1, 1) = t
Cells(t + 1, 2) = q
Next t
End Sub
매크로
매크로 이름(M):
Draining_Tank
실행(R)
취소
한 단계씩 코드 실행(S)
편집(E)
삭제(D)
매크로 위치(A): VBAProject (통합 문서1)

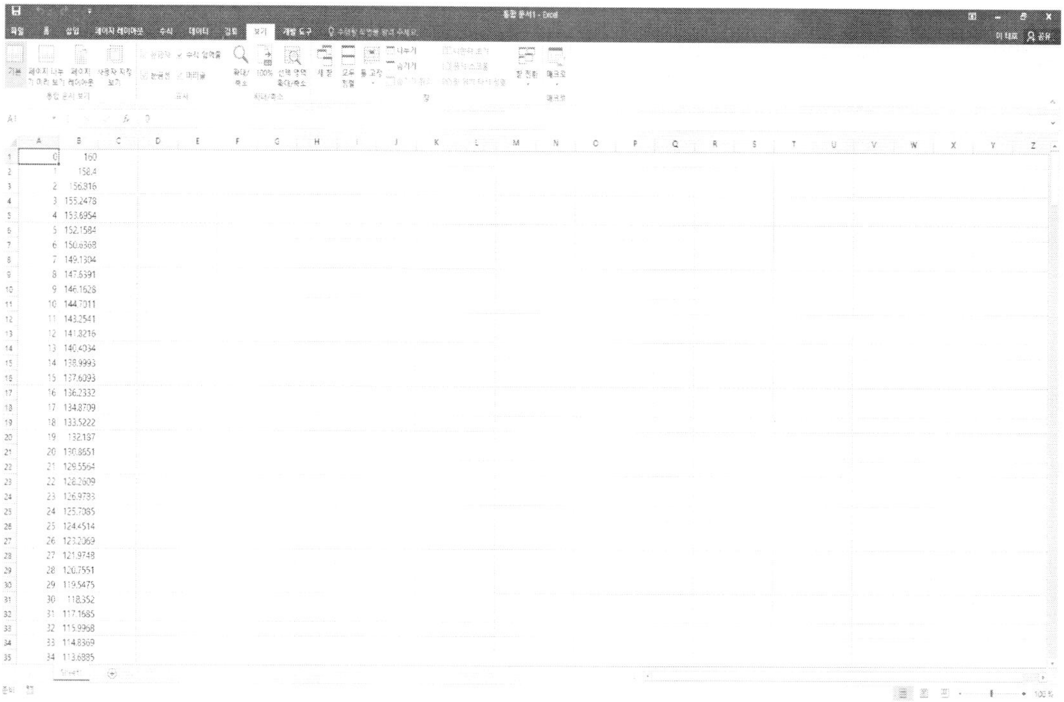
통합 문서1 - Excel
0 160
1 158.4
2 156.816
3 155.2478
4 153.6954
5 152.1584
6 150.6368
7 149.1304
8 147.6391
9 146.1628
10 144.7011
11 143.2541
12 141.8216
13 140.4034
14 138.9993
15 137.6093
16 136.2332
17 134.8709
18 133.5222
19 132.187
20 130.8651
21 129.5564
22 128.2609
23 126.9783
24 125.7085
25 124.4514
26 123.2069
27 121.9748
28 120.7551
29 119.5475
30 118.352
31 117.1685
32 115.9968
33 114.8369
34 113.6885

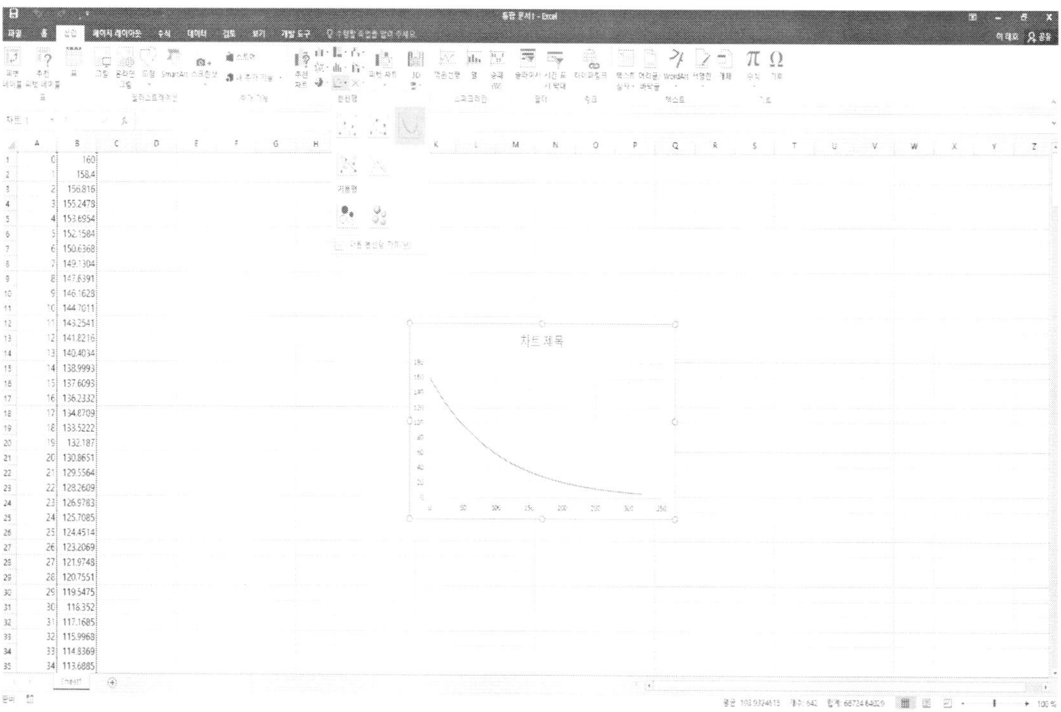
통합 문서1 - Excel
0 160
1 158.4
2 156.816
3 155.2478
4 153.6954
5 152.1584
6 150.6368
7 149.1304
8 147.6391
9 146.1628
10 144.7011
11 143.2541
12 141.8216
13 140.4034
14 138.9993
15 137.6093
16 136.2332
17 134.8709
18 133.5222
19 132.187
20 130.8651
21 129.5564
22 128.2609
23 126.9783
24 125.7085
25 124.4514
26 123.2069
27 121.9748
28 120.7551
29 119.5475
30 118.352
31 117.1685
32 115.9968
33 114.8369
34 113.6885
차트 제목

7.6 보다 복잡한 시뮬레이션

만약 싱크대의 유출을 어렵지 않게 시뮬레이션하였다면, 여러분은 <그림 7.5>와 같은 보다 복잡한 모델을 시뮬레이션할 수 있다.

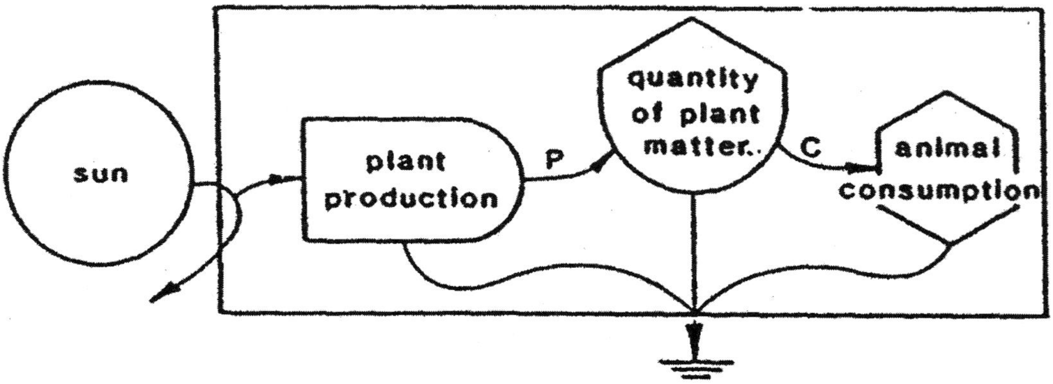

그림 7.5. 생태계 다이어그램.

이 모델은 일반적인 생태계를 나타낸다. 햇빛은 생산자의 광합성을 통하여 식물 생체량으로 저장되어 동물에게 소비되거나 야간에 식물 조직으로 전환된다. 여기에 몇 가지 자료를 첨가해 보자. 햇빛은 일 년 동안 다음과 같이 변화한다.

Year	Season	Sunlight E3 joules/m^2/season
1	Winter	5,000
	Spring	10,000
	Summer	15,000
	Autumn	10,000

식물은 이용 가능한 태양에너지의 0.1%를 받아서 일정하게 저장할 수 있고(k1 = 0.001) 동물이 식물 조직에 저장된 에너지의 20%를 일정하게 소비한다고 하면(k2 =0.2), 정량 모델은 <그림 7.6>과 같이 나타낼 수 있다.

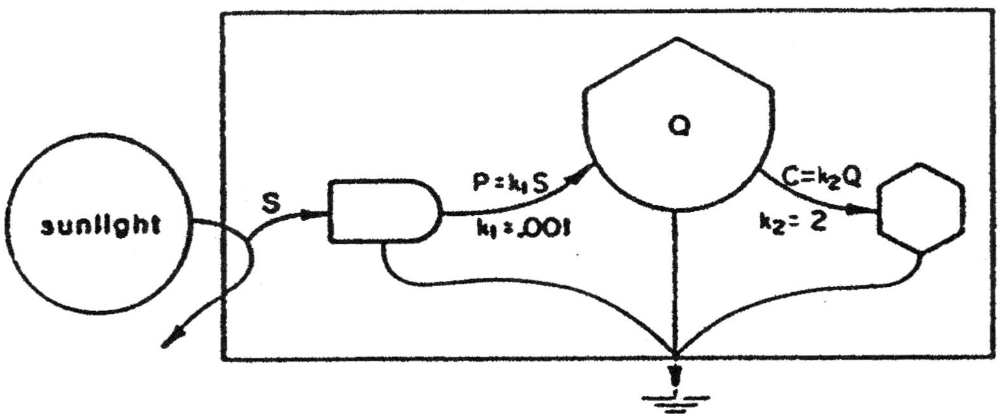

그림 7.6. 계수를 포함한 생태계 다이어그램.

초기치 Q = 0.1로 하여 왼쪽에서부터 오른쪽으로 계산하라. 유효 숫자는 2자리 수로 하라.

표 7.4. 〈그림 7.6〉을 시뮬레이션하기 위한 계산 (단위는 E3/joules/m^2/season)

Year	Season	Sunlight S	Plant produc-tion P=.001 x S	Animal consump-tion C=.2 x (old Q)	Quantity of plant matter (new Q) = (old Q)+P-C
	Start	-	-	-	.1
1	Winter 1	5,000	5	.2 x .1 = .02	.1+5-.02=5.1
	Spring 2	10,000	10	.2 x 5.1 = 1.0	5+10-1=14
	Summer 3	15,000	15	.2 x 14 = 2.8	14+15-3=26
	Autumn 4				
2	Winter 5				

다른 용지를 이용하여 5년 동안까지 계산을 계속하라. 햇빛과 식물 생체량의 값을 이용하여 <그림 7.7>을 완성하라.

7.7 고찰

여러분의 그래프는 성장모델 3의 <그림 6.3>과 같이 성장한 후 정상상태를 보여야만 한다. 태양은 일정한 흐름의 재생 가능한 에너지원이다. 결론적으로 식물 생체량은 초기에 빠르게 증가하지만, 식물 생체량의 일정량이 동물에게 소비되어 생산과 소비가 비슷한 수준에 도달할 때까지 소비자가 빠르게 증가한다. 성장곡선의 형태는 태양에너지의 변동에 따라 상승과 하강이 일어난다. 식물성장이 최대로 일어나는 시기는 생체량을 저장하는데 걸리는 지체시간 때문에, 태양에너지가 최대인 시점보다 늦게 나타난다.

이러한 성장의 예로 생태학적 천이를 들 수 있다. 초본 식물이 들판에서 빠르게 성장한 후 관목과 수목의 느린 순 생산으로 바뀐 다음 수목을 비롯한 기타 생산자가 소비자와 균형을 이루는 정상상태로 극상 형태의 숲이 형성된다.

7.8 생산과 소비 모델의 컴퓨터 시뮬레이션

<표 7.5>에 생산과 소비 모델을 위한 컴퓨터 프로그램이 작성되어 있다. 앞에서 설명한 다른 모델의 프로그램은 부록에 수록되어 있다.

여기서 q * 50은 그래프를 보기 좋게 작성하기 위한 Scale Factor이다.

표 7.5. 〈그림 7.5〉의 P-R 모델을 위한 컴퓨터 프로그램

```
Sub Production_Respiration()
Dim q As Single, p As Single, c As Single, s As Single
Dim k1 As Single, k2 As Single
Dim n As Integer, t As Integer
q = 0.1
k1 = 0.001
k2 = 0.2
n = 1
Cells(1, 1) = t
Cells(1, 2) = s
Cells(1, 3) = q * 50
For t = 1 To 20
If n = 1 Then s = 5000
If n = 2 Then s = 10000
If n = 3 Then s = 15000
If n = 4 Then s = 10000
n = n + 1
If n = 5 Then n = 1
p = k1 * s
c = k2 * q
q = q + p - c
Cells(t + 1, 1) = t
Cells(t + 1, 2) = s
Cells(t + 1, 3) = q * 50
Next t
End Sub
```

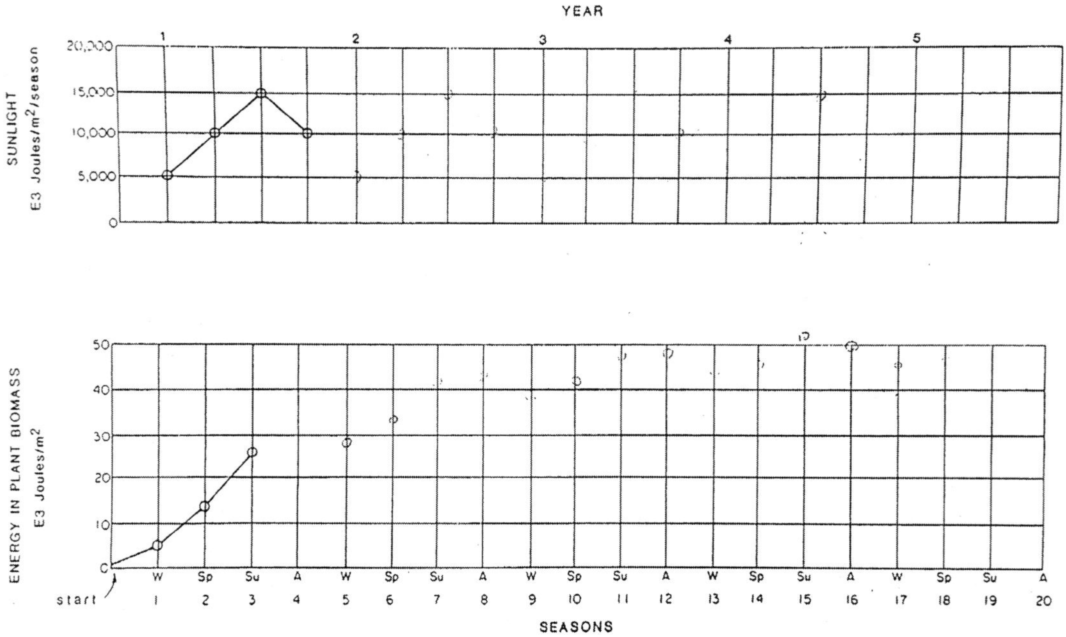

그림 7.7. 〈그림 7.6〉의 P-R 시스템 모델의 시간에 따른 시뮬레이션 결과를 나타낸 그래프. 계절은 겨울, W; 봄, Sp; 여름, Su, 그리고 가을, A이다.

연습문제

1. 아래의 용어를 정의하라.
   a. 시뮬레이션
   b. 정량적
   c. 계수
   d. 프로그램
   e. 반복계산
2. 저장과 유출이 있는 저장 탱크를 정량적으로 나타내기 위한 에너지 다이어그램을 작성하라.
3. 100 ℓ가 저장된 물탱크에서 최초 한 시간 동안의 유출이 5 ℓ/hr일 때 유출계수를 계산하라.
4. 3번 문제에서 저장량과 유출량의 변화를 15시간 동안까지 계산하여 <표 7.1>과 같이 작성하라.
5. 4번 문제의 데이터를 사용하여 그래프를 작성하라.
6. <그림 7.7>의 그래프를 완성하라.
7. 완성된 <그림 7.7>의 그래프와 생태학적 천이에 대한 그래프를 비교하여 설명하라.

제8장 반복진동 시스템(Oscillating systems)

학습 목표

1. 반복진동 시스템의 정의
2. 반복진동에 관한 3가지 모델
3. 화재와 스위치 메커니즘
4. 반복진동 모델의 시뮬레이션
5. 생태계의 반복진동과 천이-극상 개념의 비교

제6장에서는 자연적인 성장 기간을 겪고 난 후, 정상상태를 유지하는 시스템을 관찰하였다. 천이는 때로는 이와 같은 모델을 이용하여 설명된다. 그러나 대부분의 자연 시스템이 정상상태로 발전되지 않는다.

제8장의 시스템은 다른 방식으로 작용한다. 정상상태 대신에 **반복진동**(oscillation)을 발전시켜 어떤 시간에도 항상 상승과 하락을 반복하면서 양이 변화한다.

북극권의 생물 군집에서 반복진동이 관찰된다. 식물이 자랄 때 초식동물인 나그네쥐가 많아지고, 식물이 없어질 때까지 섭취한다. 그 후 식물이 다시 자랄 때까지 나그네쥐의 수는 감소한다. 식물이 자라면 나그네쥐의 수는 다시 많아지게 된다. 이렇게 생산자와 소비자가 서로 시간 차이를 두고 상승과 하락을 반복한다.

이와 유사한 반복진동 시스템은 육식동물과 초식동물의 관계나 숙주와 기생동물의 관계에서도 관찰된다. 그 예로 캐나다의 가문비나무와 해충과의 관계, 매주 반복되는 식물성 플랑크톤과 동물성 플랑크톤의 진동을 들 수 있다. 경제적인 예로는 상인과 소비자의 반복진동을 들 수 있다.

8.1 단순 반복진동 모델

반복진동 시스템의 간단한 예는 <그림 8.1>과 같은 먹이와 포식자의 모델이다. 초기의 생태 수학자에 의하여 이 모델의 특성이 발견되었으며 야생토끼와 육식동물인 스라소니 사이에서 관찰되는 반복진동에 근거하여 이 모델을 제안하였다. 1845～1935년 사이에 허드슨 베이 회사가 캐나다에서 생산된 모피의 수로서 먹이와 포식자 간의 규칙적인 반복진동은 기록하였다.

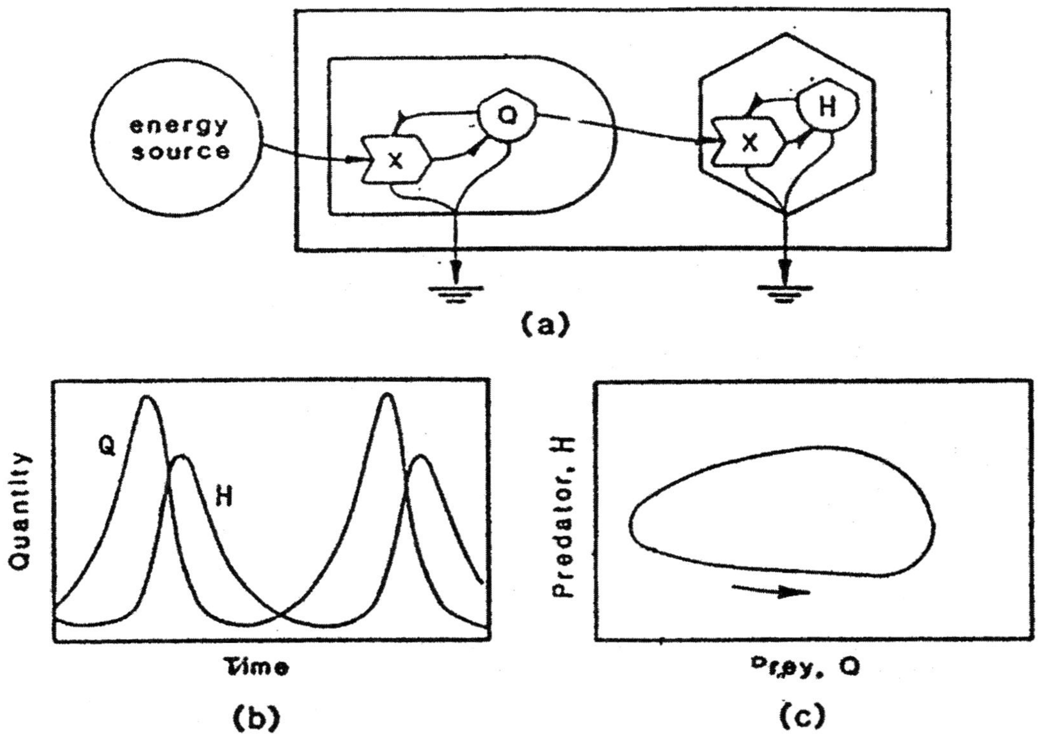

그림. 8.1. 먹이(Q) – 포식자(H) 반복진동 모델. (a) 모델; (b) 시뮬레이션 결과; (c) 시뮬레이션 결과에 대한 두 군집 간의 그래프.

<그림 8.1(a)>의 시스템 다이어그램처럼, 본 모델에는 먹이생물이 이용할 수 있는 일정한 압력의 에너지원이 있다. 초기에 먹이생물이 지수적으로 성장함에 따라, 포식자 개체수

의 성장도 빨라지므로 먹이의 수는 다시 감소한다. 먹이가 적어짐에 따라, 포식자의 개체수 역시 줄어든다. 이 모델의 결과로서 시간 경과에 따른 두 개체군의 변화는 <그림 8.1(b)>와 같다.

일반적인 반복진동 시스템과 비교할 때 이 모델은 재순환 현상을 포함하고 있지 않기 때문에 비현실적이다. 또한, 반복과 진동 사이의 주기가 초기의 Q와 H의 양에 의존하는 한계를 지니고 있다. 실제, 먹이와 포식자 시스템의 반복과 진동 사이의 주기는 초기 양보다는 포식자와 먹이의 관계에 더 의존한다.

8.2. 두 군집 간의 그래프

<그림 8.1(b)>처럼 시간 경과에 따른 두 개체수의 그래프 대신 수평축에 한 개체수의 양을, 수직축에 다른 개체수의 양을 표시한 그래프를 그린다. 그 결과는 <그림 8.1(c)>과 같다. 진동의 진행 방향을 따라 포물선을 그리는데, 이 그래프는 진동이 반복함을 나타낸다.

8.3 스위치 모델

또 다른 반복진동 모델은 그 양이나 생산물이 임계치에 도달할 때 스위치가 켜짐으로써 소비 활동이 시작되는 모델이다.

이 모델은 <그림 8.2(a)>와 같이 스위치 부호로 표현한다. 초원 시스템의 화재가 그 예이다. 생체량이 충분히 축적되어 번개와 방화로 불이 붙기 시작하면, 화재로 인해 소비가 일어난다. 유기물은 소모되고 많은 영양염이 토양으로 환원되어 식물의 성장을 다시 촉진한다. 소나무 숲에서 잡목을 태우기 위하여 반복하는 인위적인 방화도 이 모델을 적용할 수 있다(<그림 3.3>).

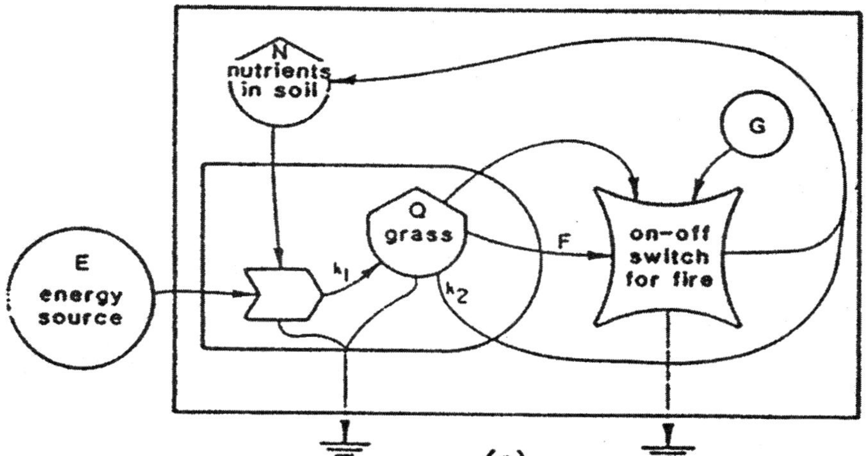

(a)

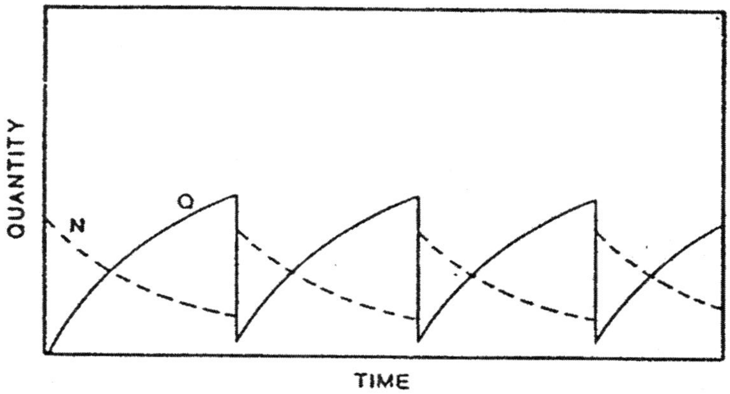

(b)

그림 8.2. 스위치 모델. Q, 단위 m^2 당 잔디의 양; F, 불에 의하여 소비되는 양;
G, 불이 발생하는 잔디양의 임계치; N, 영양염; E, 에너지.

이 모델의 결과로서 시간에 따른 식물과 영양염 양의 변화는 <그림 8.2(b)>와 같다. 생산 활동은 긴 시간에 걸쳐 진행되지만, 소비는 짧은 시간에 강한 펄스로 나타난다.

스위치 작용을 나타내기 위하여 BASIC 언어로 IF라는 명령문을 이용한다.

```
IF Q > G THEN Q = Q - F
```

생체량(Q)이 임계치(G)보다 크면 불에 타고 남은 생체량(Q-F)만 남게 되고 이후부터 성장이 다시 시작된다.

8.4 펄스 모델(Pulse Model)

<그림 8.3>은 포식자와 먹이를 포함하는 대부분의 생물권에 적용되는 중요한 모델이다. 이 모델에서 소비가 일어나는 경로는 한 가지 이상이다.

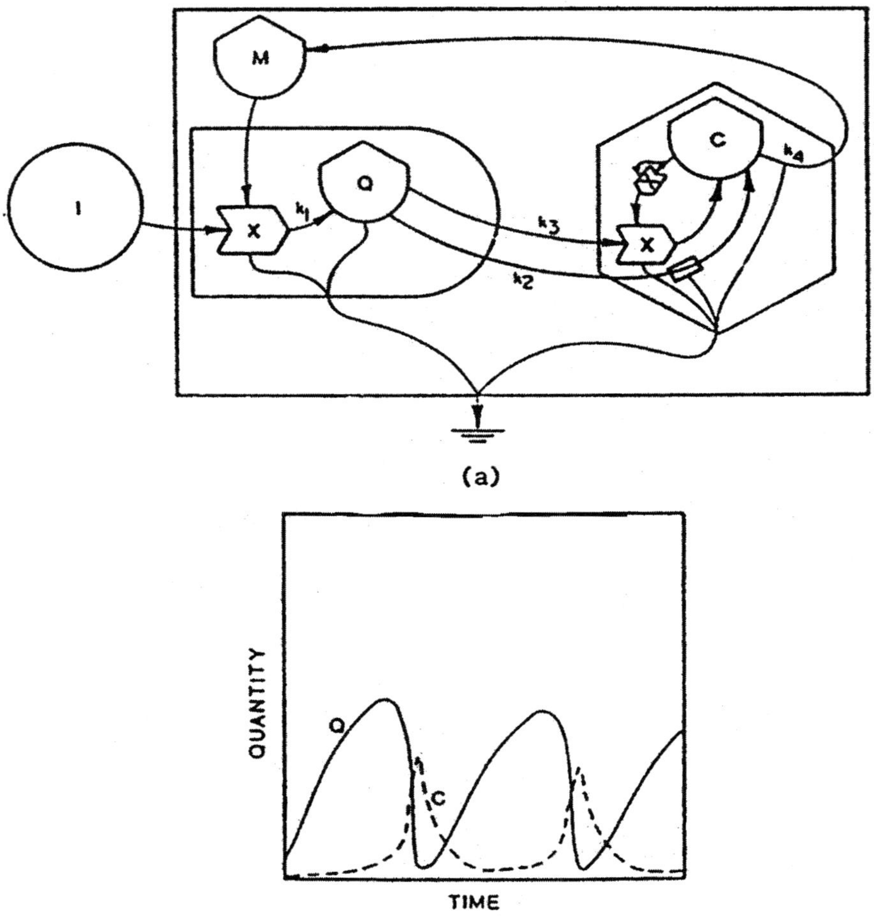

그림 8.3. 펄스 모델. Q, 생산자; C, 소비자. (a) 에너지 다이어그램; (b) 시뮬레이션.

이 중 하나는 낮은 에너지에서 작용하고 다른 하나는 폭발적인 소비를 유발하는 높은 에너지에서 작용한다. 여기에는 소비 작용이 빠르게 일어나는 펄스가 존재한다. 스위치 모델과 같이 영양염은 재순환된다.

예를 들면 모든 잎을 갉아 먹는 메뚜기나 산림의 해충이 유행성 전염병처럼 번성하여 축적된 식물을 단시간에 소비하는 경우이다. 경제적인 예로는 한 국가의 축적된 자산이 식민지 정복자에 의해 고갈되는 경우이다.

유사한 모델이 반복 진동하는 화학반응을 설명하는데 이 반응은 화학자의 실험실 용액에서 아름다운 디자인으로 나타난다. 시간적인 반복진동은 공간적인 양식을 가진다. 이런 종류의 시스템이 바로 화학반응이 생명 구조를 발전시키는 방법이라는 발상에 현재 세계적인 관심이 집중되고 있다.

연습문제

1. 다음 용어를 정의하라.
   a. 포식자
   b. 먹이
   c. 반복진동
   d. 식물성 플랑크톤
   e. 동물성 플랑크톤
   f. 전염성
2. 포식자와 먹이 시스템의 다이어그램을 작성하여 먹이와 포식자를 구분하라.
3. 에너지원이 증가한다면 여러분의 포식자-먹이 시스템에서는 어떤 일이 일어나는가?
4. 시스템에서 먹이가 줄어든다면 포식자-먹이 시스템에서는 어떤 일이 일어나는가?
5. 포식자-먹이에 관한 단순 반복진동 모델의 단점을 설명하라.
6. 물질이 재순환되는 반복진동 시스템에 대한 다이어그램을 작성하라.
7. 일반적인 반복진동 시스템에서 화재가 발생하는 조건은 무엇인가? 임계치와 영양염의 재순환에 대한 설명을 포함하여 답안을 작성하라.
8. 부록의 프로그램을 이용하여 이번 장의 모델을 차례로 시뮬레이션해보자.

제 2 부 | 생태계의 종류

제2부에서는 생태계의 주된 종류를 소개한다. 환경조건이 비슷한 곳에는 어디든지 비슷한 생태계가 발전한다. 인도양의 산호초는 태평양 한가운데의 산호초와 비슷하다. 정확히 같은 종은 없더라도, 비슷한 종류의 식물과 동물이 발견된다. 아르헨티나의 사막은 미국 내에서 비슷한 기후 조건을 가진 지역의 사막과 유사성을 가진다. 비슷한 **기후대**의 세계 곳곳에서 발견되는 생태계의 형태를 생물군계라 한다. 제2부에서는 주요 **생물권**을 소개한다.

<그림 II.1>은 대륙의 주요 생물권에 대한 단순 모식도이다. 이 지도는 각 생물권이 발견되는 대륙의 위치를 표시한다. 오른쪽 그림은 지구상의 주요 기후대에 대한 다이어그램이다. 기후가 비슷한 곳은 생태계도 비슷하다. 기후대는 어떤 생물권이 존재할지를 결정한다. 주요 기후대를 알게 되면 생물권에 대한 이해를 쉽게 할 수 있다. **위도**(적도로부터의 거리)와 대륙의 동쪽이나 서쪽으로부터의 위치는 강우나 기온에 영향을 주는 주요 요소이다.

같은 생물권 안에서도 국지적인 환경조건에 따라 변화가 항상 일어난다. 예를 들면 북반구의 침엽수림 안에 물로 채워져 습지가 형성되는 저지대가 존재한다. 이 지역은 그곳을 둘러싼 숲과는 아주 다르게 보인다. 지질학적으로 서로 다른 암석은 **토양** 형성에 영향을 주기 때문에 지역적인 차이를 유발한다. 생물권 간의 경계지역에는 생물 종이 서로 섞여 존재한다. 한 생물권에서 다른 생물권으로 이동하는 동안 일반적으로 생물권의 점차적인 변화가 발생한다.

지구상의 일부 지역에서는 서로 다른 생물권이 서로 근접된 곳에서 발견된다. **고도**가 달라지면 온도와 강우 체계가 달라지기 때문에 높은 산이 좋은 보기이다. 또한, 암석의 종류가 다르면 토양의 형태가 달라진다. 높은 산을 오르면 마치 극을 향해 수천 마일의 위도 변화를 주는 것과 같은 기후변화를 경험할 수 있다. 결과적으로 높은 산에는 낮은 지역의 따뜻한 생물권으로부터 단 몇 km만 올라가도 추운 지역의 생물권을 만난다. 로키산맥의 일부 지역에서는 산의 한쪽 면을 따라 올라가는 것만으로도 사막부터 침엽수림대, 툰드라, 극 지역 같은 조건을 경험할 수 있다.

<그림 II.1>을 참고하여 다양한 생물권에 대한 설명을 진행하게 되면 여러분들은 북반구에 존재하는 각 생물권의 위치에 대하여 친숙하게 된다.

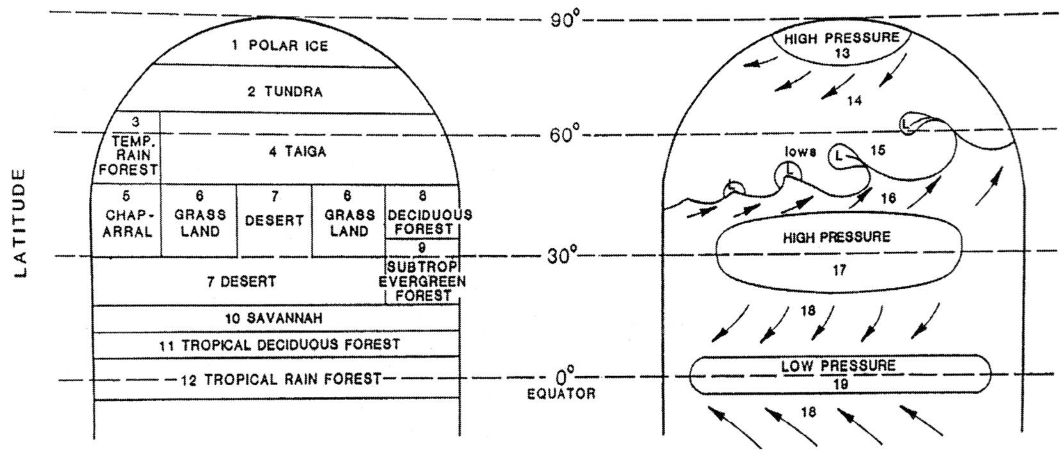

(a) (b)

그림 II.1. (a) 대표적인 대륙의 생물권 분포. 1. 빙하; 2. 툰드라; 3. 온대우림; 4. 타이가; 5. 덩굴성 관목 숲; 6. 초원; 7. 사막; 8. 낙엽 활엽수림; 9. 아열대 상록수림; 10. 사바나; 11. 열대 낙엽 활엽수림; 12. 열대우림. (b) 대표적인 지구 반구의 바람과 강우 지대. 13. 극 지역의 고기압과 강설 없이 하강하는 바람; 14. 극동풍; 15. 극 전선 지대와 폭우나 폭설을 동반하여 동쪽에서 서쪽으로 통과하는 사이클론 폭풍; 16. 편서풍; 17. 아열대 고기압과 강설 없이 하강하는 바람; 18. 동쪽 무역풍; 19. 열대 수렴지대, 무풍지대의 강우.

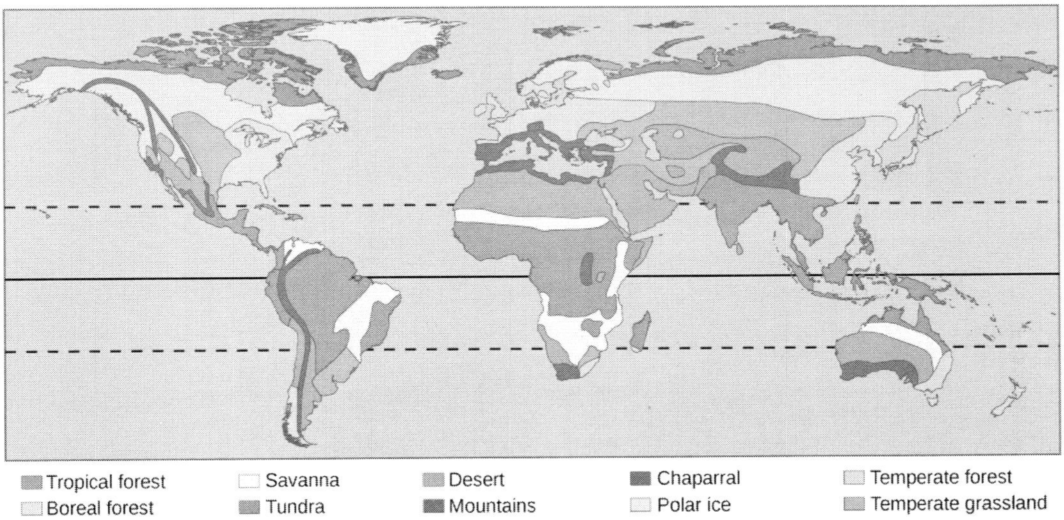

그림 Ⅱ.2. 온도와 강수량에 의해 구분되는 지구의 여덟 가지 주요 생물권. 극 지역의 빙하지대와 산맥도 나타나 있음. (Fisher, 2019).

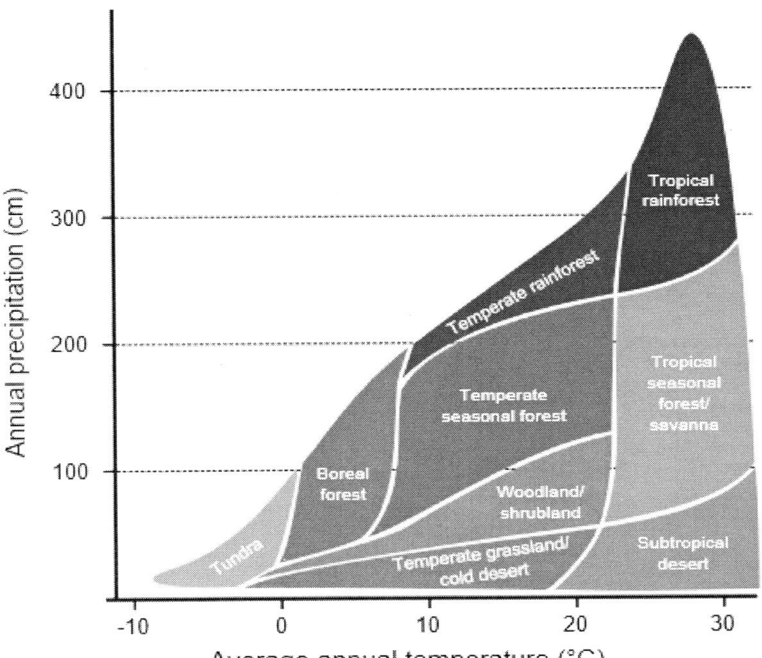

그림 Ⅱ.3. 강우와 온도에 의하여 결정되는 생물권. (Fisher, 2019).

황무지나 새로 형성된 연못에서 새로운 생태계가 시작할 때 여러 새로운 종이 이주하여 기존의 종을 교체한다. 일반적으로 초기 생태계는 간단하지만 다른 여러 생물이 유입되면서 점차 복잡해진다. 이와 같은 발전단계를 **생물학적 천이**라 한다. 일반적으로 천이단계 동안은 전체 생체량이 성장하고 영양염 축적량과 천이에 참여하는 종의 다양성이 증가한다.

어느 정도 시간이 지나면 성장은 멈춘다. 만약 기후 조건이 거의 변하지 않으면 생태계도 거의 변하지 않는다. 생물이 죽으면 같은 종의 생물이 다시 자라나서 본래의 생태계가 재생산되는 경향을 보인다. 그러면서 생태계는 정상상태를 이룬다. 이 단계를 **극상**(climax)이라 한다. 성숙한 생태계의 특징은 다양성, 풍부한 영양염의 순환, 많은 유기물의 축적뿐만 아니라 태양에너지와 그 지역 내의 서로 다른 자원 대부분을 이용하는 식물과 동물의 복잡한 먹이 망 등을 들 수 있다.

대부분의 산림 지역은 황폐된 상태로 버려두면 처음에는 잡초가 자라고 다음에는 소나무가 자라며 화재가 일어나지 않으면 최종적으로 활엽수가 자란다. 습지 지역의 경우 새롭게 교란이 일어난 육지에 처음에는 잡초 식물, 이어서 버드나무, 결과적으로 극상의 습지 수목이 자란다. 동물들은 씨앗을 퍼뜨리고, 다양성을 조절하는 등 식물의 천이과정에서 중요한 역할을 한다. 천이과정의 초기에는 소비보다 생산이 훨씬 많은 식물이 자란다. 그 후 극상 상태에서는 더 많은 소비자가 존재하여 같은 연도에 생산된 대부분을 소비한다.

모든 생물권은 특별한 단계의 천이와 특징적인 형태의 극상을 가진다. 천이와 극상에 관한 설명과 예들이 제14장에서 더 많이 소개된다.

극상의 생태계는 변화를 유발하는 기후순환 때문에 영구적으로 지속할 수 없다. 예를 들어, 빙하기가 반복될 때 생태계를 조절하는 기후대도 역시 반복된다. 또한, 생태계 내에서 생물 활성이 반복적으로 진동함에 따라 발생하는 재순환도 있다. 즉 이동하는 들소 떼가 소비하거나 불에 의해 타버린 초원은 다시 식물 생체량을 회복한다. 생물권은 각기 다른 형태의 반복진동 특성을 가진다. 제8장의 반복진동 모델을 참고하라. 외부와 내부의 요소에 의해 극상의 교란이 일어난 이후에는 천이가 다시 발생한다.

환경조건이 비슷한 해양의 경우 유사한 생태계가 형성된다. 예를 들면 외해의 청정 해수, 바다 숲, 염습지 등이 이에 해당한다. 인간이 자연을 비슷하게 이용하는 곳에서는 인위적으로 조절되는 비슷한 생태계가 형성된다. 임업 시스템과 가끔 농업생태계라 불리는 농업 시스템이 그 보기이다. 임업과 농업생태계 역시 제2부에 포함된다.

제9장 해양

학습 목표

1. 외양, 대륙붕, 산호초, 바다 숲, 암석해안, 백사장, 해빈 생태계의 구분
2. 해양 생태계에서 플랑크톤의 중요성
3. 편향력(Coriolis force)이 해류의 방향에 미치는 영향
4. 해양 생태계의 에너지 모델
5. 산호초의 다양성
6. 표류선을 구성하는 물질
7. 모래 언덕의 천이

지구 표면의 71%를 해수면이 차지한다. 해양은 강우를 형성하고, 생물을 위한 온도를 적절히 유지하며, 수산업을 가능하게 하는 등 지구에 있어 아주 중요한 부분이다.

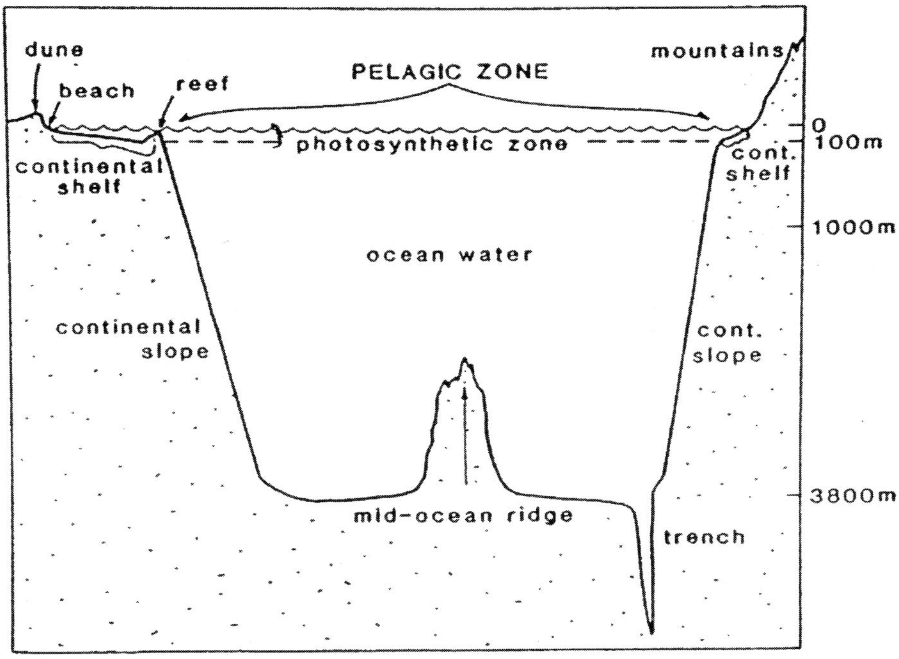

그림 9.1. 해양의 각 영역.

<그림 9.1>과 <그림 9.2>는 해양의 각 영역을 나타낸다. 각 영역에는 그곳 생활에 적응한 특징적인 생물로 구성된 생태계가 존재한다. <그림 9.1>의 왼쪽 해안선에서 출발하여 오른쪽으로 진행하면서 모래 언덕, 백사장, 대륙붕, 산호초, 외양이 존재한다.

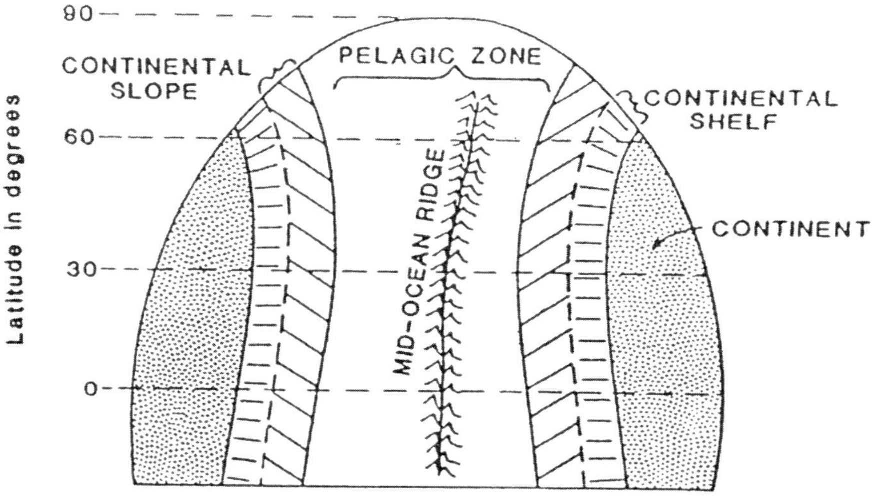

그림 9.2. 해저 바닥에서 본 영역.

9.1 외양 생태계

외양은 대륙붕 바깥의 해저면 경사가 가파른 대륙사면부터 시작되며 대륙 주위를 둘러싸고 있다. 입자, 부니, 유기물질의 관점에서 심해까지 투명도가 높아서 빛은 깊이 투과된다. 100m 아래의 식물까지 광합성을 한다. 오직 파란 빛만이 표면에서 산란하여 돌아오기 때문에 바닷물이 짙은 파란 색으로 보인다. 위성을 통해서 보면 해양의 파란빛은 거의 검은 색으로 나타난다. 해류는 표면의 바람에 의하여 주로 형성된다. 바람의 흐름은 <그림 II.1b>에 나타나 있다. 바람에 의해 생성된 해류는 <그림 9.3>처럼 커다란 순환을 형성한다. 해양의 서쪽에서의 흐름은 매우 강하다. 플로리다 외해의 걸프스트림은 북쪽으로 2～20km (1～13 miles)/ hr 속도로 흐른다.

심해에는 적도를 향하여 역행하는 심해의 해류가 있으며, 이 물은 해수의 어는점에 거의 가까울 정도로 매우 차다. 해수의 어는점은 담수의 어는점보다 2℃ 정도 더 낮다. 심해의 생태계는 이전에 생산한 유기물질이 분해되어 영양염류가 풍부하다. 유기물질은 침강, 동물의 이동, 아래로 향하는 물의 운동으로 해저로 이동한다. 심해저 물은 상승하여 표층 플랑크톤에게 영양염을 공급한다. 이러한 현상을 **용승**이라 한다. **플랑크톤**은 수중에서 부유하며 해류에 의해 이동하는 생물이다.

외양 역의 생물은 개체수는 적지만 다양하면서 흥미롭다. 많은 종류의 식물성 플랑크톤이 존재한다. 동물성 플랑크톤은 포식자에게 발견되지 않는 밤에는 위로 이동하고, 낮에는 아래로 이동한다. 어류를 포함한 대부분 대형동물도 매일 주기로 800m만큼 상하로 이동한다. 해류, 바람, 파도, 조석에 의해 형성된 커다란 난류가 이동을 도와준다. 난류는 물이 빙글빙글 도는 원운동이다.

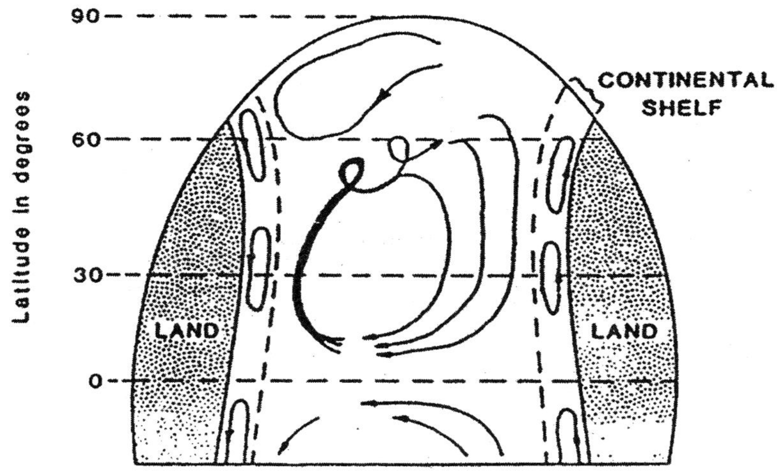

그림 9.3. 해류.

이러한 해양생물은 선박의 수심측정을 위한 음파를 반사한다. 따라서 실제와는 달리 밤에는 올라가고 낮에는 내려가는 이중 바닥이 음파 스크린에 나타난다. <그림 9.4>의 산란층을 보라.

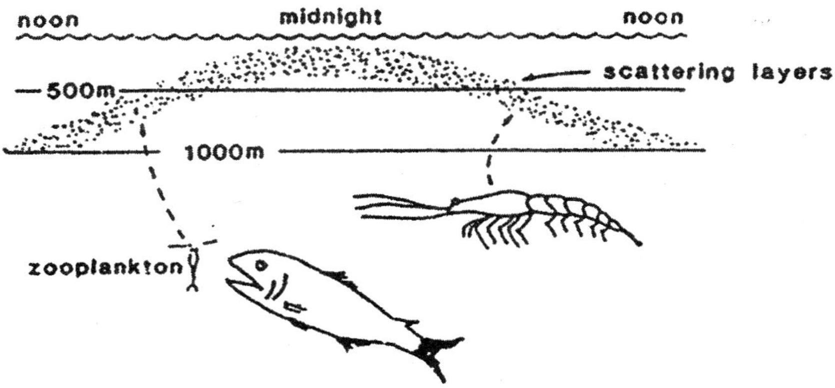

그림 9.4 플랑크톤이나 보다 큰 동물에 의하여 매일 이동하는 음파 산란 층.

먹이는 빠르게 유영하는 참치와 같은 어류에게 먹이 사슬을 통하여 집적된다. 돛새치와 청새치류 같은 대형 낚시감 어류는 관광객을 유인하는 요인이다.

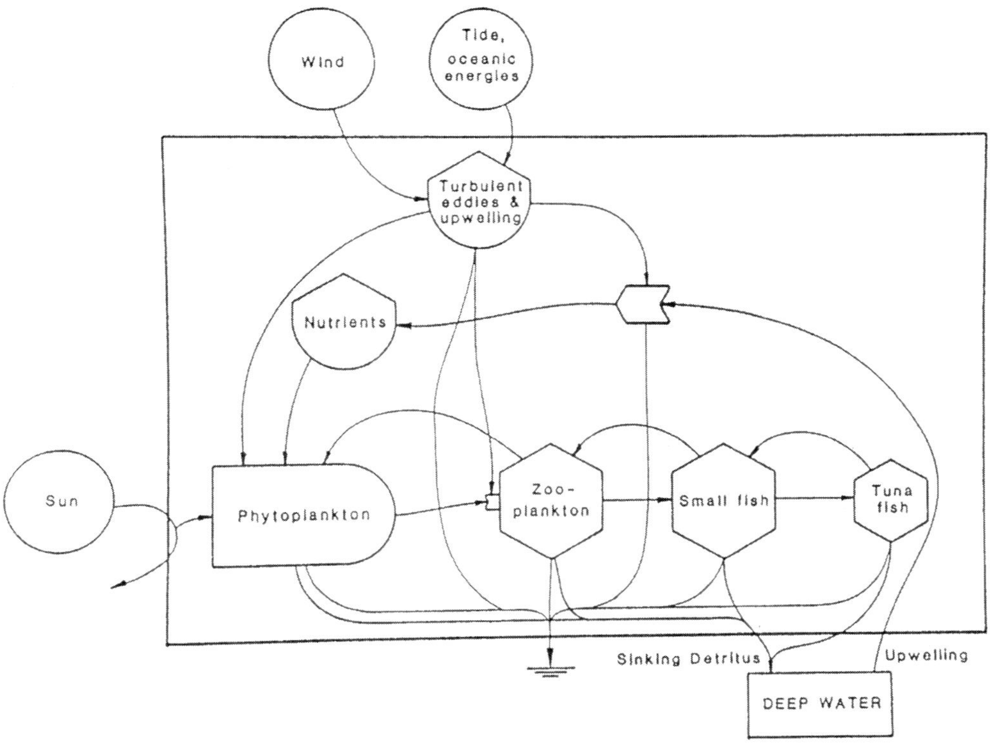

그림 9.5. 심해와 에너지 유출입을 하는 해양 생태계.

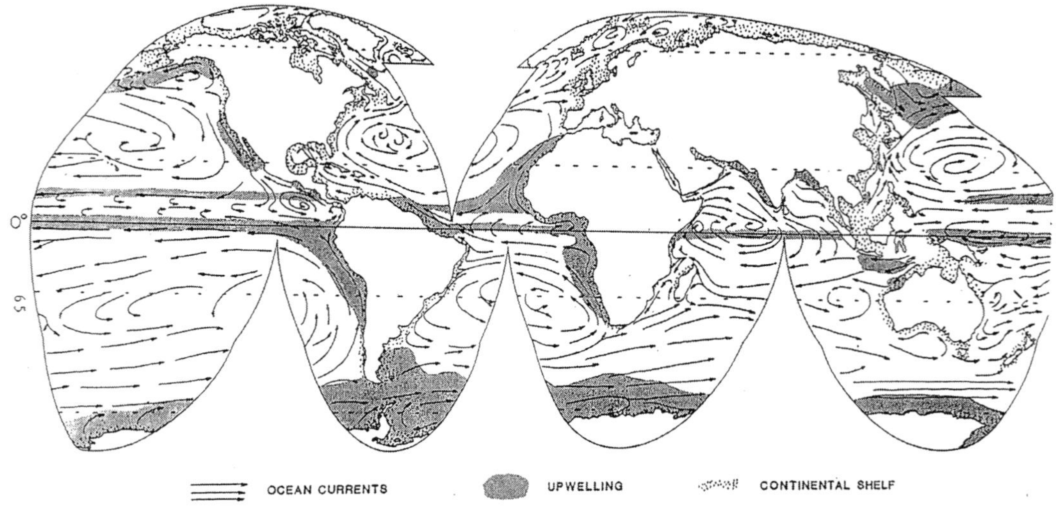

그림 9.6. 수산업에 중요한 해류, 대륙붕, 용승 지역.

해양 시스템에는 다갈색의 바닷말이 바람의 방향에 평행하게 띠를 형성하며 부유한다. 표층수가 수렴하여 하강하는 선을 따라 바닷말이 떠 있으며 바람이 생성한 와류에 의해 이동한다. 이런 생태계에서 부유하는 대부분 동물은 해파리처럼 밝은 청색을 띠고 있다.

<그림 9.5>는 해양 생태계 다이어그램이다. 해양 생태계는 다른 생태계와 기본 구조는 같다. 외부 에너지원, 생산자, 소비자가 존재한다. 그러나 해양 시스템에서 수평과 수직으로 영양염류와 기체를 혼합시키는 **난류**는 특히 중요하다. 난류는 많은 원형 와류를 가진 물이며 해류를 변화시킨다. 바람과 수압의 차는 물이 항상 혼합될 수 있도록 해준다. 이러한 에너지는 시스템 다이어그램에서 난류와 용승으로서 표현된다.

난류로부터 식물성 플랑크톤, 동물성 플랑크톤에 이르는 흐름이 그림에 나타나 있다. 난류는 플랑크톤의 운동을 유지하며 필요한 성분을 공급하고 가라앉은 것을 표층으로 운반한다. 규조류, 와편모조류, 기타 미세 조류와 같은 **식물성 플랑크톤**은 해양 생태계에서 생산자이다. **동물성 플랑크톤**은 대부분 식물성 플랑크톤을 먹는 부유성 동물이며, 현미경으로 볼 수 있는 원생동물에서부터 해파리까지 많은 형태의 생물을 포함한다.

해양 시스템 다이어그램은 순환기능을 통해 영양염류가 공급되는 방법을 설명한다. 해양의 먹이연쇄로부터 유실된 물질은 분해되기 전 심해로 가라앉는다. 그 후에 유기물이 분해되면 영양염이 재생된다. 용승 현상은 재생된 영양염을 표층으로 다시 운반하고 식물성 플랑크톤의 성장을 촉진하여 전체 먹이연쇄가 향상된다. 용승류 지역에서는 풍부한 어장이 형성된다. <그림 9.6>을 참조하라.

고래는 크릴이라 불리는 작은 새우 무리를 먹이로 한다 (<그림 9.7>). 영양염이 풍부한 물의 식물성 플랑크톤을 먹이로 하여 크릴이 대량으로 형성된다. 특히 북극과 남극의 바다에서는 크릴이 먹을 수 있도록 강한 해류가 식물성 플랑크톤을 집중시킨다. 일반적으로 먹이연쇄를 통하여 식물성 플랑크톤과 같은 작은 생물에서부터 고래와 같은 큰 생물로 에너지가 전달되기 위해서는 여러 중간 단계가 필요하다. 그러나 강한 해류가 필요한 단계를 줄인다. 수년간의 포경선 어획 때문에 원래의 고래 개체수와 비교하면 1/10만 남고, 어떤 종은 멸종의 위기에 처해 있다. 그동안 고래가 먹지 않은 크릴은 다른 어류나 바닷새 또는 물개 등이 먹었을 것이다. 현재는 국제조약에 의해 포경이 감소하였고, 어느 정도 고래의 개체수가 회복되기 시작하였다.

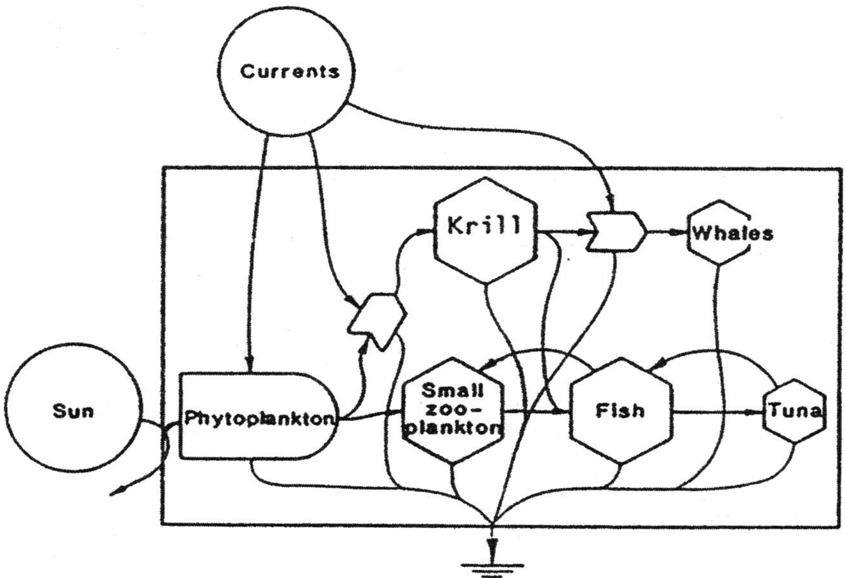

그림 9.7. 해류의 특별한 역할을 보여주는 고래와 참치의 먹이 망.

9.2 대륙붕 생태계

대륙붕 생태계는 외양 생태계만큼 수심이 깊지 않다. 대륙붕은 해안선으로부터 200m 수심까지의 경사면이다. 연안 수는 육지로부터 덥거나 차가운 바람뿐만 아니라 해안으로 유출되는 침전물과 영양염에 의해 많은 영향을 받는다. 외양의 심해에서 수직으로 이동하는 동물 대신 여러 종류의 저서동물이 대륙붕 퇴적층에서 생활한다. 대륙붕 해수는 **탁도**가 높아서 보다 녹색을 띠며, 식물성 플랑크톤에 의한 광합성이 더 많이 일어난다.

대륙붕에도 순환 해류가 있다. 강물이 순환 해류의 일부를 발생시킨다. 북반구에서는 지구가 왼쪽으로 회전하기 때문에 강물이 바다로 유입될 때 오른쪽으로 돈다. 오른쪽으로의 이와 같은 편향을 코리올리의 힘(Coriolis force)이라 한다. 남반구에서 코리올리의 힘은 왼쪽으로 작용한다. 이는 남반구에서 지구의 회전 방향이 북반구와는 반대이기 때문이다.

플랑크톤 군집이나 새우, 게, 어류 등 주요 생물 종의 유생은 대륙붕 연안 수의 순환양상에 따라 동일지역에 서식하게 된다.

대부분의 대륙붕 생물은 산란기에는 염분과 온도가 일정하게 유지되는 외양으로 이동한다. 이들 중 치어 단계에서 하구로 다시 돌아와 성장하는 종도 있다. <그림 10.1>을 참조하라.

<그림 9.5>의 외양 생태계를 대륙붕 생태계와 알맞게 하려면 심층수의 box를 **저서생물**로 대체해야 한다. 저서생물은 배설 물질, 식물세포, 기타 유기물질과 같은 강하 물질을 위로부터 받는다. 저서생물은 물속의 강하 물질을 여과 섭취하거나, 진흙을 섭취함으로써 유기물질을 소비한다. 동물의 배설과 미생물의 유기물 분해는 무기 영양염을 재생시키고 이 영양염은 와류에 의해 표층의 식물성 플랑크톤으로 다시 돌아간다.

인류가 더욱더 효율적으로 어획을 한다면 더 많은 수산물을 생산할 것이라는 생각은 잘못되었다. 왜냐하면, 대부분의 외양은 빈영양 상태이며 먹이 망도 빈약하게 형성되기 때문이다.

용승 지역과 대륙붕에는 부영양 상태가 발견된다. 수심이 얕은 저층에는 유기물 찌꺼기를 먹는 소비자가 존재하며 이들이 다양한 먹이 그물의 시작이다. 어류, 갑각류, 패류 등 세계의 상업적 수산물의 대부분은 대륙붕에서 어획된다. 현재 대부분의 대륙붕 지역은 남획이 된 상태이다.

세계의 어획량은 <그림 9.8>에서처럼 1950년부터 1970년까지 급격한 상승을 보였고 그 후 속도가 느려졌다. 기계적인 어구개발과 선단에 의한 남획은 일부 수산물의 개체수를 심각하게 고갈시켰다. 이는 결국 어획을 위한 연료비 상승을 유발하였고, 결과적으로 남획되지 않은 바다가 거의 없을 정도가 되었다.

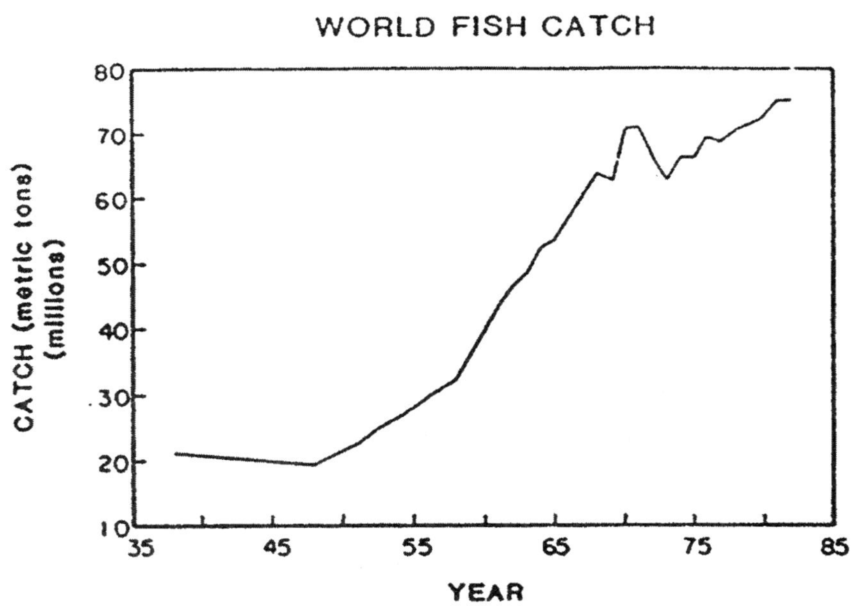

그림 9.8. 세계 어획량의 증가, 1950–1982.

에너지를 공급하는 모든 재생 가능한 시스템이 지속하기 위해서는 제어와 재순환을 위한 피드백이 필요하다. <그림 9.9>에서 보는 것과 같이 인간은 해양에서 어획을 해왔으나, 육지에서 폐수에 포함된 영양염을 해양에 유입시키는 것을 제외하고는 해양 시스템의 재생산을 위하여 투자를 별로 하지 않았다. 물론, 최선의 관리를 하더라도 과밀인구에 따른 식량문제를 해양이 해결할 수는 없다.

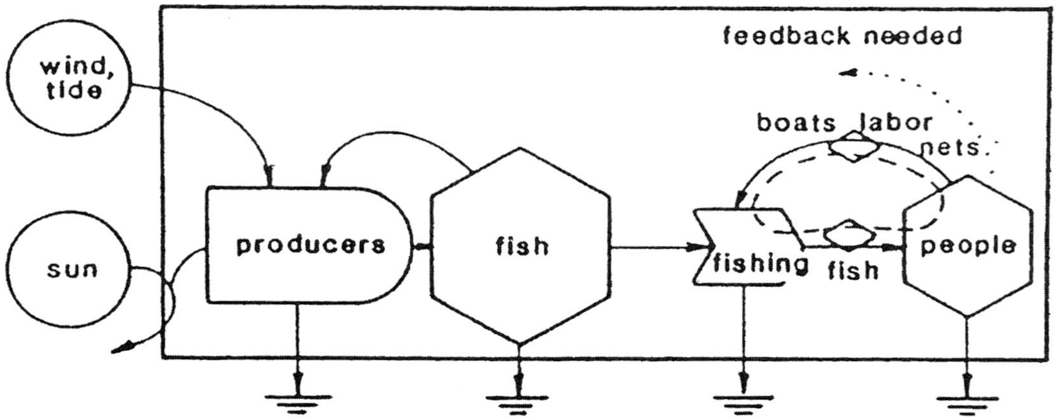

그림 9.9. 인간의 시스템에 대한 피드백이 없는 바다에서의 어획.

9.3 산호초

파도와 해류가 강한 해안선을 따라 20℃(68°F) 이상의 따뜻하고 수심이 얕은 해저에는 산호초 생태계가 발달한다. 산호초의 골격인 석회석 받침을 형성하는데 아주 다양한 동·식물이 참여한다. 대부분 산호는 몸체 밑에 석회석 골격을 형성하는 해파리 군체로 이루어진다. 붉고 푸른 석회질의 조류 또한 산호초를 위한 석회석 골격을 형성한다.

산호는 그들의 조직에 부착해서 사는 Zooxanthellae 라 불리는 공생조류의 광합성으로부터 골격 형성에 필요한 먹이와 에너지를 얻는다. 또한, 산호는 침이 있는 날카로운 세포를 이용하여 작은 생물을 포획한다.

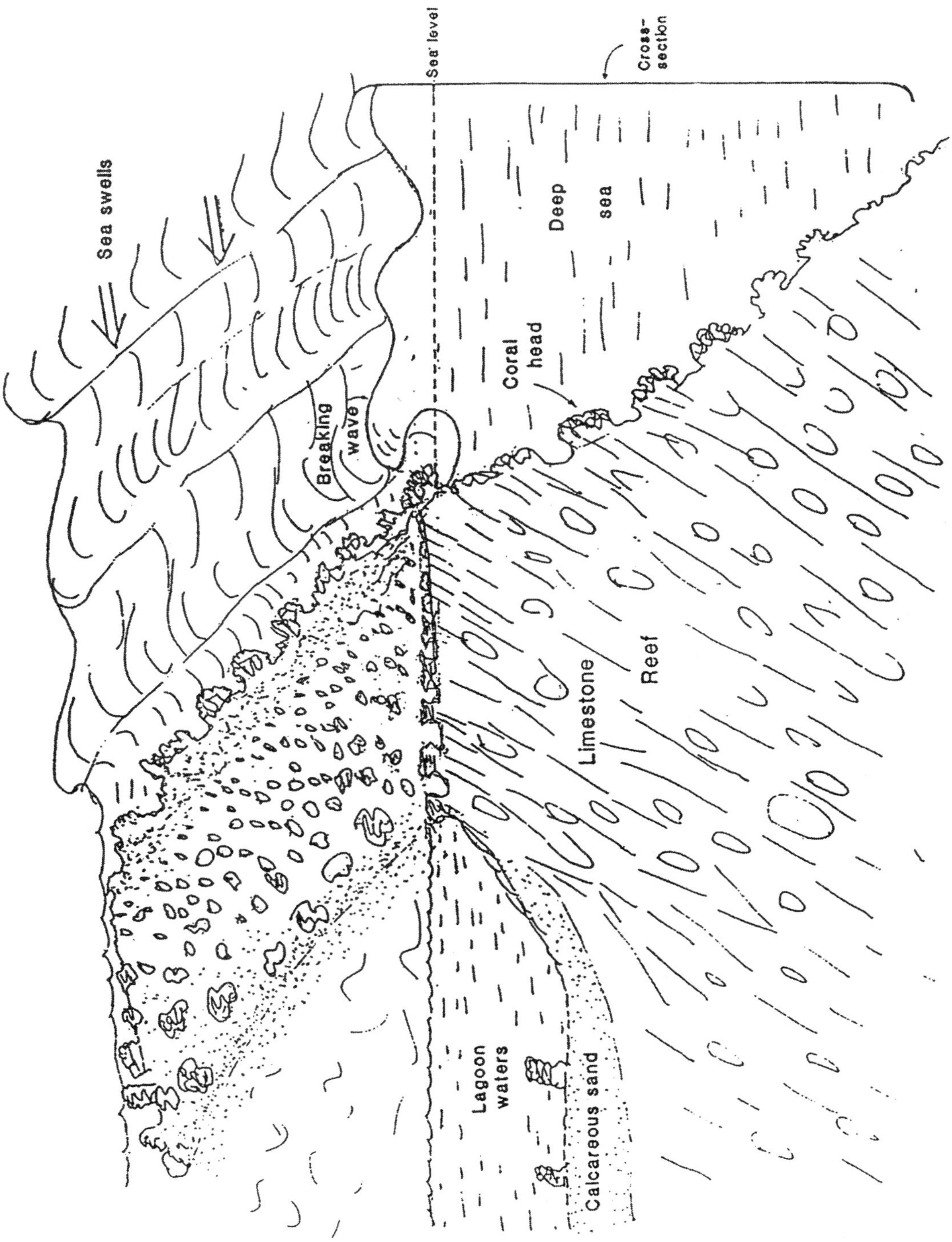

그림 9.10. 산호초 생태계.

포획된 먹이의 대사과정에서 생산된 영양염을 zooxanthellae가 이용된다. 산호초에 고밀도로 서식하는 생물은 호흡에 필요한 산소, 성장을 위한 영양염, 골격 형성을 위한 탄산염, 기타 보조적인 먹이 공급을 위하여 강한 조류와 파도가 필요하다.

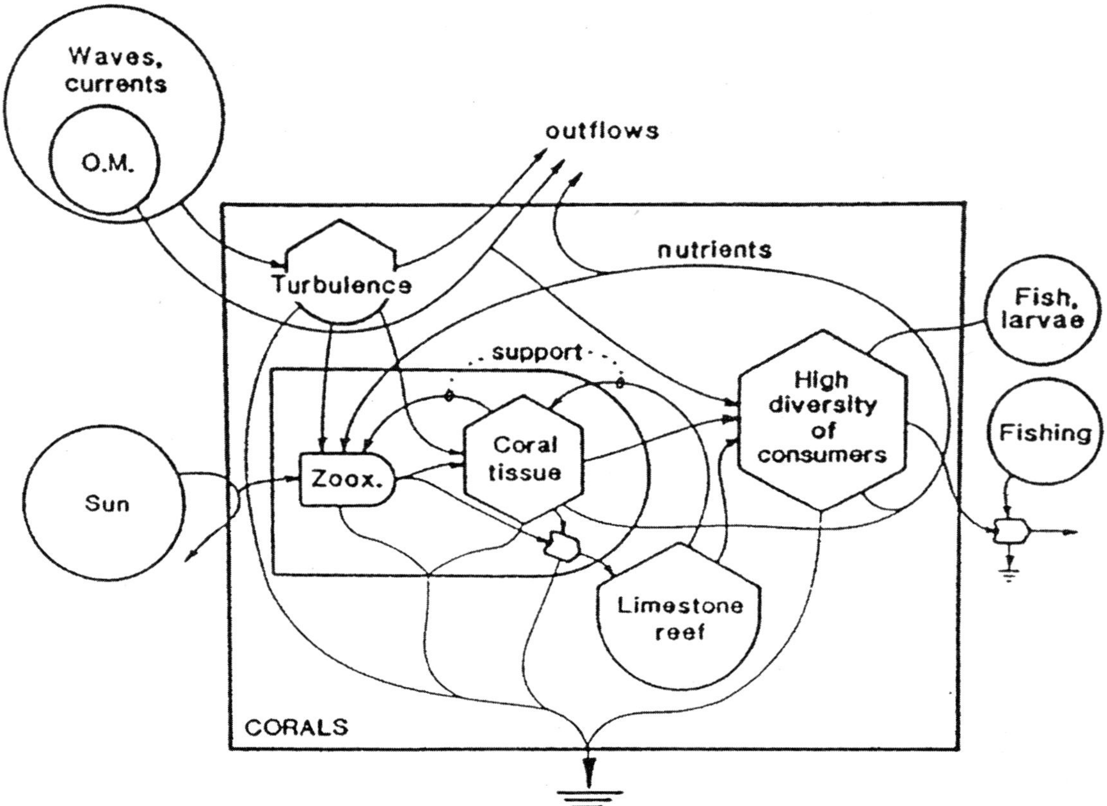

그림 9.11. 산호초 생태계. O.M.은 수중 유기물 입자.

산호초 생태계의 여러 가지 특징이 <그림 9.10>, <그림 9.11>에 나타나 있다. 가장 중요한 특징인 형형색색의 다양한 동식물을 여기에 모두 나타내기는 어렵다. 생물 간에는 많은 공생적 관계가 존재한다. 일반 생태계처럼 다양성이 높아 다양한 생물이 존재하고 있으나, 한 종이 많이 분포하지는 않는다.

다양한 종류의 산호, 조개류, 해면동물은 조류와 서로 부착하여 다른 동물이 서식할 수 있는 복잡한 다공성의 거대한 구조물을 형성한다.

산호가 죽으면 석회석의 골격은 자가 영양을 하는 비 공생 조류에 의해 즉시 침범된다. 산호 구조물은 산호초의 활성과 상관없이 산호초를 긁어모아 섭취하는 노래미류와 같은 소비자의 풍부한 먹이원이 된다. 해삼은 산호초 조각을 위를 통하여 소화한다. 갑각류나 치어는 산호 사이의 칼슘질 모래 속에 있는 유기물질 입자를 소비한다. 산호초 속에 사는 곰치류의 뱀장어, 산호초 가장자리에서 발견되는 창꼬치류, 작은 상어와 같은 어류가 산호초에 일반적으로 서식하는 포식자이다.

산호초에 서식하는 식용 어류는 종류는 많지만, 종별 개체수가 적기 때문에 어획의 영향을 많이 받고, 특정 종이 쉽게 남획된다. 산호초 주변은 수심이 얕고, 물이 맑아서 대부분의 어종이 노출된다.

한 가지 예로, 바닷가재는 잠수기와 통발을 이용한 어부들에 의해 쉽게 남획된다. 바닷가재는 수 마일에 걸쳐 바다에 표류하면서 방류한 유생에 의하여 개체수가 유지된다. 넓은 지역에 걸쳐 바닷가재 개체수가 너무 적으면 유생의 수도 개체수 유지에 필요한 최소 임계치 이하로 감소한다. 이런 경우에는 바닷가재 어업의 존속을 위하여 국제협약이 필요하다.

수온과 빛의 연간 변화가 아주 적음에도 불구하고 번식과 생활사는 계절적인 순환을 한다. 간헐적으로 산호초의 대량소비와 재생산이 발생한다. 예를 들면, 대형 포식자인 불가사리와 해파리가 대량 발생하여 산호를 몽땅 먹기 때문에 산호초는 흰색의 발가벗은 암초만 남는다.

9.4 바다 숲

California 해안과 같이 물이 차갑고 파도가 큰 경우 암석 지반의 얕은 해안선을 따라 대형 갈조류 생태계가 형성된다. 이 식물은 해수 표면에 뜨는 넓고 두툼한 잎을 가진 대형 부착 갈조류이다. 대형 갈조류는 유광층에 잎을 항상 위치할 수 있도록 가스로 가득 찬 뜨는 잎을 가지고 있다. 광합성에 의한 생산량은 많다. <그림 9.12>, <그림 9.13>을 보라.

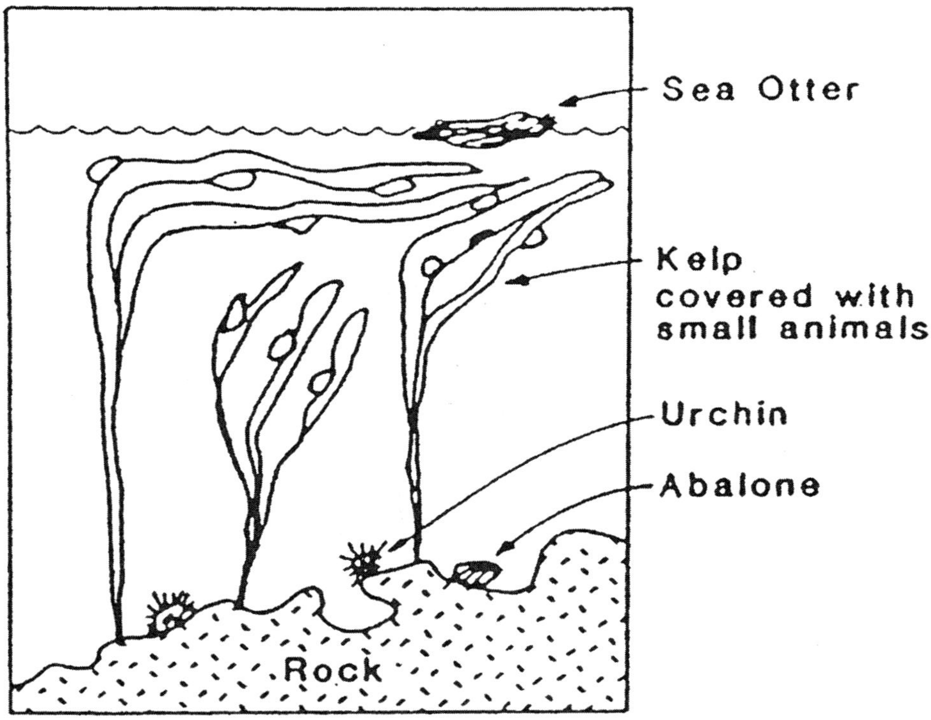

그림 9.12. 바다 숲 생태계.

바다 숲 생태계에는 농어류, 전복, 모피 수달과 같은 대표적인 동물이 존재한다. 성게가 대형 갈조류를 잘라먹는 것이 갈조류가 지속해서 재생산되는 요인이다. 농어류가 남획되면 성게는 증가하고, 갈조류는 감소한다. 따라서 농어의 남획은 시스템의 주기적인 반복진동을 유발한다.

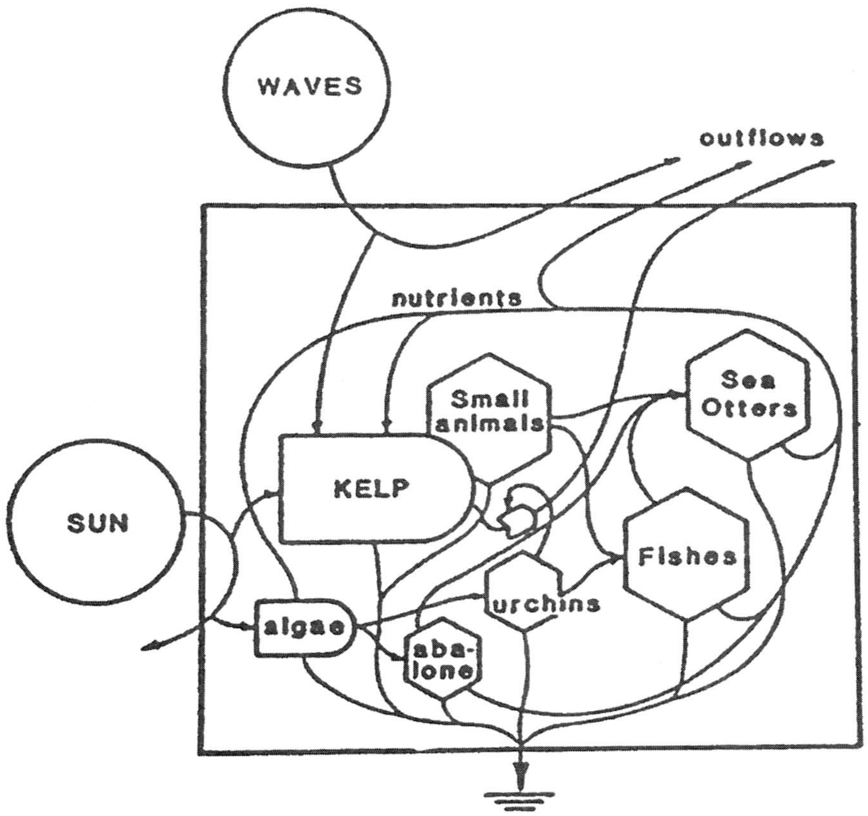

그림 9.13. 바다 숲 생태계.

9.5 조간대의 암반 생태계

조간대에는 물이 들고나는 몇 시간 동안 양쪽 환경 모두에서 서식할 수 있는 생물이 바위나 단단한 표면에 부착하여 살아가는 특별한 생태계가 발달한다. 이곳에 사는 식물은 건조에 내성을 가진 단단한 적갈색의 부착 조류이다. 따개비, 굴, 홍합과 같이 대부분 동물은 보호 껍질을 가지고 있다. 조류와 부서지는 파도는 식물에 영양염을 공급하고, 동물에게 먹이 입자를 운반해 주기 때문에 이곳 생물 군집은 조류와 부서지는 파도를 잘 이용하도록 적응되어 있다. 포식자인 어류는 조위가 높을 때만 조간대 생태계를 구성하는 한 부분이 된다.

9.6 백사장

백사장은 관광객 유치뿐만 아니라 파도 에너지를 이용하는 장소로서도 중요하다. 백사장은 조성과 청결을 위하여 모래와 규칙적인 파도 에너지의 공급이 있을 때 형성되고 유지된다. 백사장을 형성하고 있는 대부분 모래는 연안류에 의하여 수백만 년 이상 해안을 따라 운반된 것이다. 연안류는 파도가 해안가에 일정한 각도로 밀려와 부서지는 지역에서 생성된다. 이 파도는 해안을 따라 흐르는 연안류에 에너지를 전달하여 파도가 부서지는 방향으로 모래를 운반한다. <그림 9.14>, <그림 9.15>를 참고하라.

백사장은 훌륭한 **여과 장치**이다. 파도가 부서질 때마다 물이 백사장에 뿌려지고 다시 흘러가면서 모래를 통하여 여과된다. 백사장 여과는 하수처리공법인 살수여상 장치와 흡사하다. 모래 사이의 공간에 서식하는 미소 동물과 미생물은 유기물을 소비하여 물에 영양염을 방출한다. 부유 찌꺼기는 고조 시 물이 밀려들어 오는 제일 한계인 표류선에 모인다. 이 집적된 찌꺼기는 모자반류와 기타 해조류, 막대나 통나무, 기타 인간이 버린 모든 종류의 쓰레기이다. 백사장의 메뚜기라 불리는 톡톡 튀는 소형 갑각류가 표류선에서 서식한다.

파도의 세기에 따라 백사장의 형상이 달라진다. 더욱 강하게 부서지는 파도는 가는 모래를 멀리 실어 나가기 때문에 굵은 모래의 백사장을 만든다.

세계의 해수면은 지난 100년 동안 대개 약 30cm 상승하였다. 해안 가까이에 건설된 각종 구조물은 해안선이 육지로 이동됨에 따라 위협을 받는다. 백사장을 유지하기 위하여 많은 곳에서 암석 방파제를 건설하였다. 그러나 그로 인하여 연안류로부터 정상적인 모래 공급이 차단되어 백사장의 침식이 더욱 가중되고 있다.

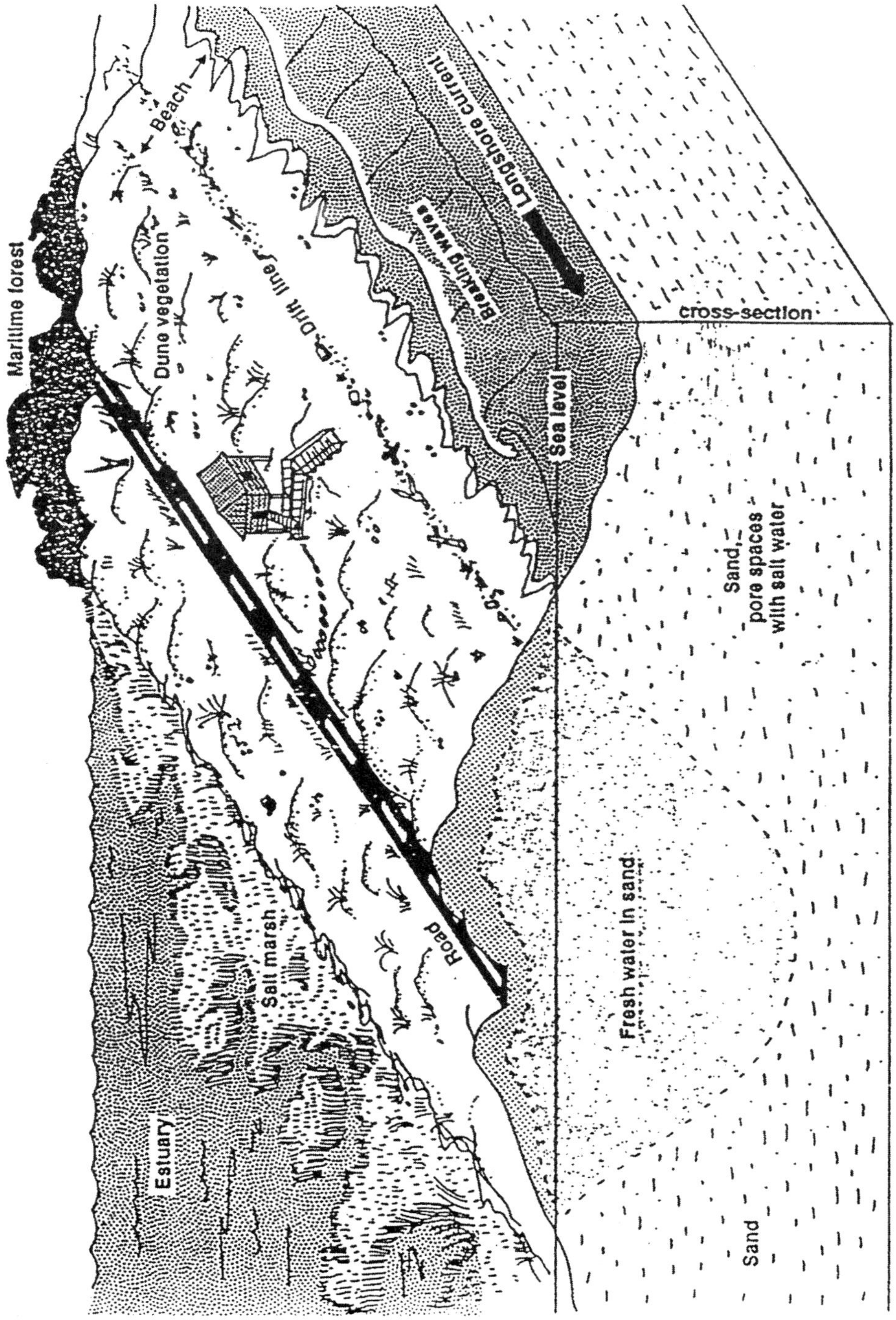

그림 9.14. 백사장의 대표적인 영역.

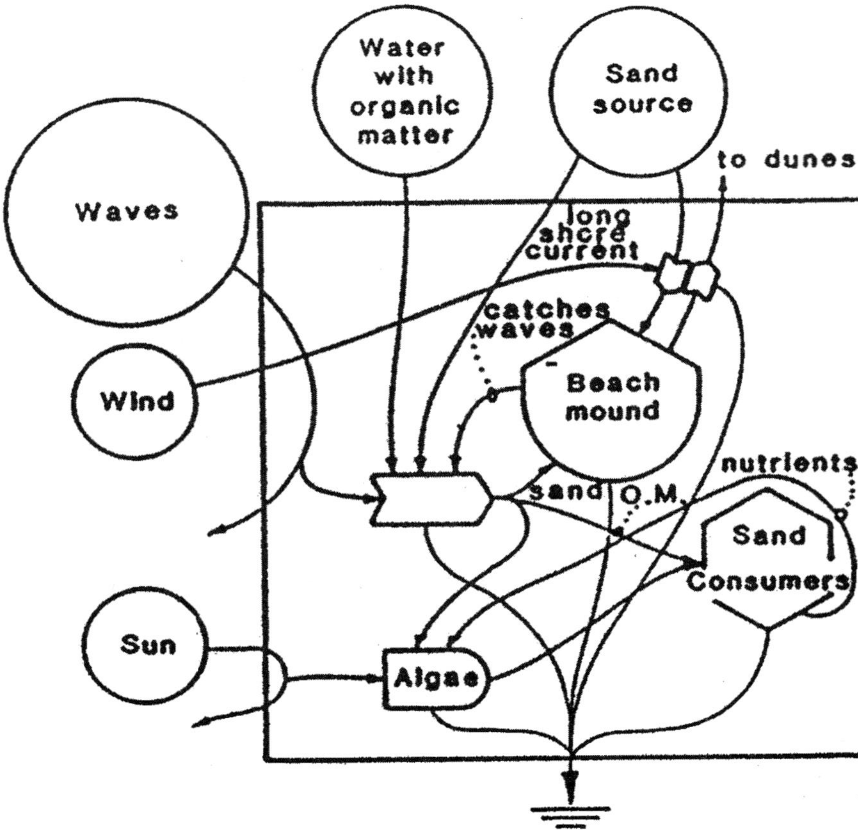

그림 9.15. 백사장 시스템. O.M.;유기물질.

9.7 모래 언덕 생태계

인위적인 개발이 없는 경우 백사장으로부터 육지 쪽으로 계속 올라가면 모래 언덕이 나타난다. 모래 언덕은 백사장 모래가 날라 와서 형성된 모래 언덕이다. 모래 언덕의 생물 천이는 앞에서 소개된 것과 같은 단계를 따른다. 잔디나 귀리와 같은 개척 식물이 먼저 자란다. 씨앗은 새와 작은 모피 동물에 의해 쉽게 운반된다. 바람에 의해 날라 온 모래는 키 큰 풀에 의하여 모인다. 이곳 식물은 긴 섬유 뿌리를 가지고 있으며 이 뿌리는 다공성의 모래를 통해 비가 스며들어 형성된 지하수까지 뻗어있다.

모래 언덕 속에는 소규모의 마을을 형성할 정도로 충분한 양의 담수가 모인다. 담수는 염수보다 밀도가 낮아서 염수 위쪽에 위치하여 염수를 올라오지 못하게 차단한다. 해수면보다 높은 위치에 있는 대부분 모래 언덕은 담수가 존재하지만, 해수면 아래로 40 feet까지도 담수가 존재한다. 너무 많이 담수를 개발하면 염수가 모래 언덕의 측면과 하부로부터 유입된다. 이를 염수 침입이라 하며 담수 공급지로서의 모래 언덕을 파괴한다.

인위적으로 개발되지 않은 모래 언덕에는 해변 숲이 발달한다. 해풍에 의한 분무는 식물의 잎을 말려 죽인다. 그러나 염수의 분무로부터 바로 아래의 잎을 보호하기 위하여 해변 숲은 빽빽한 차양 역할을 한다. 이러한 식생은 해안선을 폭풍으로부터 안정하고 안전하게 유지한다.

해변 숲이 제거되고 불도저로 모래 언덕을 평탄하게 만들면 모래는 바람 때문에 이동을 시작하여 불안정하게 된다. 태풍이 불 때 휘날리는 염수를 막아 줄 보호막은 사라진다. 모래 언덕과 백사장은 해수면의 상승과 하강을 조절하고 해풍을 막을 뿐만 아니라 시스템을 건강하게 유지하는 복원 능력이 있으므로 꼭 필요한 요소이다. 백사장 지역은 도로포장과 외래 식물로부터 영향을 받지 않도록 넓게 확보되어야 한다. 주택은 기둥을 세워 모래가 아래로 이동하도록 건설할 필요가 있다. 모래 언덕에 서식하는 식물은 자동차 배기가스에 약하기 때문에 자동차의 진입을 차단하여야 한다. 자연적인 식생은 주변에 아름다운 경관을 만들고 여러 동물을 위한 좋은 서식처가 된다.

연습문제

1. 다음 용어를 정의하라.
   a. 해양 생태계
   b. 대륙붕
   c. 산호초
   d. 백사장
   e. 모래 언덕
   f. 걸프스트림
   g. 바다 숲
2. 세 가지의 해양 생태계의 가치를 나열하라.
3. 산호초 생태계의 다양성 3가지를 예를 들어 설명하라.
4. 백사장은 많은 지역에서 해수욕장으로서의 가치가 크다. 또한, 육지에도 극히 중요하다. 백사장이 육지를 어떻게 보호하는지 설명하라.
5. 왜 모래가 백사장의 중요한 부분인지를 설명하라.
6. 에너지 언어를 이용하여 해양 생태계의 모델을 그려라.
7. 모래 언덕의 생물학적 천이를 설명하라.
8. 코리올리의 힘(Coriolis force)이 세계 해양에 영향을 미치는 방법과 이유를 설명하라.

제10장 하구

학습 목표

1. 하구에서 발견되는 대표적인 식물과 동물
2. 하구 시스템의 특징
3. 하구의 에너지 다이어그램
4. 자연산 굴의 형성과정
5. 양식 굴과 자연산 굴의 비교
6. 자연산 굴의 생태계에 대한 에너지 다이어그램
7. 굴 양식 시스템의 에너지 다이어그램
8. 잘피밭의 다양성과 생산성 비교

하구는 강이 바다에 합류되는 연안 지역으로서 담수와 염수가 혼합되는 지역이다. 하구의 가장자리에는 염수에 내성이 있는 수초로 이루어진 **수초 습지(marsh)**나 많은 시간 동안 물속에 잠겨 있는 홍수림으로 이루어진 **수목 습지(swamp)**가 위치한다. 하구는 에너지와 영양염이 풍부하고, 많은 식물과 동물이 존재한다. 이러한 현상은 부분적으로 강으로부터 담수의 특별한 유입과 해양으로부터 염수 유입에 기인한다.

10.1 대표적인 하구 시스템

하구 시스템의 외부 에너지원은 강으로부터 담수 유입과 해양의 조석에 의한 염수 유입이다. 하구는 조석이 유입되어 담수와 혼합되고 유출됨으로써 물의 운동에너지를 받는다. 바람에 의한 파도는 담수와 염수의 혼합을 증가시켜 하구의 운동에너지를 증가시킨다. 운동에너지는 영양염, 먹이, 플랑크톤, 유생을 순환시켜 하구의 생산성을 증가시킨다.

하구는 봄에 폭발적인 생산성을 보이며, 여름에는 높은 성장률을 나타낸다. 굴과 게와 같은 대부분 상업적인 수산물은 주로 하구에서 생산된다. 상업적으로 중요한 몇 가지 종류의 새우는 성체일 때는 외해에서 살고, 산란하며, 유생 시기에 하구에 들어온다. 청어류는 하천의 상류에서 산란하고, 바다로 가는 도중에 하구를 통과하여 치어기를 지내며 하구에서 보내는 시간 동안 빠른 성장을 한다. 많은 해양생물의 유생이 하구에서 성장하기 때문에 종종 하구를 양성장이라 한다. 하구의 끝부분에는 대개 습지가 위치하며, 이 습지에는 염수의 내성이 강한 수초가 하루 중 일정 시간 동안 물속에 잠겨 있다. 많은 **무척추동물**이 습지의 펄 속에서 산다. 하구 습지는 조석과 함께 이동하는 유생과 소형 어류에게 훌륭한 은신처 역할을 한다.

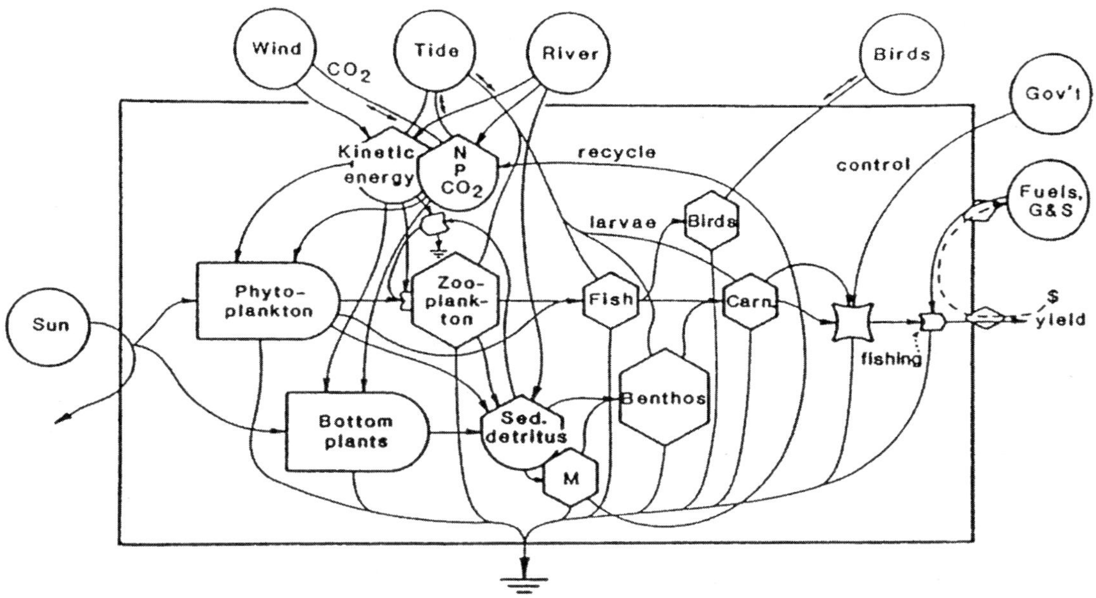

그림 10.1. 하구의 에너지 다이어그램. M, 미생물; N, 질소; P, 인; CO_2, 이산화탄소; Carn., 육식동물; Sed., 퇴적물; Detritus, 유기물 사체와 미생물(유기 쇄설물); Benthos, 저서동물; 대합, 대하, 지렁이; G & S, 재화와 용역.

<그림 10.1>은 하구의 에너지 다이어그램으로서 운동에너지의 역할을 나타낸다. 식물플랑크톤 세포는 운동에너지에 의해 계속 부유한다. 운동에너지는 이산화탄소, 질소, 인과 같은 영양원 물질을 식물 플랑크톤에게 공급함으로써 식물의 광합성을 돕는다. 운동에너지는 결과적으로 재순환 과정을 돕는다. 바람이나 하천수에 의한 혼합 역시 유기물질 입자를

계속 부유하게 하고, 조류와 함께 이들을 이동시켜, 바닥에 사는 여과섭이 동물이 먹이를 섭취하도록 도와준다.

조류와 하천은 영양염, 이산화탄소, 유기 쇄설물, 동물성 플랑크톤, 어류, 다양한 동물의 난과 유생을 하구 생태계로 운반한다. 새로운 종이 유입되면 생태계의 복잡성은 더욱 발전한다.

바늘구멍 크기로 물속에 떠다니는 작은 동물이 동물성 플랑크톤이다. 동물성 플랑크톤은 밤 동안 물 전체에 분산되어 있지만, 낮 동안에는 어두운 바닥 부분으로 가라앉는 경향이 있다. 동물성 플랑크톤의 먹이는 식물성 플랑크톤과 부유성 유기물질이며, 작은 어류는 이 동물성 플랑크톤을 먹는다. 특히, 정어리, 멸치를 포함한 청어류는 동물성 플랑크톤뿐만 아니라, 일부 식물성 플랑크톤을 먹기도 한다.

하구의 바닥에는 먹이 그물의 또 다른 부분이 존재한다. 플랑크톤뿐만 아니라 특히 동물의 분변으로부터 유기물질이 비 오듯이 바닥으로 침전된다. 저서식물이 죽어서 또 다른 유기물질을 바닥에 공급한다. 미생물은 이들 물질을 소비한다. 저서생물 군집의 서식처인 바닥을 형성하는 모래와 점토 같은 침전물을 강이 운반하기도 한다. 죽은 유기물과 미생물의 혼합을 **유기 쇄설물**(detritus)이라 한다. 유기 쇄설물은 다른 저서 생물에게 풍부한 먹이를 제공한다.

큰 포식자로서 게, 새우, 어류 등이 서식하며, 이들 또한 어획되어 판매되는 어민의 선호 식품이다. 저서 어류에는 넙치, 대구, 민어과의 어류 등이 포함된다. 정부의 역할은 규제와 면허를 통하여 어획을 통제하는 것이다. 이런 규제는 조업의 가능 여부를 나타낸다.

각종 철새도 하구 생태계의 한 부분이다. 갈매기는 썰물 때 하구의 갯벌과 해변에 사는 동물을 먹는다. 왜가리, 도요새, 뜸부기 같은 걸어 다니는 새는 습지에서 먹이를 구하고, 펠리컨, 가마우지와 같이 잠수하는 새는 물속에서 먹이를 구한다.

일부의 하구 생물은 끊임없이 발생하는 염분 변화에 잘 적응한다. 하구 생물들은 0‰의 담수에서부터 36‰의 열대 해수까지 모든 염도 범위에서 생존한다. 다양성보다도 염분 변화에 적응하는데 특별히 에너지를 사용하기 때문에 하구에는 강이나 해수보다 생물 다양성이 낮다. 하지만 먹이가 풍부하므로 적은 종수로 높은 생산성을 나타낸다.

사람의 어획이 오른쪽에 있다. 경제로부터 연료나 재화와 용역이 유입되고 있다. 또한, 어획 과정에는 인간의 노동력이 이용된다. 화폐는 어류의 판매를 통하여 유입되고 연료, 상품, 서비스를 구매하는데 유출되며 이러한 생태·경제시스템의 한 부분을 차지한다.

10.2 굴 암초

굴은 껍데기의 무더기를 쌓으면서 서로서로 붙어 있다. 바닥에 붙어 있는 굴이 죽게 되면 유생은 죽은 껍질에 부착하여 암초의 크기를 증가시킨다. 굴의 무더기가 쌓이면 먹이를 운반하고 폐기물을 실어가는 해류와의 접근이 증가한다. 굴 양식 산업은 빈 껍질을 양식장에 투하하여 암초의 크기를 유지하는 방법을 택하고 있다. 이는 수산업이 자연 시스템에 피드백을 제공하는 한 가지 예이다.

<그림 10.2>는 조석과 하천이 흐름을 유발하여 무기 영양염과 유기물질을 운반하는 모습을 보여준다. 흐름은 유기물질과 상호작용하여 성장한 굴에게 먹이를 전달한다. 성장한 굴은 유생이 부착하여 성장하는 패각 더미를 만든다. 굴의 개체수는 포식자, 질병, 수확으로 인해 감소한다. 바다 달팽이는 굴의 껍데기에 구멍을 내고 내부를 먹는다. 패각 더미 주변의 염분이 일정할 때 바다 달팽이의 수는 증가한다. 담수가 유입되면 염분의 큰 변동이 일어나고, 바다 달팽이 개체수는 감소한다.

하구의 상업용 굴 양식은 생산성이 높다. 계속해서 발생하는 염분의 변동은 생물의 다양성과 경쟁을 낮게 유지한다. 하구 서식지의 일부 상업용 굴은 주기적으로 공기에 노출되어 다른 경쟁 생물이 생존할 수 없는 **조간대**에 위치한다. 그러나 조간대에 있는 굴 암초는 저

조 때는 여과섭이를 할 수 없다. 이로 인해 조간대에 서식하는 굴은 수심 깊은 곳의 굴만큼 빠르게 성장할 수 없다.

굴은 원유채굴을 위한 시추대나 외해의 암반에도 부착하여 성장한다. 이 경우 종의 다양성은 높으나 상업적인 수확은 할 수 없다.

뗏목에 밧줄을 달아 내리는 수하연 방법이 새로운 양식 방법으로 채택되고 있다. 오염된 하구의 물을 여과 섭취함으로써 굴 패각은 박테리아와 바이러스로 오염된다. 이렇게 오염된 굴은 하구로 유생을 공급하며, 오염되지 않은 물로 이동시키면 스스로 정화된다.

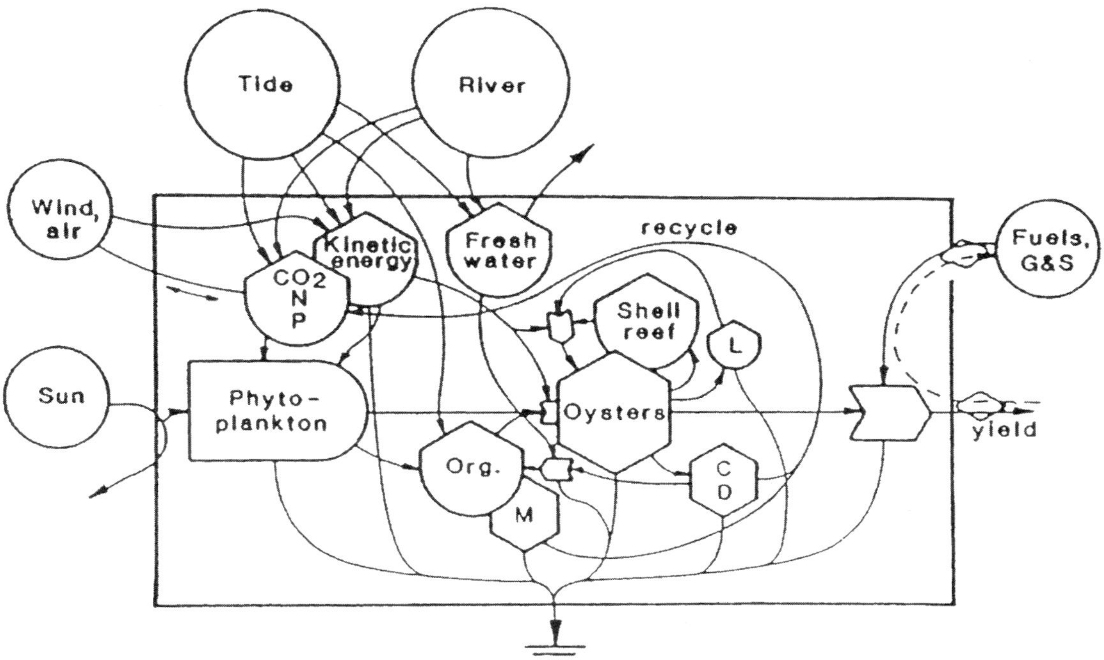

그림 10.2. 굴 암초 생태계. L, 유생; C, 육식성 바다 달팽이; D, 질병; M, 미생물; Org, 유기물질; G&S, 재화와 용역.

10.3 잘피밭

수심 1～2m의 얕은 하구에는 충분한 양의 햇빛이 들어가기 때문에 **잘피밭**과 같은 저서 식물이 조밀하게 층을 형성한다. 하구의 상류 쪽에는 담수 종이, 저염분 지역에는 다른 종이, 고염분 지역에는 염분에 내성이 강한 종이 분포한다. 강수량이 적은 내만의 경우 3.5 %의 평균 해수보다 염분이 더 높다. 45～50 ppt의 염분에 적응하는 종은 극히 적지만 생산성은 매우 높다.

연습문제

1. 다음 용어를 정의하라.
   a. 하구
   b. 양성장
   c. 저서 무척추동물
   d. 여과 섭이자
   e. 퇴적물
   f. 염분
   g. part per thousand(ppt)
   h. 영양도
   I. 굴 암초
   j. 조간대
   k. 유기 쇄설물
2. 하구에서 발견되는 식물과 동물의 종류를 들어라.
3. 하구의 물리적 특성에 대하여 논하라.
4. 하구 생태계의 에너지 다이어그램을 그려라.
5. 굴 암초는 어떻게 형성되는가?
6. 잘피밭의 생산성이 높은 2가지 이유를 들어라.

제11장 호소와 하천

학습 목표

1. 담수 생태계의 세 가지 종류
2. 생산자, 소비자, 에너지 흐름을 나타내는 호소의 다이어그램
3. 부영양 호수와 빈영양 호수의 비교와 대조
4. 하천과 용천수의 구분
5. 주·야간의 산소와 이산화탄소의 순환이 변동하는 이유

11.1 호소

호소에는 여러 종류가 있다. 일부는 함몰된 지역에 물이 채워져서, 일부는 오래된 하천의 저지대에서, 나머지는 빙하가 사라지고 난 뒤 침몰 지역에서 형성된다. 또한, 지면이 침몰한 지역에 지하수가 표면으로 올라와서 얕은 호소를 형성하고 있다.

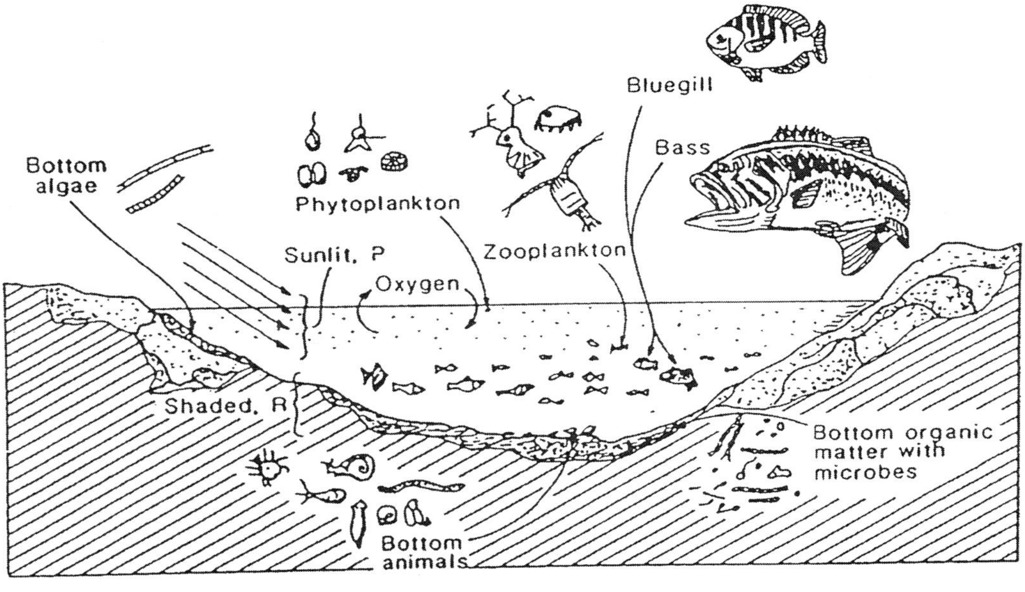

그림 11.1 (a) 담수 연못의 구성요소.

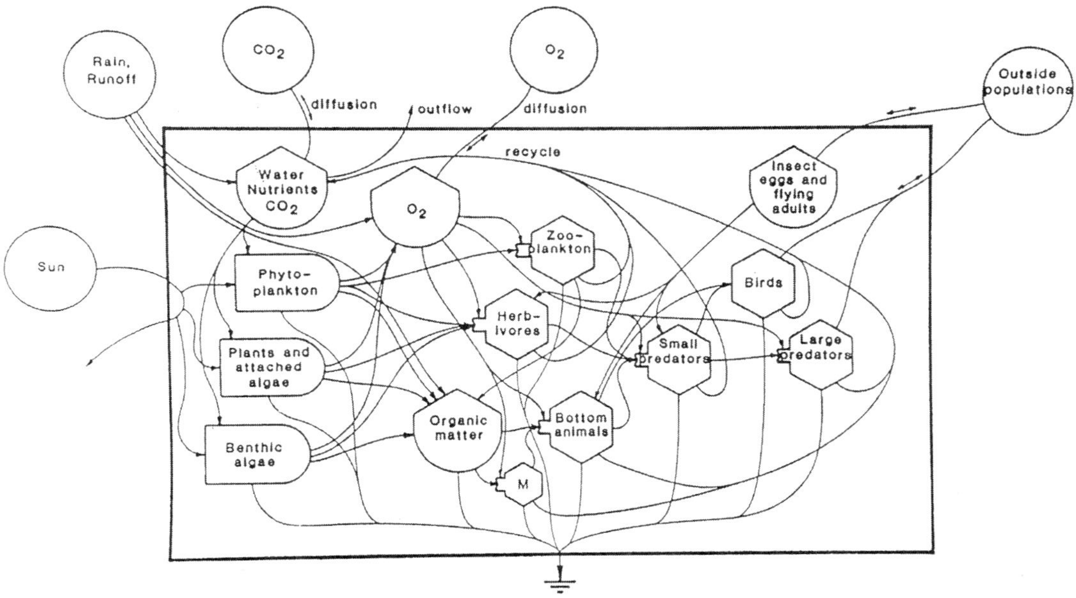

그림 11.1(b). 에너지의 흐름과 저장고를 나타내는 연못 생태계. 초식동물: 곤충 유생, 달팽이, 어류; 저서동물: 지렁이, 곤충 유생, 홍합, 대하, 어류; 소형 포식자: 곤충, 진드기, 편형동물, 개구리, 도마뱀, 어류; 대형 포식자: 어류, 뱀, 너구리; 미생물

이러한 것은 자연적으로 형성된 호소이다. 인류는 조경용, 휴양용, 농업용으로 사용하기 위해 호소를 조성한다. 그러나 생성기원과 물리적인 구조가 다름에도 불구하고 모든 호소는 기초적으로 같은 생태학적 특성을 갖는다.

호소에는 세 가지의 생산자 그룹이 있다. : **식물성 플랑크톤**(소형, 부유성 조류); 식물; 바닥의 **부착 조류**. 기타의 조류는 식물의 잎과 줄기에 부착되어 있다. 주변에서 유출된 강우는 용해된 유기물질과 영양염을 호소로 운반한다.

광합성에 필요한 이산화탄소는 대기로부터 유입되거나 유기물질이 분해되어 수중으로 유입된다. 석회석 지역에는 칼슘과 탄산염이 용해되어 수중으로 첨가된다. 이산화탄소와 탄산염은 반응하여 중탄산염을 만든다. 중탄산염, 칼슘, 마그네슘을 포함한 물을 **경수**(센물)라고 한다. 연수(단물) 호소는 석회석이 없는 지역에서 형성된다.

호소에는 식물과 조류를 먹이로 하는 많은 소형 초식동물이 있다. 어류(초식성이든 육식성이든)는 호소가 잠깐도 마르지 않는 한 매년 살아간다. 곤충, 동물성 플랑크톤의 알, 식물의 종자, 조류의 포자와 미생물, 날개 달린 곤충의 성충이 바람에 의해 날아서 드나든다. 새와 뱀과 같은 포식자도 출입한다.

호소의 수위는 가장자리 주변에서 자연스럽게 오르내린다. 수위가 변동에 따라 넓은 습지가 형성된다. 이러한 환경은 수중 생태계를 다양하게 유지하고 영양염이 지나치게 농축되는 것을 막아 준다. 습지는 야생 생물에게 좋은 서식처를 제공한다. 습한 상태와 건조한 상태가 반복되는 조건은 많은 생물의 생활사에 있어 중요하다. 물이 차 있는 기간을 **침수기간**이라고 한다.

사람들이 호수 주변에 집을 짓게 되면서 부두와 배를 집 가까이 둘 수 있도록 일정한 수위를 바라게 되었다. 많은 호수의 유출을 조절하여 수위를 안정시켰다. 그 영향으로 호수 주변에 형성된 습지와 야생생물이 감소한다. 자연적인 수위 변동을 회복시키는 것이 여러 상황에서 필요하다.

11.2 부영양과 빈영양의 수괴

물속의 영양염 농도가 높을 때를 **부영양 상태**라 하고 낮을 때를 **빈영양 상태**라고 한다. 이들 용어는 호소 생태계를 설명할 때 사용한다.

기체가 물에 용해될 수 있는 최대의 양(**포화도**)은 온도에 의존한다. 예를 들어 21℃(70°F)에서 담수의 산소 포화농도는 9ppm이다. 온도가 증가하면 물속에 녹을 수 있는 양은 줄기 때문에 여분의 양을 물 밖으로 확산한다. 온도가 감소하면 물의 포화농도가 증가한다.

햇빛이 있는 낮 동안에 부영양화된 물에는 광합성 속도가 빠르다. 그 결과 산소와 유기물질 농도는 빠르게 증가한다. 산소농도는 30～40ppm까지 증가한다. 일부의 산소는 물 밖으로 확산하지만 대부분 산소는 식물과 동물의 호흡에 사용한다. 미생물이 유기 쇄설물과 용존 유기물질을 분해하는 과정에도 낮 동안 생산된 산소의 많은 양을 소모한다. 이 현상으로 인하여 밤이 끝날 무렵에는 산소농도가 1～2ppm까지 낮아진다. 호소의 여러 생물에 대한 수용 능력은 가장 낮은 산소농도에 의하여 결정된다.

<그림 11.2>는 이러한 변화를 보여준다. 빈영양 호소는 광합성을 촉진하는 영양염이 부족하므로 용존산소 농도의 변화는 적다. 둘째 날은 흐리기 때문에 호소에 도달하는 일사량이 적으며 광합성도 역시 적게 일어난다. 따라서 산소와 유기물질의 생산은 적다. 동물과 식물은 산소와 유기물질을 이용하여 영양염을 재생시키며 낮과 밤 모두 호흡만 한다.

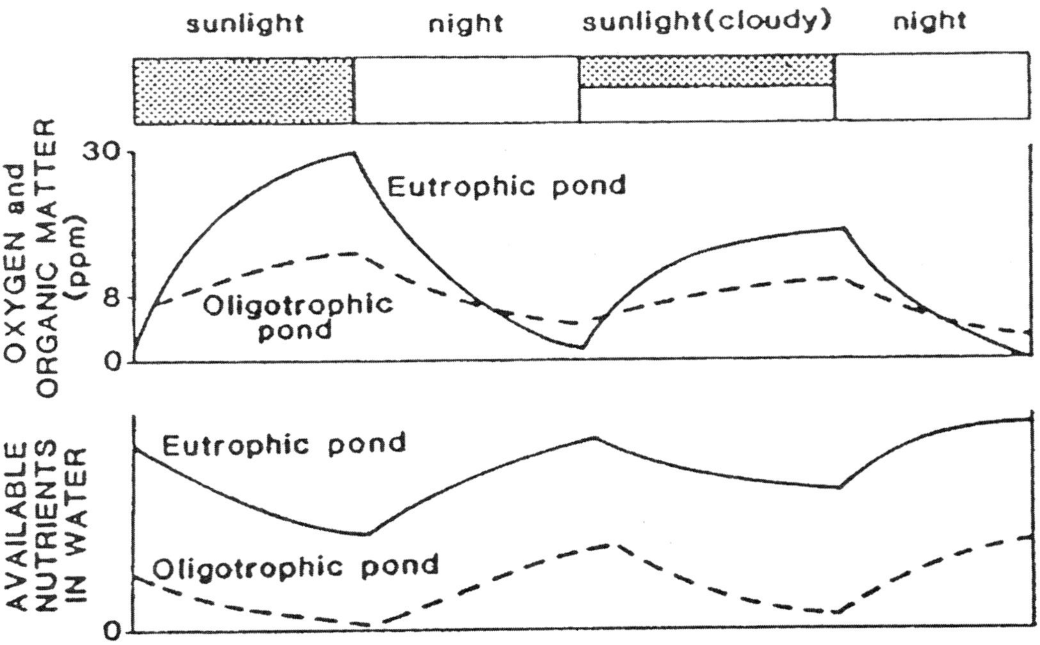

그림 11.2. 빈영양(점선) 호소와 부영양(실선) 호소에서 낮과 밤 동안 산소, 유기물질 영양염의 변화. 산소농도는 0ppm에서 30ppm까지 변화한다.

흐린 날이 계속된 후에 **물고기 폐사**가 일어날 수도 있다. 산소의 생성보다 호흡에 의한 소비가 많으므로 일부의 물고기는 산소 부족으로 죽게 된다. 어떤 어류는 폐와 같은 기능을 하는 공기 부레를 가지고 있다. 표층에 사는 어류는 공기를 들이마셔 숨을 쉴 수 있다. 오리, 백로, 가마우지, 왜가리 같은 물새는 풍부한 먹이가 있는 부영양 호수로 날아든다.

영양염이 적은 빈영양 호소는 생물량이 거의 없다. 조류와 바닥 식물이 적은 깨끗한 호수는 용존 산소의 변화도 크지 않다. 송어와 같은 낚시하기 좋은 어류의 서식처가 된다.

인간의 주거문화가 발달하면서 많은 양의 하수, 농업 폐기물, 도로의 쓰레기 등이 육상에서 유출된다. 이러한 유출 때문에 부영양화 현상이 더욱 가속화된다. 또한, 여러 빈영양 수역을 부영양화 상태로 만든다. 이러한 환경은 식물성장에 알맞은 조건을 형성하여 새로운 종이 잘 자랄 수 있게 된다. 외래종인 부레옥잠과 톱풀과 같은 식물은 영양염이 풍부한 곳은 어디든지 확산하고 있다. 이러한 현상을 오염으로 간주하기도 한다. 부영양화된 지역에 대량으로 번식하는 풀들은 보트의 이동을 방해하고 수산업과 기타 휴양지로서의 이용을 방해한다. 수심이 깊은 곳에는 축적된 유기물질이 너무 많아 흐린 날씨에는 많은 산소를 소모하여 물고기의 폐사가 일어난다.

부영양화된 수역의 식생을 제거하기 위한 많은 시도가 있었으나 그다지 성공적이지 못했다. 제초제를 뿌리는 것은 호소 바닥에서 분해될 물질을 첨가한 것에 지나지 않았다. 분해자는 영양염을 방출하고 같은 식생의 재성장을 촉진한다. 제초제의 독성은 생태계의 여러 가지 다른 현상에 대한 혼란만을 초래하였다. 초식성 어류를 방류한 것 또한 영양염과 식물이 다시 재생되는 순환을 가속할 뿐이다.

가장 좋은 해결책은 간단하다. 항로와 휴양지가 있는 호소에 필요 이상의 영양염이 들어가지 않도록 관리하는 것이다. 화학비료의 가격이 상승함에 따라 비료는 더욱 효율적으로 사용되고 낭비 양이 줄어들 것이다. 영양염을 보유하고 순환하는데, 노력이 더욱 필요하다. 대부분 생활하수와 농업 배수는 결국 숲, 경작지, 목장에 영양염 공급을 위하여 재순환될 것이다.

이런 영양염을 저류 하는 한 가지 방법이 자연 습지를 이용하면서 발전되었다: 폐수가 유입되는 호수나 강 사이에 수초 습지와 수목 습지를 설치하여 영양염을 여과하고 습지식물이 자라서 녹지대와 야생동물 지역을 유지하는데 이용할 수 있다.

빗물만 고여 있거나 빈영양의 모래 토양에서 유출되는 물이 유입되는 곳은 여전히 빈영양 호소가 존재한다. 비록 빈영양 상태이고 성장률이 낮을지라도 생물의 종류와 다양성은 크다. 빈영양 호수는 잔디와 골풀로 둘러싸여 있고 비교적 깨끗하다. 빈영양 호수는 훌륭한 휴양지를 제공한다.

11.3 하천

<그림 11.3>과 같이 하천의 먹이 그물망은 바위에 부착된 조류와 육지로부터의 찌꺼기(나뭇가지, 잎, 죽은 곤충 등)에서 시작한다. 영양염은 조류의 광합성에 의해 흡수되거나 미생물에 의해 직접 이용된다. 바위나 모래 지역을 통과하는 대부분 시냇물은 빈영양 상태이다. 빈영양의 시냇물은 광산, 도시하수 또는 목장으로부터 풍부한 영양염이 유입되어 부영양화된다. 육지로부터의 유기 쇄설물은 하천 유기물질의 중요한 유입 원이다. 일부 유기 쇄설물은 미생물에 의해 분해되고 나머지는 하류로 흘러간다. 수면이 응달지고 조류의 개체수가 작은 산림지대의 소형 하천의 경우 육지로부터의 유기 쇄설물은 특히 중요하다. 이러한 소형 하천에서 유기 쇄설물은 나머지 먹이연쇄에 필요한 기초 공급원이다.

담수에 서식하는 곤충은 일생의 대부분을 유생 상태로 물에서 보낸다. 예를 들면 하루살이의 경우 성체가 되면 물 위를 떼 지어 날아다니다 교배 후 암컷은 물속에 알을 낳는다. 곤충의 유생은 유기 쇄설물의 점액을 먹이로 하며 다시 육식어류의 먹이가 된다.

숭어나 뱀장어 같은 어류는 바다에서 산란하고 담수하천으로 이동한다. 청어와 연어 같은 어류는 반대 방향으로 이동한다. 연어는 하천의 상류에서 산란하고 치어는 바다로 이동하여 산란을 위해 상류로 되돌아오기 전까지 대부분의 일생을 바다에서 보낸다.

하천에는 많은 종류가 있다:

습지하천은 주로 상류 지역의 수목 습지 지역에서 유출된다. 이 하천은 빗물과 이탄의 습지에서 분해된 유기물질을 포함한다. 일반적으로 이러한 하천은 석회암에서 나오는 탄산칼슘을 많이 함유하지 않기 때문에 연수이고 산성이다. 수목 습지로부터의 유기물질은 나뭇잎과 목질에 의해 생성되는 분해가 아주 느린 물질이다. 하천의 색깔이 갈색 또는 검은색이라 할지라도 분해가 매우 느리므로 생물을 위협할 정도의 산소고갈은 없다. 이러한 하천에서 산소는 거의 반포화 상태로 존재한다. 유기물 분해로 소모하는 산소량과 공기로부터 확산하는 양이 균형을 이루고 있다.

계곡 하천에는 난류와 바위가 매우 중요한 역할을 한다. <그림 11.3>과 같이 지질학적 융기로 산이 형성되고 바위가 하천 속으로 굴러 들어간다. 이 바위는 흐르는 물과 상호작용한다. 흐르는 물은 바위를 서로 충돌시켜 잘게 부수고 침식작용을 통하여 미세한 퇴적물을 만든다.

동물과 식물은 물의 소용돌이를 견디거나 피할 수 있도록 적응한다. 그러므로 계곡의 하천에서 주된 생산자는 바위 표면의 점액층에서 자라는 조류이다. 계곡의 하천은 뿌리 식물이 자라기에는 유속이 너무 빠르고 바위가 많다. 곤충의 유생은 포식자에게 먹히지 않고 소용돌이에 떠내려가지 않도록 하천의 암석 밑에 서식한다. 바위와 하천 둑은 <그림 11.3>과 같이 하류로 물을 흘려보내는 수로를 만든다. 이산화탄소, 산소와 영양염은 물에 혼합되어 수서생물에 의해 이용된다.

소형 물고기는 미생물과 곤충의 유생을 잡아먹기 위하여 유속이 느린 지역에서 서식한다. 어린 송어는 강으로 이동하기 전에 계곡의 하천을 양성장으로 이용한다. 뱀장어는 새끼 고기를 잡아먹고 송어와 경쟁적으로 곤충의 유충을 섭취하면서 하천 바닥 근처에서 산다.

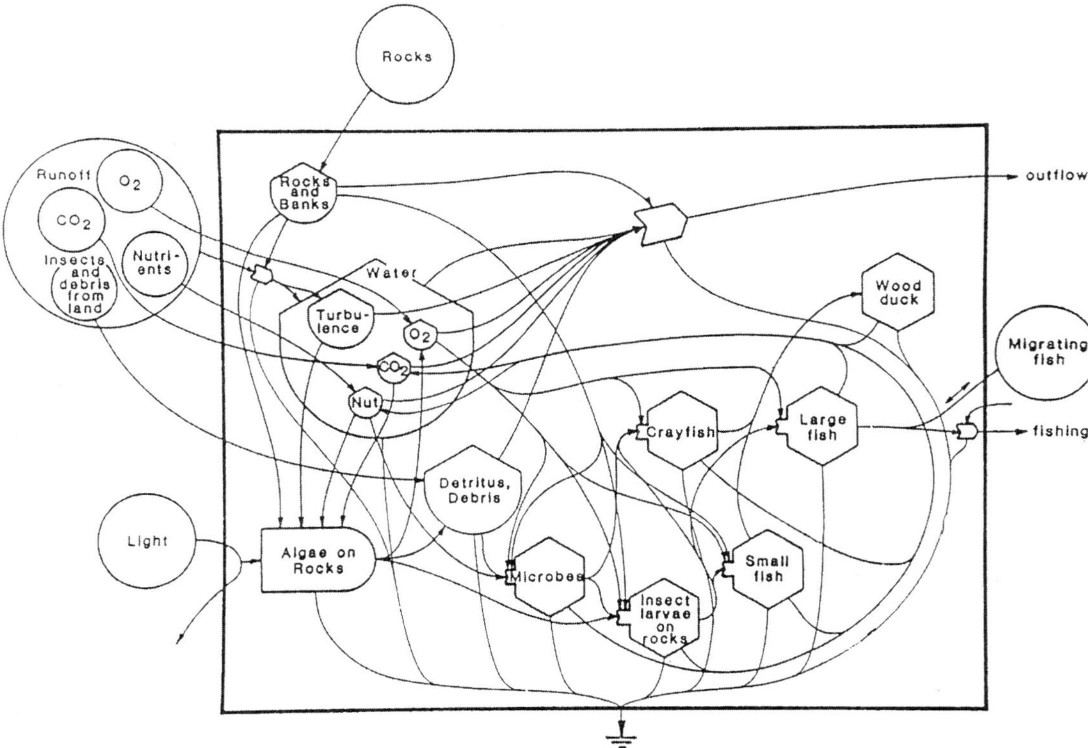

그림 11.3. 바위로 채워진 계곡 하천의 다이어그램.

뱀장어는 바다에서 산란하고 약 1m의 길이가 될 때 담수하천으로 다시 돌아온다. 연어는 반대 방향으로 이동한다. 연어는 계곡 하천의 자갈 위에서 산란한다. 부화한 연어의 새끼는 산란을 위하여 하천으로 돌아오기 전까지 바다로 이동해서 성장한다.

하류에 도달한 하천의 유속은 감소하고 퇴적물은 침전된다. 하류에는 습지식물이 자라는 **범람원**이 발달한다.

탁도 하천은 점토층으로 형성된 지역을 지나면서 발생한다. 이러한 하천은 탁도가 높으며 집중강우에 의한 유출시 황토 빛깔을 띠기도 한다. 일반적으로 이러한 하천에 서식하는 어류는 탁도에 적응되어 있다. 하천의 유속이 느려지면 침전물이 퇴적되어 그 지역의 토양을 비옥하게 한다.

감조하천은 바다로 흘러가는 하천이며 강의 하구 지점에서 조석의 영향을 받는다. 바다로부터 염수는 강을 따라 멀리까지 올라가지는 않지만 흐르는 강물 밑으로 수 마일까지 염분 쐐기 층을 형성한다. 감조하천은 만 입구에서 조위가 높을 때 유속이 느리고 조위가 낮아지면 유속이 빨라지는 주기적인 파동을 가지고 흐른다.

11.4 용천

용천수가 다량으로 흘러들어 형성되는 하천은 아주 투명하므로 수중잠수를 비롯한 여러 물놀이를 즐길 수 있는 장소로 이용된다.

다공성 모래, 석회석 또는 현무암 지역을 침투한 물은 지하수를 형성한 후 맑은 경수로서 지표로 용천 한다. 용천수는 적당한 농도의 질산염과 인산염을 함유한다. 물이 맑아서 빛 투과는 좋고 조류, 뿌리 식물, 곤충의 유생, 어류가 자랄 수 있는 매우 생산적인 하천이 형성된다. 용천수가 흘러감에 따라 유기 쇄설물과 용존 유기물질이 유입되어 결국은 다른 하천과 같게 된다. 용천수는 수자원 공급, 휴양 장소, 관광 명소로서 중요한 역할을 한다.

화학적 조성이 특별한 용천수도 있다. 어떤 용천수는 산소가 고갈된 상태로 흘러나와 남조류와 흰색의 황 박테리아의 생태계를 이루기도 한다. 이러한 용천수에는 수표면에서 공기를 마시고 목구멍에 기포를 저장하는 특별한 어류가 서식한다.

연습문제

1. 아래의 용어들을 정의하라.

   a. 연수 b. 경수

   c. 지하수 d. 저서생물

   e. 침수 기간 f. 수서생물

   g. 부영양 h. 빈영양

   I. 포화도 j. 탁도

   k. 침투 l. 퇴적물

   m. 유생

2. 하천과 호소 생태계의 차이점에 대해 논하라.
3. 호소의 에너지 다이어그램을 그려라. 에너지원, 생산자, 소비자, 에너지 흐름, 중요한 저장고를 포함하라.
4. 시간이 지남에 따라 빈영양 호수가 어떻게 부영양 호수로 변화하는가에 대해 논하라.
5. 하천과 용천수는 어떻게 다른가?
6. 담수 생태계의 물리적 특성(용존기체)이 결정되는데 식물과 동물이 어떤 역할을 하는지를 설명하라.
7. 호소에서 주간과 야간에 따라 산소와 이산화탄소 농도 차이가 생기는 이유는 무엇인가?

제12장 습지

❙ 학습 목표 ❙

1. 습지의 정의
2. 습지 생태계의 구성요소
3. 담수와 염수 습지 그리고 수초 습지와 수목 습지의 구분
4. 습지의 경제적 가치

습지는 간헐적으로 침수되는 지역이다. 습지를 우점하는 식물은 다른 지역의 식물 종과는 다르다. 토양이 물속에 잠길 때는 대기 중의 산소와 접촉이 제한되어 혐기성이 된다. 일반 식물의 뿌리는 숨을 쉴 수 없으므로 이러한 환경에서 살 수 없다.

습지식물은 특별한 적응 방법으로 진화해 왔다. 홍수림은 특별한 관을 통해서 뿌리로 공기를 전달한다. 검은 고무나무(black gum)와 같은 식물은 공기 없이 부분적인 호흡 과정을 수행한다. 고무나무는 산화가 안 된 생산물을 만든 후 이것을 공기가 들어오는 줄기로 수송하여 산화시킨다. 삼나무(Cypress trees)는 이산화탄소와 산소를 일부 교환하는 무릎(knees)이라 불리는 특별한 뿌리를 성장시켜 지상으로 노출한다.

12.1 습지의 특징

수초로 이루어진 습지를 수초 습지(marsh)라 하고 나무와 관목이 있는 습지를 수목 습지(swamps)라 한다. 식생의 종류에 따라 많은 종류의 습지가 있다. 침수 기간, 침수 깊이, 영양염의 농도가 식생의 유형을 결정한다.

토지로 개발할 것이지 수목 습지와 수초 습지를 보존할 것인지에 대한 많은 논쟁이 많다.

고지대의 평원에 위치하며 주로 빗물이 유입되는 수목 습지는 놀라울 정도로 많은 양의 물을 보존한다. 모든 식물은 세포 조직에서 대기 중으로 수증기를 증산하지만, 습지식물은 다른 식물보다 증산량이 적다.

그러므로 자유표면의 호수보다 습지가 물의 손실이 적다. 이러한 식물을 이용하여 습지를 조성하면 그 지역의 수분을 유지하고 수자원을 보존할 뿐만 아니라 더 많은 양의 물이 침투되어 지하수를 형성하거나 하류로 흘러가게 된다. 수자원을 확보하기 위하여 습지의 물을 빼는 노력은 잘못된 것이다.

습지는 상류 유역의 물이 유입되기 때문에 자연적으로 영양염, 탁도, 병원성 미생물을 걸러주는 여과지 역할을 한다. 최근의 연구에 의하면 폐수를 수초 습지와 수목 습지에 유입시킬 경우 습지가 자연적인 수처리 기능을 제공하고 있음이 입증되었다. 수목이나 이탄과 같은 유용한 생산물의 성장이 촉진될 뿐만 아니라 수십억 원의 기술적인 처리비용까지 절약된다. 일부 지역에서는 40년 이상 이런 형태로 폐수를 처리해 왔으나 우리는 지금 이런 시스템이 얼마나 잘 운영되고 있는가를 단지 이해하고 있을 뿐이다.

습지 생물은 여러 가지 특별한 적응에 에너지를 이용하기 때문에 식물의 종 다양성은 일반적인 숲에 비해 낮다. 곤충, 새, 기타 동물의 다양성은 높을 수도 있다.

12.2 담수의 수목 습지

<그림 12.1>은 수목 습지 생태계의 주요한 특징을 보여준다. 육상의 숲 생태계를 나타낸 <그림 14.1>과 비교해 보라. 잎, 줄기, 뿌리, 낙엽, 증발산, 곤충, 새와 같은 특징은 유사하다. 그러나 수목 습지에서 물의 역할은 육상의 숲에서와는 다르다. 수목 습지의 물은 퇴적물과 이탄을 형성하여 습지에 영양염과 다른 물질을 농축하여 저장하기 때문이다.

12.3 염습지와 홍수림 습지(salt marshes and mangrove swamps)

일정 시간 동안 해수에 잠기는 연안의 습지는 특징적인 식생을 형성한다. 겨울에 결빙이 일어나는 지역에서는 염습지 식물이 우점하여 자란다. <그림 12.2>는 염습지의 주요 특징을 나타낸다. 강으로부터 담수가 유입되고 조석은 해수를 유입, 유출한다. 해수의 교환은 어류, 플랑크톤, 유생 단계의 동물을 외해와 교환시킨다. 조석은 유기물질, 오염물, 퇴적물을 운반한다. 조석 에너지는 현지 식물과 상호마찰하면서 물이 드나드는 수로 연결망을 만든다.

염습지의 식물과 홍수림은 물속에 잠겨 있는 뿌리를 이용하여 염수로부터 담수를 얻는 특별한 방법을 가지고 있다. 일부 식물은 태양에너지를 이용하여 물을 증산시키고 줄기의 인력에 의해 염분이 배제된 물을 뿌리 속으로 빨아들인다. 다른 식물들은 잎으로부터 염분을 분비하기 위하여 자신이 광합성한 유기물을 에너지로 이용한다. 이런 식물의 잎은 짠맛이 난다. 염분에 적응하는데, 에너지가 이용되므로 식물 다양성이 낮다.

물이 증발하고 식물 또는 나뭇잎이 증산작용을 하면 토양에 염분이 남는다. 조석과 강물에 의한 상호교환은 토양으로부터 염분을 씻어낸다. 그러나 토양에 염분이 과잉으로 축적되면 식물들의 성장은 위축되어 죽게 된다. <그림 12.2>에서는 염분 충격으로 죽은 식물이 저층의 유기물과 **이탄**을 형성하는 것을 보여준다. 식물이 사멸하여 생성된 작은 입자와 강과 조석에 따라 유입된 다른 유기물질은 여과섭이를 하는 조개와 굴의 먹이가 된다. 게, 달팽이, 지렁이는 더 큰 입자를 먹는다.

파도가 강하지 않는 연안의 경우 다양한 종의 수초로 이루어진 염습지가 발견된다. 위도 약 30도 이하의 서리가 내리지 않는 지역에서는 홍수림 습지가 발견된다. 홍수림은 수중이나 습한 토양에서도 나무를 지탱할 수 있는 버팀목 뿌리가 발전되어 있다. 대개 새로운 식들은 씨앗에서 발아하여 토양에 부착될 때까지 수중에서 떠다닌다.

습지에 무기 영양염이 유입되면 습지식물은 빠른 속도로 성장하여 하구로 유기물을 공급한다. 어떤 경우는 유역의 강우 유출 때문에 습지에 유기물질이 유입되기도 한다. 이들 유기물질이 습지에서 미생물에 의하여 분해되면 하구로 무기 영양염을 공급한다. 습지의 수초와 나무는 이러한 방법으로 주변의 수역에 대해 영양염과 유기물질의 균형을 유지하는 **완충작용**을 한다.

홍수와 태풍에 의하여 해일이 발생할 때 연안의 습지 식생은 **침식**을 감소시킨다. 수초와 나무는 강한 바람에 의한 손상을 막아 주는 장벽과 같은 역할도 한다. 습지는 또한 녹지대와 야생생물의 서식처로서도 중요하며 야생동물과 철새에게 산란처를 제공한다.

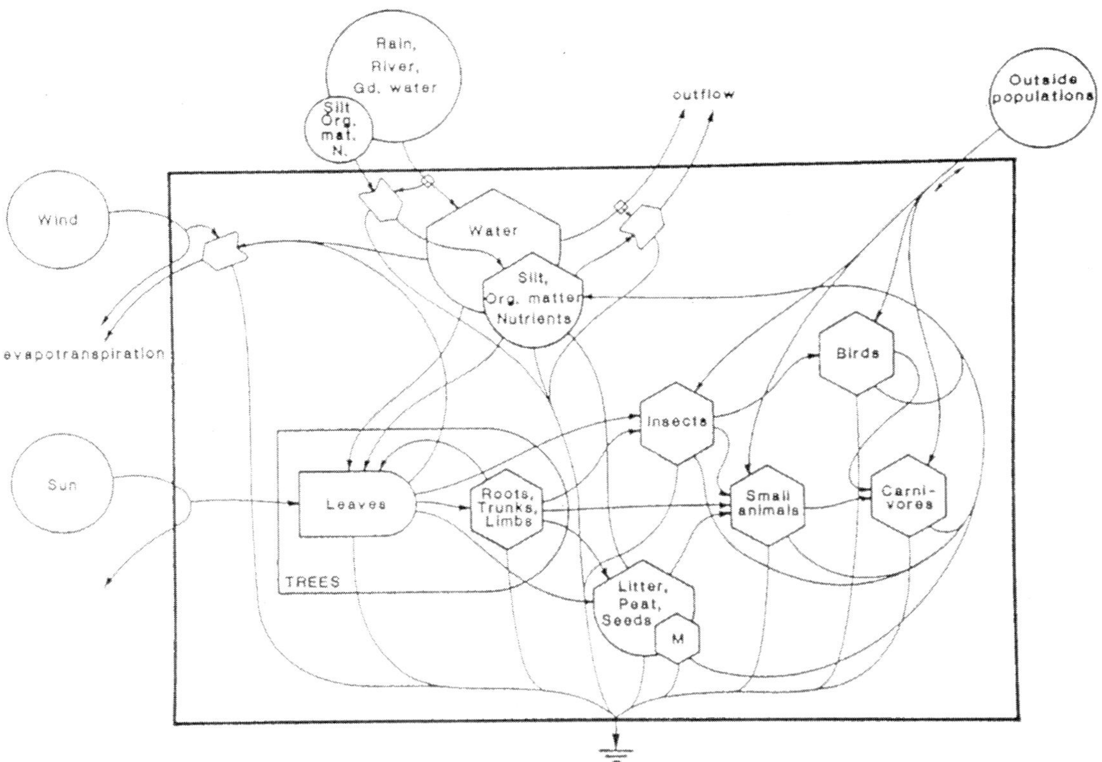

그림 12.1. 하천 홍수터 수목 습지의 주요 특징.

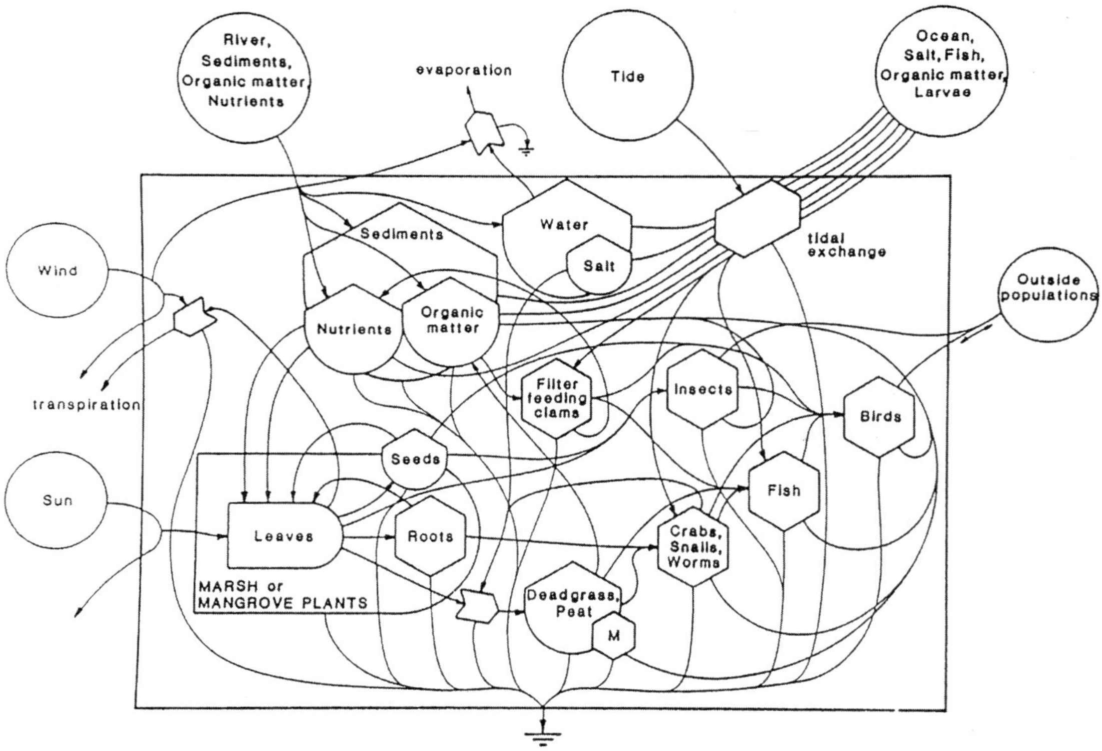

그림 12.2. 조석의 교환이 중요한 역할을 하는 염습지 생태계.

연습문제

1. 아래의 용어를 정의하라.
   a. 습지
   b. 혐기성
   c. 수초 습지
   d. 산화
   e. 수목 습지
   f. 증산
   g. 폐수
   h. 완충작용
   i. 침식
2. 습지 생태계의 특징에 대해 논하라.
3. 수초 습지가 수목 습지와 어떻게 다른가를 설명하라.
4. 염습지 생태계의 다이어그램을 그려라. <그림 12.2>를 참고하라.
5. 습지의 생태학적, 경제학적 중요성을 설명하라.
6. 염습지와 하구의 공생 관계를 설명하라.

제13장 냉대 생물권

학습 목표

1. 세 가지 냉대 생물권의 이름, 기후 조건, 식생에 따른 특성 기술
2. 툰드라 기후의 대표적인 성장 형태
3. 냉대 생물권의 에너지 모델

지구상의 생물권은 바람과 해류 체계에 따라 형성되는 기후대에 적응하면서 발달하였다. <그림 Ⅱ.1>과 <그림 Ⅱ.2>는 지구상의 주요 육상 생물권의 위치를 나타내고 있으며, <그림 Ⅱ.1>의 오른쪽 그림은 이들 생물권을 형성시키는 주요 기후대의 위치를 보여주고 있다.

극 지역의 고기압 대는 압축과 구름소멸 때문에 열을 발산하며 공기가 침강한다. 그 결과 하늘은 때때로 맑고, 방출되는 복사열 때문에 지면을 매우 차갑게 만든다. 북극의 바다는 언 상태로 정지하고 있지만, 유빙은 계속 이동한다. 남극 전체에는 만년 빙설이 유지될 정도로 많은 눈이 내린다. 그린란드, 아이슬란드, 알래스카와 칠레의 산맥 같은 장소는 극 지역과 멀리 떨어져 있지만, **극 전선**이 더 많은 눈을 생성하기 때문에 만년 **빙하**가 존재한다.

양극 쪽으로 대륙이 끝나고 기후가 추운 지역에는 몇몇 종류의 독특한 생물권이 존재한다. 양극에는 **빙하**가 있다. 적도 쪽으로 향하면 여름이 점차 길어져 지표층이 녹아 바닥에 붙어사는 식생이 형성된다. 이것이 툰드라 생물권이다. 남반구에는 북반구보다 육지가 적기 때문에 툰드라 생물권이 적게 나타난다.

극 지역에서 적도 쪽으로 더 진행하면 지면은 얼지 않은 상태가 되고, 극 전선이 계절에

따라 비와 눈을 생성시키기 때문에 숲이 형성된다. 북극에 가장 근접해 있는 숲은 가문비나무나 소나무와 같은 **침엽수**로 구성된 상록수림이다. 이 숲을 **타이가**라 한다. 기온이 낮고 눈과 얼음의 조건이 유사한 고산지대의 경우 이와 비슷한 형태의 생태계가 발견된다.

13.1 빙하

만년 빙하지대에는 단순한 생태계가 형성된다. 눈과 얼음이 증발함에 따라 오래된 눈의 표면에 영양염이 농축되고 이곳에 조류가 발생한다. 일부는 밝은 홍색을 띠기도 한다.

극 해를 덮고 있는 해빙 아래의 얼음과 물속에는 활발한 해양 생태계가 존재한다. 조류와 소형 동물들의 다양한 생태계가 해빙 하부에서 형성되어 있다. 이 생태계는 여름철에 얼음을 투과한 빛을 에너지원으로 사용한다. 해빙 아래로 흐르는 물은 다른 곳에서 생성된 유기물을 운반한다. 이 유기물은 많은 개체수의 어류에게 먹이를 제공한다. 해양 포유류는 이런 물고기를 먹고 산다. 바다표범, 귀신고래, 북극곰 등은 빙설 지대에서 먹이연쇄의 최고 소비자이다.

13.2 툰드라

빙하지대 바로 남쪽에 위치하여 비교적 짧은 기간이지만 지표면이 녹는 지역에는 툰드라 생태계가 발달한다. 이 생태계는 이끼류로 덮여 있으며 풀꽃과 키 작은 관목이 여기저기 산재해 있는 것이 특징이다.

여름에는 약 10～15㎝까지 지표면이 녹는다. 그 이하의 토양은 여름에도 언 상태로 있는데 이것을 **영구 동토층**이라 한다. 표층의 토양은 동결과 해빙을 거듭하면서 융기와 침강이 반복되는 동안 서서히 순환한다. 이러한 토양의 운동이 영양염의 순환을 도와준다.

여름은 짧지만 이런 기간 동안 태양은 거의 24시간 일몰이 없다. 이로 인해 식물은 계속해서 광합성을 할 수 있다. 여름의 짧은 성장기 동안 많은 양의 광합성 유기물이 생성되고 저장된다. 이러한 유기물질이 축적되어 소비자의 먹이가 된다.

소형 설치류인 나그네쥐는 눈구덩이를 파서 여름 동안 축적된 식물성 먹이를 섭취하기 때문에 황폐된 환경에서도 성장한다. 나그네쥐는 눈 올빼미, 여우, 늑대 등과 같은 보다 상위 단계 소비자의 먹이가 된다. <그림 13.1>을 보라.

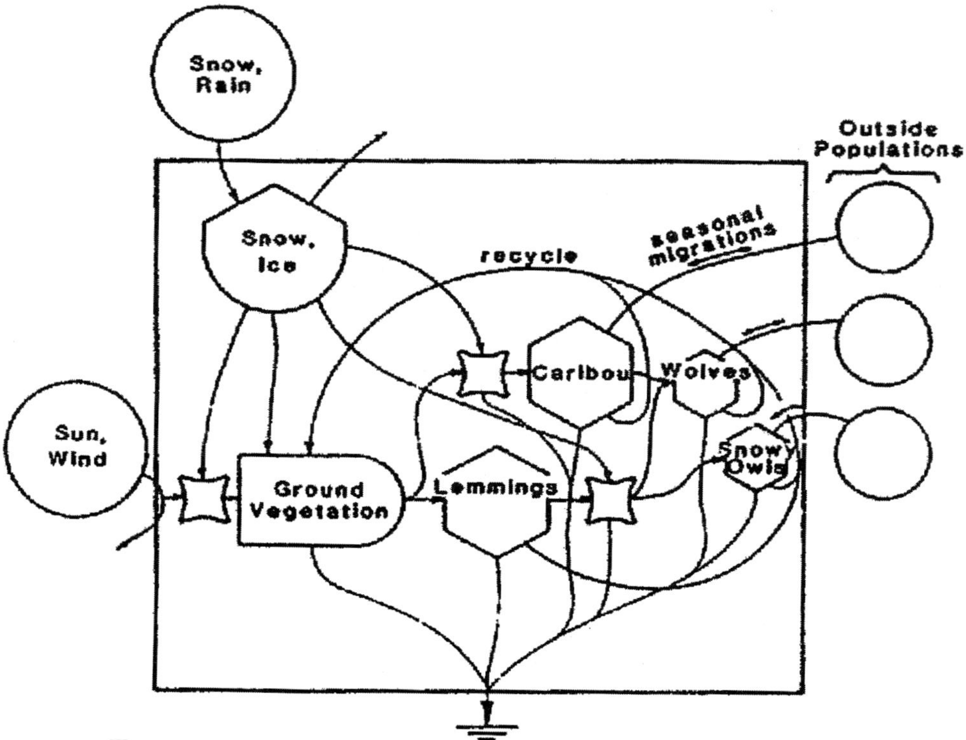

그림 13.1. 툰드라 생태계. 눈으로 덮이면 식생이 태양, 순록이 식생, 육식동물이 나그네쥐에게 접근하는 것을 차단하는 스위치 작용을 한다.

눈이 지표 식물을 덮어 버리기 전에 순록이 남쪽으로 이동하고 그 뒤를 늑대가 따라간다. 눈 올빼미와 대부분의 다른 조류 또한 이동한다. 먹이가 부족한 해는 포식자인 육식동물이 훨씬 더 남쪽으로 이동한다.

이러한 생태계는 제8장에서 설명한 반복진동 현상을 나타낸다. 식생이 증가하면, 나그네쥐의 개체수도 따라서 증가한다. 나그네쥐의 개체수가 증가함에 따라 그것을 먹는 소비자 또한 늘어난다. 그다음 먹이가 감소함에 따라 나그네쥐의 개체수 또한 급격히 감소한다. 포식자인 육식동물의 개체수가 이미 늘어나 있으므로 나그네쥐는 더 빠른 속도로 감소한다. 나그네쥐의 개체수가 줄어들면 남은 나그네쥐가 섭취할 수 있는 먹이의 양은 늘어나고, 개체수는 다시 증가한다. 이러한 순환을 하는데 대개 7～10년 정도 걸린다.

13.3 타이가(침엽수림)

툰드라의 남쪽에는 냉대림이 발견된다. 이 지역은 툰드라 지역보다 여름이 길고, 더 많은 동식물 종이 존재한다. 툰드라에는 생산자로서 키 작은 식물만이 자라지만 타이가 지역은 상록수림이 자란다. 상록 침엽수림은 이 지역의 환경에 적응하여 온도가 빙점 이하로 떨어져도 계속 광합성을 한다. 상록 침엽수림에는 덩치가 더 큰 동물의 군집이 유지된다. 토끼, 사슴, 고라니, 설치류 등이 숲에서 생산되는 것을 이용하여 많은 개체수를 유지할 수 있다. 이러한 동물들은 다양한 육식동물의 먹이가 된다. 이들 지역에는 스라소니, 퓨마, 늑대, 곰, 여러 종류의 매와 독수리가 출현한다. 수천 년 전 빙하기가 쇠퇴하면서 침엽수림 내의 저지대에는 수많은 호소가 산재한다. 이러한 호소의 수초는 여름에 이곳으로 날아드는 물새 떼의 서식처로서 매우 중요하다. 이곳 호소는 말코손바닥사슴과 같은 가장 큰 덩치의 소비자에게도 먹이를 공급한다.

남반구의 냉대림도 주로 상록수림이며 북반구의 타이가와 유사하다. 여기에는 북반구의 가문비나무나 소나무 숲 대신에 잎이 작은 너도밤나무 숲이 형성된다.

13.4 고산 생태계

고산의 정상은 대개 결빙지역이며, 그 아래에는 고산 툰드라가 발견된다. **수목 한계선**이 고산 툰드라 아래에 위치하며 이 지역에는 침엽수림과 유사한 숲이 형성된다. 고산지대의 결빙지역, 툰드라 다음 수목 한계선 아래의 첫 번째 숲은 극 지역 생태계와 유사하지만, 매우 중요한 차이점이 있다. 기온은 매우 낮지만, 낮과 밤이 극 지역만큼 길지 않다. 이러한 고산 생태계는 극 지역과 비교할 때 일반적으로 여름이 길고 양극단의 기온 차이가 작다. 수목 한계선 위쪽의 식생은 키가 작으며 밤에는 얼고 낮에는 녹는 환경에 잘 적응하고 있다. 열대 고산지역의 수목 한계선 위쪽에는 넓은 잎의 아름다운 식물지대가 형성되는데 이 지대를 **파라모**라 부른다.

연습문제

1. 다음 용어들을 정의하라.
    a. 극 지역
    b. 타이가
    c. 툰드라
    d. 영구 동토층
    e. 수목 한계선
2. 네 가지 종류의 냉대 생물권을 제시하고 각 생물권에 대하여 기후와 생물 군집의 관점에 설명하라.
3. 툰드라의 생산과 소비 형태에 대하여 설명하라.
4. 이 장에서 공부한 냉대 생물권 중에서 하나를 선택하여 에너지 다이어그램을 그려보라.

제14장 온대림

‖ 학습 목표 ‖

1. 온대 활엽수림, 떡갈나무 숲, 아열대 상록수림, 온대우림 지역의 기후
2. 온대림의 지리적 위치
3. 온대림의 주요 식물
4. 온대림의 주요 동물
5. 온대림에서 산불의 역할을 나타내는 에너지 다이어그램
6. 산불에 의한 극상을 포함한 숲의 천이

온대림

중위도 지역에는 여러 종류의 숲이 형성되며 적절한 강수량이 있는 지역을 **온대림 지역**이라 한다. 온대림은 **활엽수나 상록수**로 형성된다. 강우량과 그 지역의 기후에 따라 숲의 형태가 결정된다.

14.1 온대 활엽수림

온대 활엽수림은 추운 겨울과 함께 나무가 성장할 수 있는 여름이 긴 지역에서 발달한다. 이 지역은 사계절이 뚜렷하다. 이곳에서 발견되는 식물과 동물은 계절 변화에 적응되어 있다. 활엽수림에 우점하는 식물은 매년 가을에 낙엽이 진다. 활엽수림 지대에는 잎이 넓은 여러 형태의 수목뿐만 아니라 관목, 초본, 묘목과 같은 키 작은 다양한 식물도 자란다. <그림 14.1>을 참고하라.

활엽수림은 여름에 잎, 과일, 열매와 종자 등을 풍부하게 생산하여 여러 종류의 동물에게 먹이를 제공한다. 가을이 되어 낮의 시간이 점점 짧아지고 온도가 떨어지면 활엽수의 잎은 색깔이 변한다. 이러한 잎의 색깔 변화는 식물이 잎으로부터 클로로필을 재흡수하기 때문에 발생하며 잎은 결국 붉게, 노랗게 또는 오렌지 색으로 변한다. 떨어진 낙엽은 겨울 동안

눈 속에서 퇴비가 되고 나무는 벌거벗은 체 서 있게 된다. 대부분 새는 따뜻한 기후를 따라 이동한다. 많은 소형 동물은 **동면**하고 그렇지 않은 동물은 추위를 견디기 위해 두꺼운 털가죽이 발달한다. 봄이 다가오면 숲은 길어지는 낮의 시간과 온화한 기후에 따라 반응한다. 나무는 새로운 잎과 꽃을 피우기 위하여 지난여름에 저장했던 영양염을 사용한다. 철새는 보금자리로 돌아오고 곤충은 활기를 띠며 개체수가 급격히 증가한다.

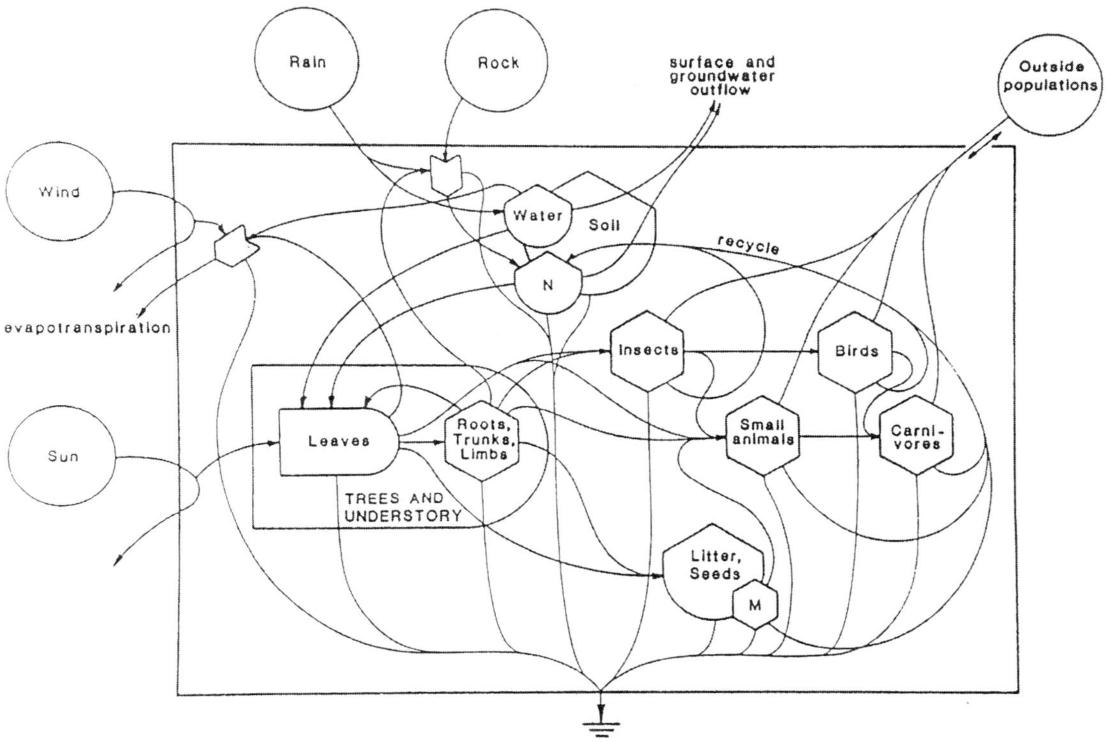

그림 14.1. 활엽수림 생태계. 가을에는 낙엽이 지고, 봄에는 잎이 재성장하는 계절 변화에 생물은 지배된다. M, 미생물; N, 영양염.

연간 평균 강우량이 75~150cm이고 연중 강우량이 고루 분포되는 지역에서 온대 활엽수림은 형성된다. 이러한 강우 분포는 유기물이 분해되어 영양염이 점점 토양에 환원되도록 한다. <그림 14.1>과 같이 뿌리는 암석을 잘게 파괴하여 토양입자를 형성한다. 온대 활엽수림의 토양은 잎이 분해될 때 형성되는 **부식** 물질을 많이 포함하고 있다. 갈색의 부식토는 인류에게 훌륭한 정착지를 제공한다. 미국 동부의 많은 지역이 한때 활엽수림으로 덮여 있었으나, 지금은 농경지와 도시로 변화하였다. 활엽수림은 유럽 전역과 아시아, 오스트레일리아 일부에서도 발견된다.

활엽수림의 나무에 형성된 **나이테**를 통하여 계절별 광합성 속도의 차이를 알 수 있다. 활엽수는 봄과 여름 동안에는 빛을 최대한 사용하고, 겨울 동안에는 뿌리와 지하 줄기에 양분을 저장하고, 물을 보존한다. 활엽수는 단계적으로 층을 이루면서 자란다. 너도밤나무, 단풍나무, 참나무, 호두나무 등은 일반적으로 활엽수림의 **지붕**을 형성한다. 먼저 자란 나무의 그늘에서도 이들 우점종은 키가 더 크게 자랄 수 있으며 결국 우점종의 천막을 형성한다. 그 아래층에는 층층나무와 같이 키 작은 나무와 관목이 다양하게 자란다. 바닥층에는 양치류, 이끼류, 풀, 묘목 등이 자란다.

활엽수림의 동물은 온도와 먹이 공급의 계절 변화에 잘 적응한다. 활엽수는 많은 잎과 싹, 종자 등을 제공하기 때문에 다량의 초식동물이 서식하게 된다. 북방 활엽수림에서 발견되는 일반적인 포유동물에는 사슴, 다람쥐, 얼룩다람쥐, 쥐, 주머니쥐, 여우, 너구리 등이 있다. 인간이 간섭하기 전에는 살쾡이, 흑색 곰, 늑대도 있었다. 다양한 곤충과 거미류 또한 많이 발견된다.

14.2 떡갈나무 숲

떡갈나무 숲과 같은 온대 관목지대는 대륙 서부의 중위도 지역에서 발달한다. 이 지역의 기후는 겨울에는 비가 오고 여름에는 건조한 것이 특징이다. 이런 형태의 기후는 지중해와 캘리포니아 연안, 남미, 오스트레일리아 등에서 발견된다.

매년 여름에 특징적으로 건조기가 길게 이어지기 때문에 화재가 일어나기 쉬운 지역이 된다. 화재는 불이 난 후 즉시 다시 자랄 수 있는 종을 선택한다. 이런 지역에서 발견되는 나무는 가죽처럼 질긴 잎을 가지고 있으며, 키는 대개 5m보다 작다. 캘리포니아 숲에서는 관목과 키 큰 나무가 동시에 자란다. 유칼립투스는 오스트레일리아의 떡갈나무 숲이 원산지이다. 나무와 초본은 여름에 수분손실을 최소화하도록 적응한다.

떡갈나무 숲에서 발견되는 많은 동물은 겨울과 우기 동안에만 이주해 와서 서식한다. 이 지역에서 발견되는 대부분 동물은 색이 선명하지 않고 주위 색과 잘 어울리는 갈색의 보호색을 가지고 있다. 산토끼, 나무 쥐, 여러 종류의 도마뱀은 떡갈나무 숲과 같이 키 작은 나무의 숲에서 거의 영구적으로 서식한다.

14.3 아열대 상록수림

북아메리카 대륙의 동쪽 연안인 플로리다와 같은 아열대 지역에는 간헐적으로 나타나는 긴 건기와 두 번씩의 우기가 있다. 이 지역은 복잡하고 다양성이 높은 숲이 형성된다. 참나무와 같은 상록수는 부정기적으로 나타나는 장기간의 건기에 적응하기 위해 수분을 저장할 수 있도록 잎이 소형이다. 일부 나무는 활엽수이다.

아열대 상록수림에는 최상층에서 바닥까지 여러 층의 식물이 자란다. 천막 역할을 하는 키 큰 나무의 잎은 밝은 빛에 적응되어 폭이 좁고 굵어 무게가 나가지만, 그늘진 곳의 키 작은 관목의 잎은 넓고 얇다. 층층나무와 같은 종은 항상 아래층을 점유하고 있다. 나무나 다른 식물에 부착하여 성장하는 **착생식물**도 있다. 이끼류, 지의류, 난초류가 여기에 속한다.

아열대 상록수림에는 봄에도 가을만큼 낙엽이 발생한다. 낙엽이 쌓여 만들어진 잔해는 유기물 저장고 역할을 하며, 이 잔해 속에는 종자가 포함되어 있어 공간이 생기면 싹을 트게 하여 숲을 복원시킨다. 하루에 단위 ㎡당 2g 정도의 일정한 낙엽이 발생하며 낙엽 외에 오래된 줄기, 가지, 곁가지로부터 죽은 토막이 계속 떨어진다. 동물과 미생물의 복잡한 시스템은 바닥에 떨어져 쌓인 생체량을 재순환시키는 역할을 한다.

숲속에는 초식 곤충, 수액을 빨아먹는 곤충, 육식 곤충, 꽃가루의 수분작용을 도와주는 벌, 유기 쇄설물을 먹거나 잘게 부수는 개미와 같은 분해자를 포함하여 복잡한 곤충의 먹이 연결망이 존재한다. 새는 곤충의 개체수를 조절하고 쥐나 다람쥐가 하는 것처럼 씨앗을 운반하기도 한다.

곤충은 종류에 따라 먹는 식물이 다르며, 같은 식물도 각기 다른 부분을 먹이로 한다. 곤충은 과잉으로 자라는 식물을 섭취하여 본래의 모습으로 회복시키는 역할에 잘 적응되어 있다. 식물이 과잉으로 성장하면 그 식물 종이 다른 종과 일정한 균형을 이룰 때까지 소비자인 곤충 또는 병원성 미생물이 증가한다. 대부분 곤충과 병원성 미생물은 특정 종에 대하여 선택적으로 반응하기 때문에 식물 종이 정상적인 밀도로 돌아오면 곤충과 미생물의 수는 다시 감소한다. 생물 다양성이 높은 숲에서는 한 종의 나무가 질병과 곤충의 침입으로 인해 사라져도 그 생태계는 파괴되지 않는다. 숲을 벌목하고 나면 반드시 천이가 시작된다. 이러한 현상은 제8장에서 시뮬레이션한 반복진동의 한 예이다.

14.4 온대우림

대륙 서쪽의 산맥으로 해양에서 편서풍과 해풍이 부는 곳에는 온대우림이 형성된다. 이 지역은 강우량이 많고 해풍에 의해 기온이 온난하다. 그러나 건조한 대륙성 기단이 출현하는 여름에는 식물의 증산이 증가한다. 온대우림에는 거목이 자란다. 수목의 표면에는 습기에 따라 이끼나 기타 넝쿨 식생이 부착하여 자란다. 이런 숲의 예는 시애틀이나 워싱턴 부근의 온대우림에서 찾을 수 있다. 기타 온대우림은 뉴질랜드, 브리티시 컬럼비아, 칠레의 서안을 따라 발견된다.

14.5 숲의 천이

숲의 천이는 씨앗의 출처나 동물이 가까이 존재하여 이들에 의한 교란이 발생한 후 발달하는 연속적인 단계이다. 초기 조건이 황무지라면, 천이는 토양의 축적 단계, 생물 개체수의 증가 단계, 성숙한 생태계에서 발견되는 특성의 발전 단계로 구성된다. 성숙한 생태계의 특징은 높은 다양성, 영양염의 재순환, 토양 유기물질의 축적, 햇빛과 기타 자원 대부분을 이용하는 식물과 동물을 들 수 있다. 그 지역의 특성에 알맞게 성숙한 생태계를 **극상**이라 한다.

적당한 강우량이 있는 온대 지역서는 새로운 땅이 개간되어 방치되면 빠르게 성장하는 풀과 잔디와 같은 잡초로부터 천이가 시작된다. 잡초는 높은 순 생산량을 가지는 대신 수명이 짧은 특성이 있다. 잡초는 초기에 빠르게 지표를 덮어 태양, 비, 영양염을 흡수한 후 사멸하여 토양에 유기물질을 축적한다. 1년 또는 2년 안에 초기의 잡초는 싸리나무와 딸기덩굴과 같은 다년생 풀과 관목 식물로 교체된다.

근처에서 소나무 씨앗이 쉽게 유입된다면, 수년 내에 크게 자라서 그늘을 만들기 때문에 초목 식생은 사라진다. 소나무의 종류는 그 지역의 토양과 습도에 따라 다르다. 소나무 숲이 우거져 많은 그림자가 생김에 따라 이런 환경에서 자라는 관목 종자가 유입된다.

산불에 의한 극상

번개에 의해서 또는 인위적으로 산불이 발생한다. 대부분 어느 정도 자란 소나무는 두꺼운 껍질을 가지고 있고, 어린 종자와 묘목도 가늘고 긴 침엽 때문에 화재에 내구성이 있다. 식생이 그렇게 건조하지 않아서 불이 아주 천천히 지표면을 따라 이동할 정도로 약하면 불에 민감한 얇은 껍질을 가진 관목의 묘목이 제거된다.

길지 않은 기간에 주기적으로 불이 발생하면 불에 타지 않는 소나무 숲의 생태계가 형성된다. 떨어진 침엽의 잔재는 가연성이 강하기 때문에 소나무 숲에 불이 쉽게 일어난다. 이러한 상태의 소나무 숲을 **산불에 의한 극상**이라 한다. 하부의 관목이 탈 때 인과 칼륨은 토양으로 방출하지만, 질소는 가스 상태로 날아간다. 토양에 이러한 질소를 공급하기 위하여 산불에 의한 극상이 안정되지 못한 숲속에는 질소를 고정하는 풀과 관목이 형성된다.

산불이 십 년 또는 이십 년 동안 발생하지 않으면 관목과 묘목으로 구성된 하부의 잡목이 매우 빽빽하게 자란다. 이런 상태에서 건조한 바람이 부는 기간에 불이 붙으면 잡목뿐 아니라 소나무까지 태우는 매우 파괴적인 대형 화재가 일어난다. 대기오염 규제 때문에 습기가 많은 시기나 무풍 시기에도 계획적인 방화가 힘들게 되었다. 지금까지 주기적인 방화로 피해를 막아 왔지만, 파괴적인 대형 화재가 발생하면 지역의 모든 나무를 태워버릴 수 있다.

극상

오랫동안 산불이 발생하지 않을 때 습윤 토양으로 된 저지대 같은 곳에서는 여러 종류의 관목이 소나무보다 높게 자라기 시작한다. 이런 응달진 조건에서 소나무는 번식하지 않는다. 그 결과 복잡하고 다양성이 높은 숲이 출현한다. 이러한 숲은 습기가 차 있으므로 불을 억제할 수 있는 **미기후**를 유지한다. 관목과 같은 종이 자라기에 적당하도록 응달진 조건이 유지되며 자체적으로 계속해서 번식할 것이다. 이 또한 하나의 극상이다.

나무가 쓰러져 여유 공간이 생기고, 태풍과 같은 자연적 피해가 발생하거나 숲이 인간에 의해 벌목되면 숲이 천이를 반복하면서 잡초나 외래종을 유용하게 이용한다. 기후와 토양에 따라 각기 다른 천이단계가 나타난다. 온대 지역에서는 활엽수림, 아열대 상록수림, 온대우림이 극상의 숲을 형성한다. 떡갈나무 숲과 소나무는 산불에 의하여 극상을 이루는 숲이다.

연습문제

1. 다음 용어들을 정의하라.

    a. 활엽수

    b. 숲의 천막(canopy)

    c. 관목

    d. 동면

    e. 부식 물질

    f. 숲의 계층

    g. 온대

    h. 온대 떡갈나무 숲

    I. 아열대 상록수림

    j. 산불에 의한 극상

    k. 화재에 대한 내구성

    l. 나이테

    m. 착생식물

2. 온대 활엽수림, 떡갈나무 숲, 아열대 상록수림, 온대우림의 기후를 각각 비교하라.
3. 온대 활엽수림과 떡갈나무 숲에 서식하는 식물의 종류를 나열하라.
4. 온대 활엽수림의 나이테와 동물의 계절별 유형을 기후변화에 따라 설명하라.
5. 떡갈나무 숲과 아극상의 소나무 숲의 식생에 화재가 미치는 영향을 설명하시오.
6. 일반적으로 어떤 숲이 가장 좋은 토양인지, 아닌지를 설명하고, 기후가 토양의 질을 결정하는데 어떻게 도움을 주는지 설명하라.
7. 집에서 가장 가까운 숲이 어떤 종류인지를 구분하라. 이장에 있는 것이 아니라면 이 중의 하나로부터 얼마나 멀리 그리고 어떤 방향으로 가야만 존재하는지 설명하라.
8. 당신의 고장에서 천이의 단계를 관찰하라. 주변 여행을 통하여 다른 단계의 천이과정을 관찰해보라.

제15장 초원과 사막 생물권

학습 목표

1. 초원 생태계의 증발산 작용과 강우
2. 사막의 필요조건
3. 사막과 초원의 지구상 위치
4. 토양 형성과 빙결
5. 초원 성장과 주기적인 화재
6. 긴 목초 초원, 덤불 숲 초원, 짧은 목초 초원
7. 온대 지역과 아열대 지역의 사막
8. 가시나무 숲이 사막으로 천이가 일어나는 과정

북반구에서는 온대림 남쪽에 사막과 초원이 위치한다. 사막과 초원지대는 **증발산량**이 강우량과 비슷한 기후 특성을 가진다. 토양은 대개 건조하며 상류로부터 유출이 거의 없으므로 물이 부족하여 숲이 형성되기 어렵다.

15.1 온대 초원

편서풍과 사이클론 폭풍이 나타나는 위도에서는 대륙의 서쪽 해안에서 동쪽으로 이동함에 따라 강우가 줄고, 숲 대신에 초원이 나타난다. 원래 이곳은 아메리카들소나 영양과 같이 풀을 뜯어 먹는 초식동물이 큰 무리를 지어 서식하였다. 초원 생태계는 <그림 15.1>과 같다.

빙하기 말기에 풀이 자라는데 필요한 많은 토양이 형성되었다. 빙하가 성장함에 따라 전방에 있는 많은 양의 토양이 솟아오르게 되었다. 빙하의 표면과 주위 공기의 온도 차이로 인해 강한 바람이 발생하여 토양을 이동시켰다. 바람에 날린 황토에 의해 대평원에는 두꺼운 토양층이 형성되었고 이러한 황토의 축적이 초원을 형성하였다.

초원 생태계는 주기적인 화재 때문에 부분적으로 그 특성이 결정된다. <그림 15.1>은 화재가 발생하기 위한 두 가지 스위치 기능을 보여주고 있다. 첫 번째는 성장한 후 건조되어 죽은 유기물의 축적이고 두 번째는 불이 발생하기 위한 번개이다.

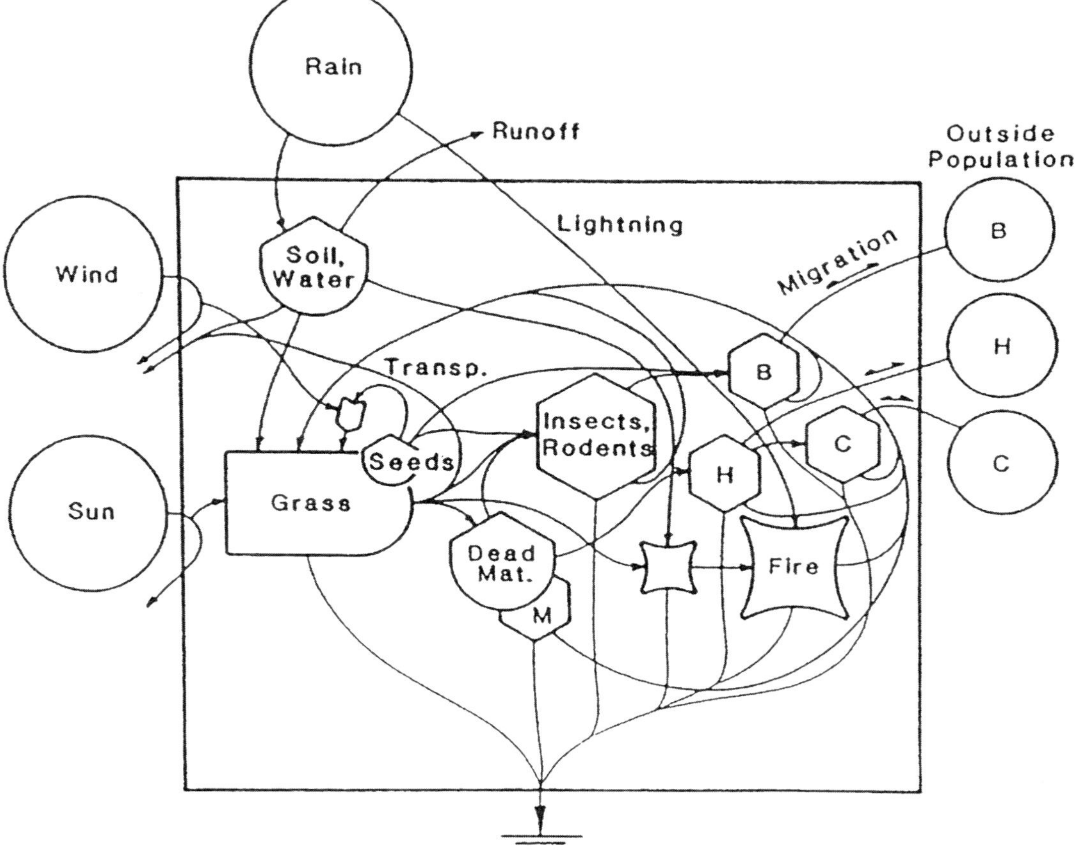

그림 15.1. 초원 생태계. H = 아메리카들소와 같은 대형 초식동물의 무리; M = 미생물 분해자; B = 독수리를 포함한 철새; C = 코요테나 늑대와 같은 육식동물.

겨울 동안에 내린 눈이 봄에는 녹기 때문에 이 물을 이용하여 풀들이 푸르게 자란다. 그러나 이 기간을 제외한 나머지 기간에는 물을 쉽게 이용할 수 없다. 여름을 거치면서 키 큰 풀잎은 시들어 죽은 유기물이 되므로 바람이 불 때 쉽게 발화된다. 초원을 태우는 화재로 인해 남은 재는 토양에 영양염을 공급하고, 이 영양염은 다음 봄에 풀이 성장할 때 이용된다. 주기적으로 발생하는 화재는 초원이 형성되는데 유리한 환경을 만들어준다. 풀의 성장기관은 지표 아래에 있으므로 불에 의해 죽지 않는다. 나무나 관목과 같은 다른 식생은 물 부족이나 화재에 의해 살아남을 수 없으므로 화재는 초원 생태계를 유지할 수 있다.

성장조건이 최적인 곳에는 **키 큰 초본의 대초원**이 발달한다. 대초원의 식생들은 밀집한 그물 조직의 뿌리를 토양 속으로 내리기 때문에 이탄 질로 된 두꺼운 겉흙층을 형성한다. 빙하로부터 형성된 심층 황토와 목초 뿌리로부터 생성된 이탄 질이 결합하여 경작에 필요한 비옥한 토양을 형성한다. 미국의 대평원은 이러한 축적의 대표적인 예이다. 이 평원은 풍부한 작물의 성장이 가능하므로 '세계의 곡창지대'라고 불린다. 토양이 이렇게 비옥하므로 현재 미국에서는 초원이 점차 파괴되고 있다. 미 대륙에 원래 있던 대부분 초원이 개간되었기 때문에 초원 생태계가 완전히 상실되지 않도록 남아 있는 일부 자연 초원을 국립공원으로 지정하여 운영하고 있다.

비록 초원이 일반인에게 단순하게 보일지 몰라도 실제는 그렇지 않다. 경작지로 개간되기 이전의 초원은 대규모의 초식동물에게 먹이를 계속 공급하였다. 초식동물의 배설물은 토양을 비옥하게 만들고, 초원에서 서식하는 동물의 다양성을 발전시켰다. 이곳에 서식하는 대부분의 소형 동물은 상대적으로 연중 기후 조건이 안정한 지하에서 잘 적응하여 생활하였다.

대륙의 서쪽은 **덤불 숲 초원** 또는 나무가 자라지 않는 초원이 주로 분포하고 있다. 이 지역은 상대적으로 황폐한 지역과 떨어져 덤불의 초원을 형성하고 있다. 각각의 덤불 초원은 자체의 생산자, 소비자, 분해자, 영양염 순환에 의한 작은 미소 생태계를 형성하고 있다. 대부분의 덤불 숲은 백 년 이상 오래되었고, 습윤한 바람이 불 때 이슬을 형성한다.

또 다른 형태의 초원 생태계로서 **키 작은 초본의 평원**이 있다. 이러한 초본 평원은 연평균 강우가 50㎝ 이하인 지역으로 고도가 더 높고 기온이 낮은 지역에 나타난다. 이 지역의 초본은 균일하게 분포되는 경향이 있다.

15.2 사막

강우량이 너무 적어서 풀이 자랄 수 없는 지역에는 사막 생태계가 발달한다. **사막**은 강우 형태, 온도, 지질(바위, 모래, 화산재 등)에 따라서 다양한 형태가 있다.

온대성 위도의 사막은 수분의 근원인 해양으로부터 멀리 떨어진 곳에 형성된다. 온대 지역의 사막은 겨울에는 추워서 동결되지만, 여름에는 덥고 건조하다. 식생은 군락형태로 나타나는데 이것은 소량의 수분이라도 보존하기 위하여 환경에 다양한 방법으로 적응한 것이다. 선인장 같은 대부분의 사막 식물은 포식자인 동물에게 먹히지 않기 위하여 가시로 덮인 통통한 줄기 안에 물을 저장하고, 다른 종류는 잎은 없고 줄기에 클로로필을 농축한다. 이렇게 함으로써 건조한 바람에 노출되는 표면적을 줄여 수분손실을 막는다.

그 외의 식물은 연중 생존하기 힘든 혹독한 환경에 노출을 억제하여 번식하는 방법으로 진화하였다. 드물지만 비가 내릴 때면 꽃은 재빨리 성장하여 종자를 맺고 죽는다. 그리고 다음에 비가 와서 꽃이 피는 순환이 시작될 때까지 씨앗은 널리 분산된다. 회절 초는 실제로 죽은 식물의 줄기이다. 바람에 따라 굴러다니면서 씨앗이 줄기로부터 터져 나온다. 이러한 현상은 더 넓은 지역으로 씨앗을 분산시킴으로써 씨앗이 비를 만날 기회가 증가한다.

동물 또한 사막의 혹독한 환경 속에서 살아남기 위해 같은 방법을 사용한다. 사막에 비가 내리면 일시적인 연못이 형성된다. brine shrimp라고 불리는 작은 갑각류가 이들 연못에서 재빠르게 나타난다. 이 새우는 함몰지역에 오랫동안 축적된 유기물을 먹고 급속히 성장한다. 이러한 작은 새우는 주변이 마르기 전에 성장 교배하여 알을 산란한다. 알은 건조한 환경에 강하고, 다시 물에 노출되어 부화・산란하기 전까지 수년간 방치된다. 이 새우 알은 매우 가벼워서 바람에 의해 날아가기 쉽다. 이런 특성은 개체수의 분산을 돕는다. 일부 사막에는 brine shrimp의 알이 함몰된 지역이나 벽면 지형에 모인다. 모인 알은 사람에 의해 채취되어 수족관의 사료로 사용된다. 물속에 알을 그냥 넣어 두기만 하면 저절로 부화하여 즉석 먹이원으로 공급된다.

아열대 지역의 사막은 더 뜨겁고, 건조하여, 식물이 거의 존재하지 않는다. 그러나 그곳에서도 여전히 생명체가 존재한다. 토양에 사는 조류는 모래의 틈 사이에 산다; 작은 곤충은 이 조류를 먹고, 전체 먹이연쇄를 유지한다. 아프리카 사하라 사막에서 먹이연쇄의 최고 포식자는 보통의 쥐보다 크지 않은 두더지 같은 작은 포유동물이다. 이 두더지는 모래 속에 굴을 파서 곤충을 잡아먹고 수분과 영양분 등 모든 것을 얻는다. 사막의 일부 지역에는 깊은 곳에 고여 있는 물이 지표로 분출되어 **오아시스**를 형성한다. 이러한 오아시스는 사막 한가운데에 울창한 식생을 형성하고 있다. 오아시스는 너무 멀리 산재하기 때문에 각각의 오아시스를 구성하고 있는 식물과 동물의 종이 서로 다르다.

사막은 여러 가지의 형상을 하고 있다. 바람이 주로 불어오는 쪽은 모래가 실려 날아가 버린다. 이런 경우의 사막을 벌거벗은 바위 외에는 아무것도 없으며, 토양이 없으므로 생물이 거의 살 수 없다. 반대쪽의 사막은 모래가 퇴적되어 대형 모래 언덕이 형성된다. 여기서는 식물이 모래 속에 곧바로 묻히기 때문에 대형 식물이 그렇게 많지 않다.

15.3 가시나무 숲

강우량은 적지만 주기적으로 비가 오고, 초식동물이 서식하는 곳에는 **가시나무 숲**이 발달한다. 초식동물의 존재는 식용 가능한 식물을 잘라 먹어 성장할 수 없도록 억제하기 때문에 자연적으로 가시나무만 자라게 하는 선택작용을 한다. 이러한 작용으로 인해 가시가 있어 먹을 수 없는 식물이 우점종이 된다. 염소를 과밀 사육하는 지역에서 이러한 현상이 증가하고 있다. 과밀사육으로 인해 생태계의 총체적인 생산이 감소하므로 이것이 올바른 토지 이용인지, 아닌지는 미해결 문제이다.

연습문제

1. 다음의 용어를 정의하라.
   a. 증발산
   b. 황토
   c. 온대 초원
   d. 덤불 숲 초원
   e. 오아시스
   f. 사막
   g. 가시나무숲
2. 사막의 발달에 필요한 조건을 설명하라.
3. 빙하는 어떻게 대평원을 비옥하게 만드는가?
4. 화재는 초원 유지에 어떤 역할을 하는가?
5. 덤불 숲 초원과 키 작은 목초 초원을 구별하라.
6. 온대 지역의 사막과 아열대 지역의 사막은 어떻게 다른가?
7. 섬에 방목된 가축에 의하여 왜 가시나무 숲이 형성되는지 설명하라.

제16장 열대 생물권

학습 목표

1. 지구상의 열대 생물권의 위치
2. 열대우림, 열대운림, 몬순림, 열대 사바나 지역의 기후
3. 열대우림의 기후 조건과 동식물
4. 몬순림과 열대 사바나에서 동식물의 적응

열대 생태계는 적도에서 남북으로 22도 이내의 저위도에 위치한다. 대부분의 열대 지역에서 가장 우점하는 생태계는 열대림과 사바나이다.

16.1 열대우림

열대우림은 남아메리카의 아마존 유역, 동인도, 서아프리카의 콩고 유역 등의 저지대에서 광범위하게 발생한다. 이 지역의 기후는 연중 덥고 습기가 많다. 강우는 매월 7㎝ 이상이며 온도 변화가 작다. 이처럼 일정한 기후를 유지하는 지구의 생물권을 다른 곳에서는 찾을 수 없다.

열대우림 생태계의 여러 특징이 <그림 16.1>에 나타나 있다. 풍부한 식생이 우림의 토지를 덮고 있다. 키 큰 나무 아래에는 그늘에서도 자랄 수 있는 키 작은 나무가 있으며, 그 아래에는 음지에서 자라는 풀과 묘목이 존재한다. 그리고 나뭇가지 안팎으로 서로 엉켜있는 덩굴 식물이 있다. 나무의 가지와 덩굴 식물에는 착생식물이 부착하고 있으며, 이들은 나무에서 떨어지는 물을 이용하여 영양분을 섭취한다. 열대우림의 착생식물에는 난초, 브로멜리아드(bromeliad), 양치류 등이 있다. 사철 푸른 잎의 나무가 빽빽한 층을 이루어 태양광을 대부분 흡수하므로 숲의 바닥층에 자라는 식물은 거의 생존할 수 없다. 일반적으로 바닥식물은 흩어져 있지 않고, 강을 따라서 혹은 벌목지점의 가장자리에서 무성하게 자라 식물

의 벽을 형성하면서 지표면으로 뻗어있다.

수분을 함유한 토양 속에는 육중한 나무를 지탱하도록 복잡하게 얽혀 있는 뿌리와 거대한 줄기가 형성되어 있는데 숲이 생산한 것의 대부분이 여기에 이용된다. 나뭇잎이 떨어지자마자 높은 온도에서 많은 종류의 곤충, 곰팡이, 박테리아 등에 의해 빨리 분해된다. 바닥에는 언제나 얇은 층의 식물 잔해가 존재한다.

키 큰 나무의 지붕에서 생활하는 동물은 다양하다. 뱀, 나무 개구리, 나무 도마뱀 등과 많은 수의 곤충, 새, 포유동물이 나무 위에서 생활하고 있다. 열대우림은 흑단, 마호가니, 자단 등과 같은 경제성이 있고 아름다운 단단한 목재를 생산한다. 고무, 코코아, curare(근육 이완제와 화살촉의 독으로 사용하는 추출액) 등과 같은 여러 종류의 유용한 물질을 생산한다.

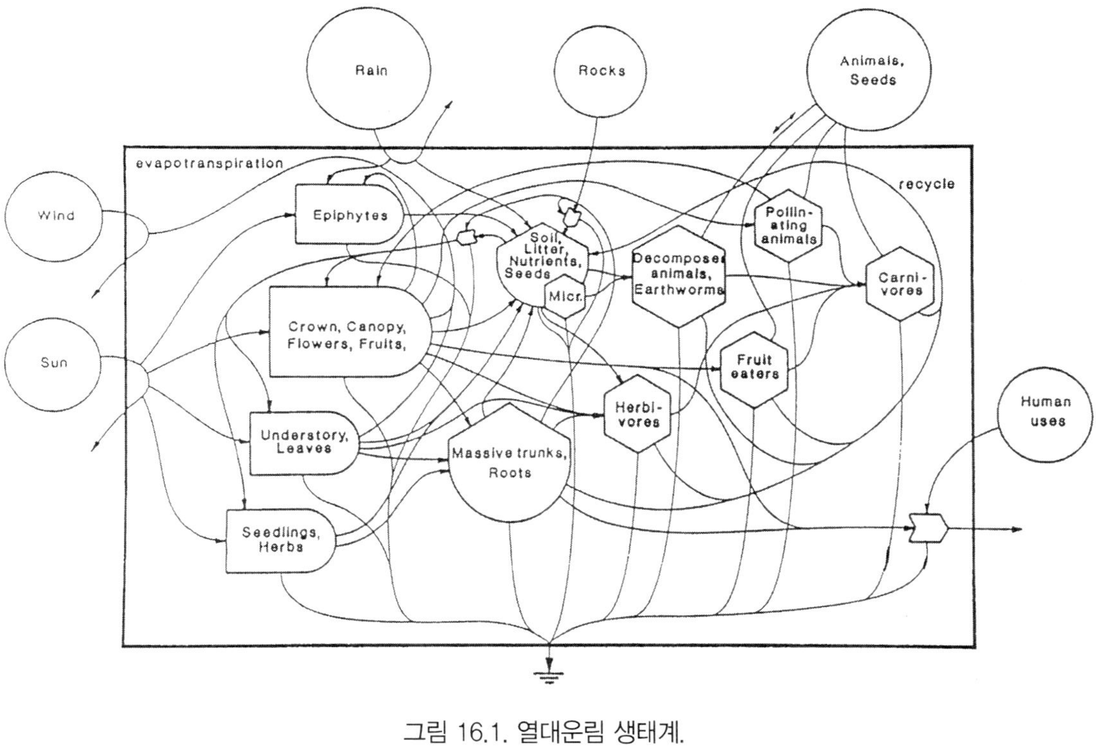

그림 16.1. 열대우림 생태계.

열대우림은 인간사회에서 아직 이용된 적이 없는 유용한 유전인자를 가지고 있는 지구상의 가장 큰 유전자 저장소이다. 열대 지역의 인구수가 급속히 증가하면서 열대우림이 급속히 감소하고 있다. 열대우림에서 생존하는 대부분 생물은 다른 종들과 복잡하게 연결되어 있어, 분리되면 살아날 수 없다. 생물의 서식처가 제거되면 이곳 생물은 소멸할 것이다. 만약, 수백만 년 동안에 이루어 놓은 자연의 생명을 우리가 파괴한다면 우리의 미래는 어떻게 되겠는가?

생물 종의 주요 분류군은 <그림 16.1>과 같으며 여기서 각 부분은 수백 종의 생물을 나타낸다. <그림 16.1>에서 다음의 몇 가지 경로에 대하여 주의 깊게 관찰해보자. 비는 토양에 흡수되기 전에 키 큰 나무의 착생식물에 먼저 내리게 된다. 벌과 새는 수분작용을 좌우하고 박쥐, 큰부리새, 앵무새 등은 종자의 확산을 좌우한다. 동물에 의하여 확산한 종자는 작은 묘목이 되어 키 작은 관목이 되고, 다시 자라서 키 큰 나무가 된다. 동물은 뿌리에 의하여 흡수될 영양물질을 재순환시키는 분해과정을 돕는다.

16.2 열대운림

열대 지역의 산에서 구름이 형성되는 높이(약 1000 ~ 1500m)까지 올라가면, 습도는 상대습도 100%까지 증가하며, 증발산은 최소화된다. 이러한 산의 숲을 **열대운림**이라 한다. 이 지역에서의 숲은 키가 작고, 강수량이 그리 많지 않지만, 습기가 많으며 착생식물도 많이 자라고 있다. 증발산이 거의 일어나지 않기 때문에 강수량의 90%가 유출되어 아래에서 사는 생물 군집이 유용하게 이용한다. 이러한 운림은 산의 분수령에서 일어나는 침식에 대해 좋은 보호막이 된다.

16.3 열대 활엽수림

인도와 동남아시아 지역에는 계절풍이 분다. 이러한 현상은 티베트 지역의 광대한 토지가 계절에 따라 가열과 냉각이 일어나기 때문이다. 이처럼 바람이 반전되는 것을 **계절풍**

이라 한다. 여름 계절풍은 습기가 많은 열대 공기를 인도로 이동시킨다. 산악지역에 열대 우림이 형성된다. 겨울에는 바람이 반전되어 더운 공기가 중앙아시아 쪽에서 산맥 아래로 이동한다. 이 더운 공기는 겨울 동안에 숲을 건조 시켜 봄까지 토양은 고온으로 마르게 된다. 비단뱀과 코브라와 같은 동물은 바람이 다시 반대로 불어 비가 올 때까지 땅을 파서 은신한다. 건조기에는 많은 나무의 잎이 떨어지기 때문에 이러한 생물권을 **열대 활엽수림**이라 한다.

대표적인 활엽수림은 남부 아시아에서 형성된다. 아프리카와 남아메리카에서도 이와 같은 숲이 발견된다. 이러한 열대 활엽수림은 열대우림과 사바나 지역 사이에서 하나의 띠로 발견된다. 이 지역은 열대우림처럼 강수량을 충분하지만 극심한 건조기도 겪고 있다. 대부분 키 큰 나무는 건조 기간 동안 낙엽이 지기 때문에 낮은 지역의 상록수에 더 많은 빛이 도달한다.

계절적 변화에 노출된 나무는 여기에 대비해 영양분을 저장하며, 영양분은 잎이 다시 발아할 때 이용된다. 이러한 나무는 고엽제에 의해 잎이 떨어져도 살아남는다. 베트남 전쟁 기간 열대 숲에 제초제가 대규모로 뿌려진 후에도 생존하는 것이 관찰되었다. 그러나 맹그로브는 영양분을 저장하지 않기 때문에 제초제가 살포된 후에 살아남지 못한다. 맹그로브는 다시 묘목을 이식하여 복원시키는 수밖에 없다.

대부분의 열대 생물권에서 키 작은 바닥 식물은 듬성듬성 자라기 때문에 사람이 쉽게 걸어 다닐 수 있다. 그러나 벌목하고 난 후에는 식물이 급속히 빽빽하게 자라서 숲을 통과하기 어렵게 된다. 이때 정글이라는 낱말이 사용된다. 이어서 그곳은 키 큰 나무의 출현으로 빛이 차단되어 키 작은 나무가 사라진다.

16.4 열대 사바나

사바나는 약간의 나무와 관목이 흩어져 자라는 열대 초지이다. 사바나는 건습 계절이 뚜렷한 고온 지역에서 발달한다. 습한 계절에는 빨리 성장하지만 건조한 계절에는 말라서 성장이 되지 않는다. 열대 사바나는 남미, 아프리카, 인도, 동남아시아, 오스트레일리아 북부 등 광범위하게 분포한다.

아프리카의 사바나는 발굽이 있는 큰 포유동물(얼룩말, 야생염소, 영양, 코끼리)의 서식지이며 이들 초식동물의 개체수는 사자, 표범, 치타처럼 덩치 큰 육식동물에 의해 조절된다. 이 육식동물이 죽으면 하이에나, 독수리에 의해 제거된다. 불은 이 생태계의 중요한 부분이다. 정기적인 불은 초식동물이 그렇게 많지 않은 지역의 초지를 유지한다. 이러한 생태계의 그림은 <그림 15.1>과 비슷하다.

열대 사바나에서 동식물의 성장은 뚜렷한 계절 변화를 따른다. 대형동물은 물을 찾아 이동하고, 이들이 재생산되는 사이클은 먹을 수 있는 새로운 어린 식물의 성장과 일치한다. 이러한 대형 초식동물의 먹이를 위해서는 광합성을 위한 넓은 면적이 필요하다.

연습문제

1. 아래의 용어들을 정의하여라.
   a. 열대우림
   b. 덩굴 식물
   c. 착생식물
   c. 나무 지붕 위에 사는 동물
   e. 몬순림
   f. 사바나
2. 열대우림이 형성되는 세계의 주요 지역을 나열하라.
3. 왜 열대우림에는 항상 두께가 얇은 식물 잔해가 존재하는가?
4. 열대우림에서 나무 위에 사는 동물의 이름을 들어보라.
5. 열대운림(cloud forests)의 특성을 나열하라.
6. 아프리카 사바나의 먹이 사슬을 그려보라.
7. 열대우림, 열대 활엽수림, 열대 사바나의 온도와 강우 형태를 비교하라.

제17장 농업 시스템

학습 목표

1. 에너지 집약적인 농업활동과 저에너지 농업활동의 차이
2. 가장 중요한 농산물 세 가지
3. 다양성의 자연적인 조절
4. 목장의 효율적인 관리를 위한 두 가지 제한 인자
5. 영양염의 농도가 생산에 미치는 영향

농업 시스템은 인류에게 식량을 제공하는 주요한 수단이다. 일반적으로 농업 시스템은 여러 부분과 과정으로 구성되기 때문에 **농업생태계**라고도 불린다. 농업생태계에는 경작지역(이전에 지질학적, 생태학적 과정에 의하여 형성된 토양), 작물뿐만 아니라 식물을 재배, 제초, 수확하는 데 필요한 장비들이 포함된다. 시장은 농산물을 팔고, 농업유지에 필요한 연료, 비료, 재화, 용역을 구매하는 비용으로 돈을 공급하는 장소이다.

농업생태계는 인간이 관리자와 소비자로서 역할을 하는 시스템이다. 야생 생태계는 동물이 소비자와 관리자로서 역할을 한다. 야생동물은 계속해서 종자를 퍼뜨리며 농업생태계의 영역을 침범한다. 농부가 살충제, 제초제, 쟁기질, 또는 다른 방법으로 제어하지 않는다면 저절로 야생 생태계로 복원된다. 농업은 자연 생태계가 토양을 형성시킨 것처럼 이전의 가치 있는 일 덕분에 번창한다. 대부분 농지는 아무리 비료를 살포하더라도 토양이 점차 고갈된다. 자연적인 천이로 돌아가도록 경작지를 순환시키는 것을 **윤작**이라 하며, 토양을 복원시키는 하나의 방법이다.

원시적인 저에너지 농업은 연료나 전기로 운전하는 기계의 사용 없이 인간의 노동력과 가축에 의존하였다. 현대의 에너지 집약적인 농업은 연료와 전기를 사용하는 많은 농기구가 이용된다. 현대 농업에는 생산 공정과 운반뿐만 아니라, 농업에 필요한 기타의 재화와

용역을 생산하는데도 많은 에너지가 사용된다. 만약 값싼 에너지가 일정하게 제공될 수만 있다면, 많은 원시 농업이 집약적인 농업으로 대체될 것이다. 집약적 농업은 일 인당, 면적당, 달러 당 더 많은 수확을 위해 더 많은 자원을 필요로 한다. 우리 시대의 가장 중요한 문제 중의 하나는 에너지 집약적 농업을 에너지를 적게 사용하는 시스템으로 대체할 수 있는가이다. 연료와 다른 자원이 너무 부족하고 그것을 얻기 위해 너무 비용이 들기 때문에 가격이 매우 비쌀 때 이러한 대체 농업 문제가 일어날 수 있다.

2세기 전 농장은 대부분 자급자족을 하였다. 농부는 자신의 가족이 필요한 만큼 생산하고 현금을 확보하기 위하여 몇 가지 품목만 내다 팔았다. 현재 도시에 거주하는 대부분 사람은 고도로 다양화된 시장에서 식량을 구매한다. 이런 시장은 전문화되고 판매를 위해 소수의 수익작물을 대량생산하는 각기 다른 여러 집약적 농장으로부터 식료품을 구매한다.

비료, 기계, 살충제 등은 값비싼 유입요소이다. 완전한 자급자족 시스템은 없다. 그러나 최근에는 에너지를 적게 사용하는 옛날 방법으로 돌아가기 위한 관심이 증가하고 있다. 만약 이러한 경향이 계속된다면, 비료와 용역 등과 같은 구매요소의 사용은 줄어들 것이다. 농지는 지력을 회복시키기 위해서 교대로 이용될 것이다.

세계 농업생태계의 가장 중요한 형태는 3가지 범주로 나누어진다.

a) 열대 지역의 주요산물인 뿌리작물(감자, cassava, 고구마 등)

b) 온대 지역과 몬순 기후대에서 주요 생산물인 곡물(밀, 귀리, 호밀, 쌀 등)

c) 고도로 경제가 발전하거나 매우 추운 나라의 육류생산(소, 양, 돼지 등)

뿌리작물은 대부분 탄수화물이다. 이것은 사람에게 필요한 에너지를 공급하지만, 균형잡힌 식단을 위한 단백질, 비타민 등은 공급하지 않는다. 곡물은 일부 단백질을 함유하고 있다. 미국과 유럽에서는 정상적인 필요량보다 많은 단백질을 공급하기 때문에 육류 식품이 때로는 사치 식단으로 취급된다.

17.1 젖소 목장

목장 시스템이 어떻게 운영되는지 <그림 17.1>을 보라. 목장에 필요한 재생 가능한 에너지원은 태양, 바람, 강수이다. 비료는 외부로부터 유입된다. 성장한 풀과 클로버는 젖소가 바로 먹거나 겨울과 건조기 동안의 식량으로 저장하기 위하여 건초를 만든다. 재화와 용역은 농장의 모든 과정에 사용된다. 젖소의 성장과 번식에 대한 사이클을 포함하여 다이어그램에 나타나 있다. 최종 생산물도 나타나 있다.

다이어그램의 오른쪽은 경제활동의 유입과 유출이다. 장비, 노동, 비료, 살충제, 축사 등의 비용은 젖소를 판매함으로써 얻어진 돈으로 지급된다. 농장주가 번 돈은 필요한 물품을 구매하는 비용으로 이동함을 알 수 있다. 화폐 거래를 나타내는 부호에 대하여 1.5절을 참조하라.

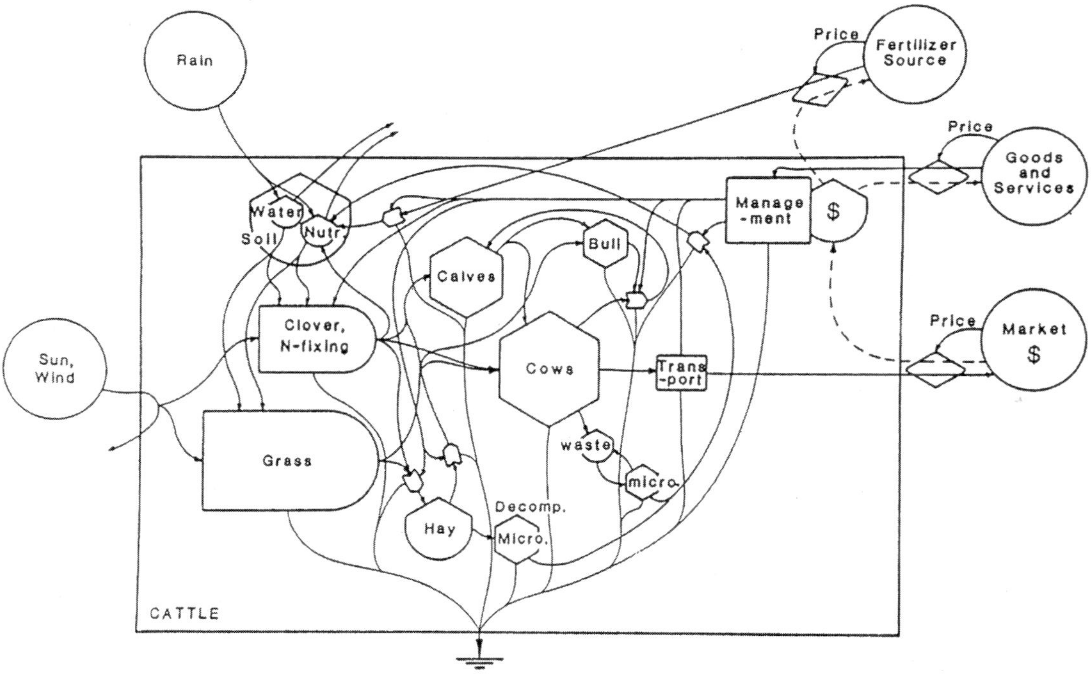

그림 17.1. 젖소 목장 시스템의 다이어그램.

목장의 효율적인 운영은 짧은 시간 내에 건강하고 가장 살이 찐 소를 생산하는데 달려있다. 신중한 관리가 요구되는 두 가지의 특별한 제한 요소가 있다. (1) 대부분 토양은 영양염류 함량이 낮고, 특히 인과 질소가 낮다. (2) 목초는 연중 일정한 속도로 자라지 않는다. 이것은 목장의 수용 능력이 계절에 따라 변화함을 의미한다. 목장의 수용 능력은 비교적 건강하게 사육하면서 충분한 먹이를 먹일 수 있는 젖소의 개체수에 의하여 결정된다(<그림 17.2>).

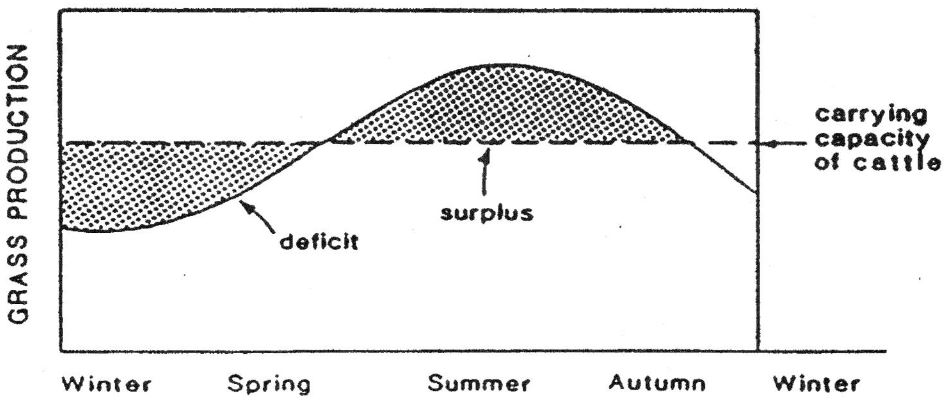

그림 17.2. 여름철 강우가 있는 기후대에서 목초와 젖소의 생산에 대한 계절적 변동. 하계 여분의 양은 젖소의 먹이로 보관된다.

일부의 인산염은 비를 통해 유입되고 인회석으로부터 만들어진 인산비료를 살포하여 추가로 공급한다. 질산염 농도는 질소비료 살포와 질소고정 클로버를 목초와 함께 재배하여 보충한다. 젖소의 영양 상태와 관련된 질병을 막기 위해 미량원소인 코발트와 몰리브덴이 공급되는 지역도 있다.

대부분 목장에서 목초의 계절적인 성장패턴은 <그림 17.2>와 같다. 겨울에는 낮은 온도 때문에 목초 생산이 제한된다. 농부는 겨울에 생산되는 목초의 평균적인 양보다 많은 소를 사육할 수 있다. 여름과 가을에 여분의 풀을 수확하여 겨울에 먹임으로써 이것이 가능하다. 일부 지역은 건기에 물을 관개하여 목초를 재배한다. 비료를 첨가하고, 건초를 수확하는 목축방법은 고도로 기계화되었기 때문에 많은 연료가 소모된다.

화석연료의 비용이 증가함에 따라 일부 농부는 저에너지의 경영방법을 적용하는 것이 더 경제적이라는 것을 알게 되었다. 이것은 건초생산을 전적으로 배제하고 목장의 자연적인 수용 능력만큼 소를 사육하는 것을 의미한다. 토양의 영양염 보유량과 겨울의 먹이량이 아주 신중하게 관리된다. 이 방법은 겨울에는 젖소가 단지 생존할 수 있을 정도의 먹이만 먹인다. 이런 방법의 생산량은 아주 적지만, 생산에 대한 투자도 적다. 투자는 장래의 이익을 얻기 위해 소비되는 시간, 노력, 돈을 말한다. 재정상의 수지는 에너지 집약적인 관리 방법과 같거나 보다 나을 수 있다. 저에너지 방법에 더 많은 노동력이 이용된다.

17.2 자급자족 농업

<그림 17.3>은 <그림 17.1>의 목장 시스템보다 훨씬 자급자족하는 가족농업 생태계의 모델이다. 서부 개척시대 초기의 농장과 비교하여 이 시스템은 고도의 자급자족을 보여준다. 이 농장 역시 주 경제활동으로부터 많은 양의 연료와 재화가 필요하다. 오늘날 우리 사회에서 경제적으로 생존하기 위해서는 어느 정도 외부에서 구매한 물품을 사용할 수밖에 없다.

Taylor 가족의 농업생태계와 목장 시스템 사이에는 두 가지 매우 현저한 차이가 있다. (1) Taylor 가족의 농장은 서로 다른 여러 곡물과 가축을 재배・사육하고 있어 매우 다양하고 (2) 외부 경제활동으로부터는 장비와 돼지의 사료만 유입된다. 가축으로부터 나오는 퇴비가 작물에 환원되기 때문에 비료가 필요 없다. Taylor 가족은 트랙터 대신 쟁기질과 경작을 위해 소를 이용한다. 그들은 값비싼 기계와 기계를 운전하기 위한 화석연료를 거의 사용하지 않는다. 그들의 농장에서 농장에 거주하는 4인의 가족이 필요로 하는 거의 모든 식품을 생산한다. 거의 16명이 먹을 수 있는 여분의 식품은 판매한다. 판매로부터 얻은 돈으로 약간의 외부 재화를 구매하고 땅에 대한 부채와 세금을 지급한다.

Taylor 가족의 농장모델은 앞으로 에너지가 더욱 부족하면 더욱 일반화될 것이다. 과거 산업화한 농장은 규모 면에서 확장되었고, 에너지 투입이 높았으나, 노동자는 거의 필요하지 않았다. 미래의 농장은 좀 더 다양화되고 많은 인력이 이용된다. 주민들은 대부분 자급자족에 필요한 양을 생산하고, 현금을 위한 판매는 더 적을 것이다.

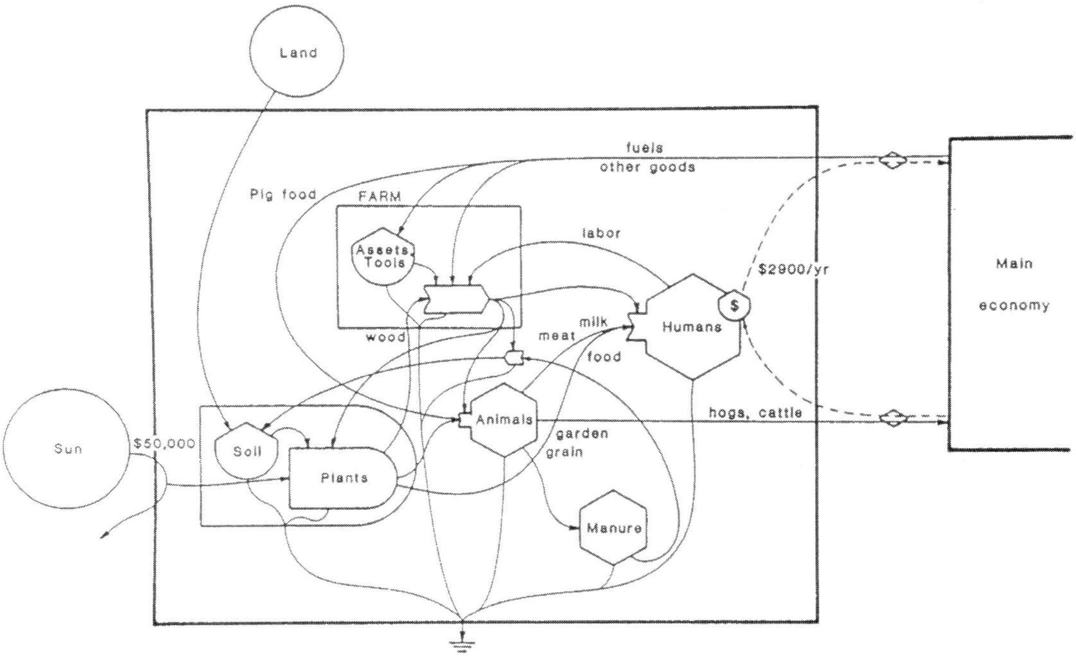

그림 17.3. Taylor 농장의 다이어그램, 비교적 자급자족이 가능한 농업 생태계(Burnett, 1978).

연습문제

1. 다음 용어를 정의하라.

   a. 농업생태계

   b. 저 에너지 농업

   c. 에너지 집약적인 농업

   d. 다양화

   e. 유입요소의 구매

   f. 돌려짓기

   g. 질소고정

   h. 수용 능력

   i. 생산

   j. 투자

2. 에너지 집약적인 농업과 저에너지 농업에 있어서 최소한 두 가지 차이점은?

3. 세계적인 농업 식량 세 가지의 종류 예를 들어라.

4. 목장의 효율적인 관리에 대한 두 가지 제한 요소는 무엇인가?

5. 토양 속의 인은 어디에서 온 것인가?

6. 토양 속의 질소는 어디에서 온 것인가?

제18장 임업 시스템

| 학습 목표 |

1. 단일 재배를 이용한 산림 재배
2. 소나무 재배와 자연 산림에 대한 총생산과 순 생산의 비교
3. 네 가지의 산림 관리 기술
4. 숲이 인간의 경제에 공헌하는 다섯 가지 서비스

상업적인 목적으로 임산물을 최대로 생산하기 위하여 임업이 농업과 같은 원리로 발전되었다. 임야를 개간하여 비료를 살포하고 묘목을 심은 다음 경쟁 식물보다 더 크게 자랄 때까지 필요한 경우 잡초도 제거한다. 몇 년 안에 나무는 농작물처럼 수확된다. 임업 대상에는 소나무와 상록 거목(eucalyptus) 등이 포함된다. 육림(silviculture)에는 상업적인 식목과 벌목이 포함된다. 재배된 산림은 자연 산림보다 많은 관리가 필요하므로 직・간접적으로 많은 에너지를 이용하지만 생산량은 많다.

임업은 건축용 목재뿐만 아니라 종이와 산업용 포장지의 원료를 제공한다. 임업의 생산물은 좁은 판자지만 이런 판자를 서로 접착시켜 합판이나 보다 큰 대들보를 만들기도 한다.

18.1 소나무 재배

<그림 18.1>은 소나무 재배의 주요 특징을 나타내고 있다. 소나무를 재배하는 데는 자연환경의 유입뿐만 아니라 식목 솎아주기, 벌목, 비료와 살충제 살포 등 경제활동으로부터의 유입이 동시에 이루어진다.

나무의 높이를 최대로 키우기 위해서 처음에 나무를 조밀하게 심고 윗부분의 그늘로 인

하여 아랫부분의 가지를 더 자라지 못하게 한다. 그 후 솎아주기를 통해 개체 당 성장률을 크게 한다. 나무는 종이의 재료나 지주 또는 목재로 쓸 수 있을 정도로 충분히 성장할 때 벌목한다. 비용을 줄이기 위하여 수만 m^2의 단위로 한꺼번에 벌목하기도 한다. 자연적인 다양한 패턴보다 단일 종의 보다 고밀도 재배를 제외하고는 임업 시스템은 소나무의 자연적 천이 패턴과 비슷하다. 넓은 지역에 단지 하나의 종을 재배할 때 **단일 재배**라 한다.

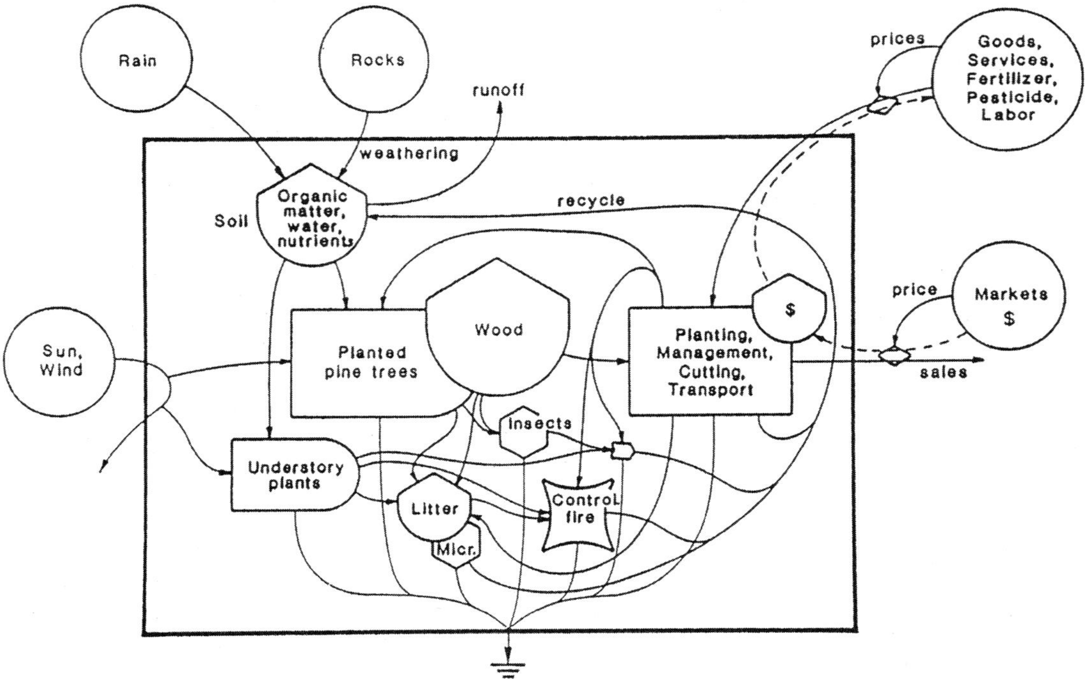

그림 18.1. 소나무 재배 시스템.

대부분 단일 재배를 하는 경우 결국 해충에 의한 전염병이 발생한다. 거의 모든 지역에서 살충제를 대량 살포하기 때문에 해충이 다양한 면역성을 갖게 되어 농업과 임업을 더욱 어렵게 만든다. 다양성을 증진하는 관리 방법은 해충의 전염병에 대하여 더 나은 보호 방법이다. 대부분 임야에서 목적하는 종은 인위적으로 심지만, 높은 종 다양성을 갖는 아래층 관목은 자연적인 것이다.

자연적인 숲은 거의 비용을 들이지 않고 유용한 물질을 생산하기 때문에 임업이나 기타 농업을 하지 않는 곳은 자연적 천이가 일어나도록 관리하여야 한다. 이러한 관리는 자연 산림을 종자의 공급원으로서 또는 서로 다른 유전 형질을 보유하고 있는 유전자의 집합장소로서 유지하는 것을 뜻한다. 재배식물의 단순화에 대한 합법적인 요구와 다양한 유전자 집합장소의 보존에 대한 노력 간에는 때때로 마찰이 일어나고 있다.

제초나 살충을 위하여 살충제를 사용하는 곳에는 분쟁이 발생하고 있다. 살충제, 제초제, 비료를 사용하는 관리 기술은 에너지 집약적이고 때로는 파괴적이다. 예를 들어 임업에서 사용된 화학물질이 상수원에 유입될 때 인간에게 어떤 해를 미칠지 알 수 없다.

이런 문제가 발생하지 않도록 해충을 제어하고, 영양염을 보충하는 데 생물학적 방법이 연구되고 있다. 예를 들면, 묘목을 심기 전에 질소 고정자인 **콩과식물**을 미리 심는다. **특수뿌리곰팡이**를 미리 접종한 묘목을 종묘장에 심는다. 이 특수 곰팡이는 묘목이 토양으로부터 영양염을 흡수하는 능력을 증가시키기 때문에 비료의 필요성을 감소시킨다. 제초제의 필요성을 감소시키기 위하여 묘목을 매우 조밀하게 심을 수도 있다. 나무를 조밀하게 심으면 경쟁 식물에 그늘을 만들어 시들게 하고 질병이나 곤충에 약한 나무를 솎아내는 기회를 만든다.

18.2 임업과 자연 산림의 생산량 비교

<그림 18.1>의 소나무 재배는 <그림 3.3>의 자연적인 소나무 숲보다 간단하지만, 사람이 더 많이 관여하고 있다. 자연 산림과 임업을 비교하면 <그림 18.2>와 같다. 자연적인 숲은 총생산량(510 E3 joules/m^2/day)의 경우 임업(100 E3 joules/m^2/day)보다 5배가 더 많지만, 목재 생산량(임업은 42 E3 joules/m^2/day이며 자연 숲은 22 E3 joules/m^2/day) 측면에서는 절반에 불과하다. 자연 숲에서는 광합성으로부터 생산되는 거의 모든 유기물이 다양성이나 재순환과 같은 총생산에 유리한 쪽으로 이용된다. 필요한 대부분의 영양염은 미생물의 작용으로 유기물 분해로부터 얻어진다. 자연적인 씨앗에 의하여 재생산이 이루어진다.

나무를 포함한 모든 생물의 다양성은 유행성 질병이나 곤충에 대해서 뿐만 아니라 어느 한 종이 과다 성장하는 것을 막아 준다. 보존하는 것을 제외하고 자연적인 숲을 관리하는 비용은 거의 들지 않는다. 그러므로 비용의 측면에서 자연적인 숲의 생산성은 매우 높다. 하지만, 벌목 후 재생하는 데 오랜 시간이 걸린다.

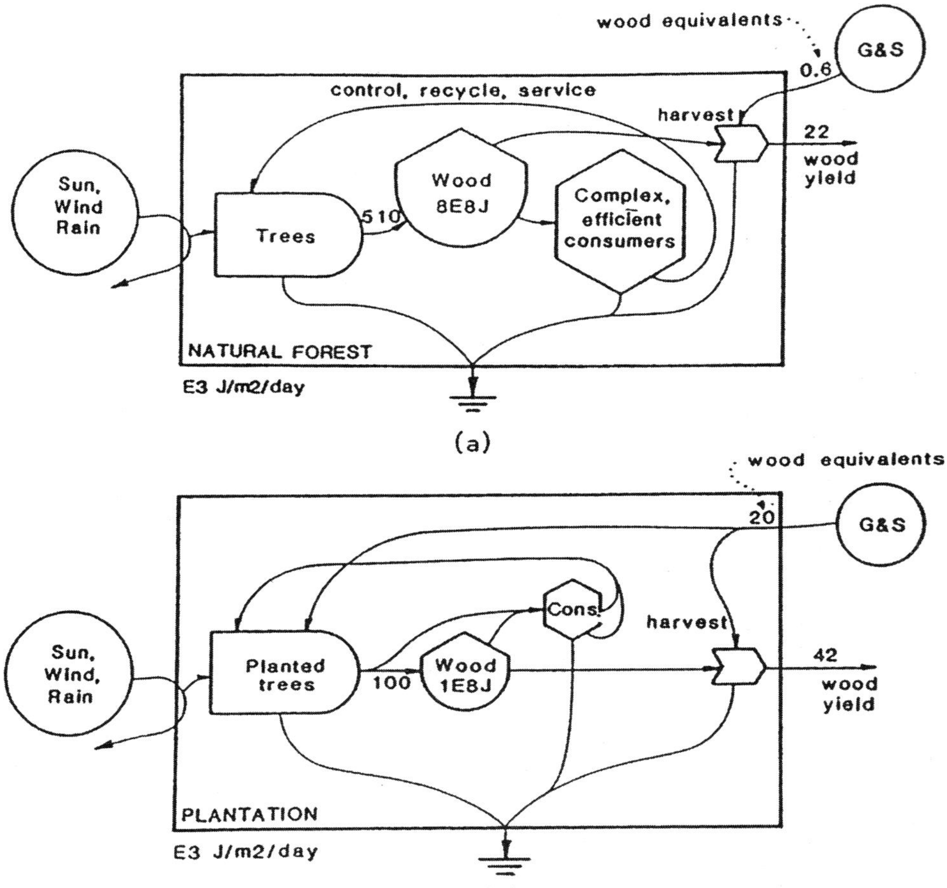

그림 18.2. 자연 숲(a)과 재배 숲(b)의 비교. 숫자는 에너지 단위. 수확을 위한 경제로부터의 피드백(G&S)은 목재 생산량과 비교하기 위하여 목재 당량으로 표현하였다.

재배 숲에는 <그림 18.2>와 같이 비료의 살포, 식목, 벌목과 기타의 작업이 필요하다. 목재의 양(wood equivalents)으로 표현하면 20 E3 joules/m^2/day 정도가 경제활동에서 유입된다. 다시 말해서 부가적인 에너지원이 유입된다는 것이다. 더 많은 에너지가 이용되기 때문에 임업은 자연 산림을 대체한다. 이러한 투자의 결과로 임업을 통하여 약 42 E3 joules/m^2/day의 목재를 생산한다. 따라서 경제활동으로부터 유입되는 양보다 두 배 이상이 생산된다. 이 계산은 소나무 조림지가 경제에 좋은 공헌을 하고 있음을 보여준다. 에너지에 기초한 계산을 통해 볼 때 가격이 변동하거나 화석연료의 가격이 비싸도 여전히 타당한 결과를 보여준다. 그러나 사용된 에너지의 단위 비용에 대한 목재 생산량은 비료가 점점 비싸짐에 따라 줄어들 것이다.

정상상태에 도달한 숲은 스스로 유지 관리하는데 더 많은 에너지를 사용하기 때문에 생산량은 적다. 사람의 인식과 상관없이 숲은 간접적으로 인간 경제활동에 많은 공헌을 한다. 토양의 복원, 영양염의 농축, 유역의 보호, 침식의 감소, 심미적 다양성의 제공, 야생동물의 서식처 제공, 휴양 장소 제공, 공기의 정화, 천이와 미래의 이용을 위한 유전자의 보유 등 숲은 인간에게 많은 서비스를 제공하고 있다.

자연적인 숲에서 가끔 **선택적인 벌목**을 통하여 극히 소수의 성장한 나무를 수확한다. 숲이 극상 단계를 유지하고 있더라도 다른 구성요소에 해를 끼치지 않고 벌목한다는 것은 어렵다. 선택적인 벌목은 종종 최상의 나무를 취하기 때문에 열등한 유전자만 종자 생산을 위해 남는다. 이것은 숲의 다음 성장이 열등할 수밖에 없음을 의미한다.

연습문제

1. 다음의 용어를 정의하시오.
   a. 단일 재배
   b. 육림(silviculture)
   c. 유행성 전염병
   d. 유전자 집합장소(gene pool)
   e. 특수 뿌리 식물(mycorrhizae)
2. 가정에 있는 물건 중에서 지금은 화석연료를 사용해서 합성하지만, 이전에는 나무로 만들어진 것 3가지를 들어라. 대체 상품을 계속해서 개발하는 것과 재생 가능한 자원의 사용으로 회귀하는 것 중 어떤 것이 좋을지 자원의 관점에서 당신의 생각을 설명하시오.
3. 자연 개체군 속에 건강한 유전자 풀을 보유하는 것이 왜 중요한가?
4. <그림 18.2>를 사용하여 재배 숲과 자연 숲에 대한 총생산, 순 생산, 경제로부터의 투자, 경제적 생산 등을 비교하시오.
5. 소나무 재배와 같은 단일 재배는 동물 군집에 어떠한 영향을 미치는가?

제19장 도시 시스템

학습 목표

1. 도시의 위치를 결정하는데 이용되는 특성
2. 도시의 계층구조
3. 도시의 에너지 흐름
4. 주거지역의 배치

사람은 대부분 도시를 생태계로 생각하지 않는다. 그러나 시스템 관점에서 보면 도시는 숲이나 초원과 같이 일반 생태계에서 나타나는 많은 특징을 그대로 보여주고 있다. 단지 활동의 강도만이 매우 클 뿐이다.

도시 시스템과 일반 생태계의 공통적인 특징에는 생산, 소비, 에너지의 집중, 분해, 물질 순환 등이 포함된다. 상품, 에너지, 원료의 소비는 도시에서 가장 크지만, 식품과 섬유 등의 생산은 주변의 농촌 지역에서 더 많이 이루어진다. 소비 상품의 산업적인 생산은 도시지역에 집중되어 있다.

19.1 도시발전

도시지역의 발전과정은 세계 어디든지 유사하다. 초기 도시는 농지에 둘러싸인 소규모의 주거지역이다. <그림 19.1>의 간단한 그림은 주변의 농지와 초기 도시와의 관계를 나타낸다. 주변의 농지에서 재배한 식품과 기타 생산물은 도시에 사는 사람을 부양하기 위해 수확된다. 도시는 수확물의 대가로 간단한 농기구와 기타 농업에 필요한 상품을 농장으로 되돌려준다.

그림처럼 도시에서 농촌으로 되돌아가는 영양염의 재순환 경로에 유의하라. 이 경로는 화학비료가 사용되기 전의 초기 단계에서는 아주 중요하였다. 세계 대부분의 문화권에서 인간의 배설물은 농부에 의해서 밤에 수거되어 농촌의 비료로 이용되었다. 이런 방식으로 농촌과 도시는 폐쇄 회로 안에 위치하면서 농촌 지역의 생산성을 유지하기 위해 영양염을 재순환시켰다. 화학비료의 출현으로 이러한 관습은 전 세계적으로 완전히 중단되었다.

인구와 에너지의 사용이 증가함에 따라 초기 도시는 점차 성장하고 주변의 농촌 지역이 도시로 변환되었다. 영양염의 재순환도 중단되었다. 도시발전과 관련된 두 가지 심각한 문제가 있다. 첫 번째는 도로와 주차장 또는 건물을 위하여 주된 농업지역이 상실되고, 두 번째는 폐기물이 생산을 위해 재사용되지 않고 버려져 강, 하천, 호수를 오염시키고 있다.

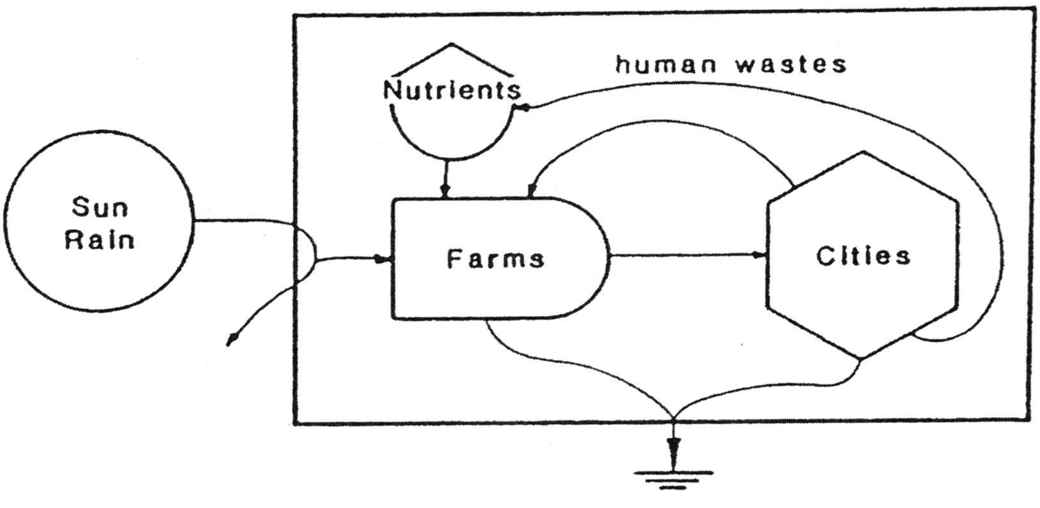

그림 19.1. 도시와 주변 지역과의 관계. 초기 도시는 소규모였고 식품을 공급하는 주변 농지에 의존하였다. 분뇨는 농업에 영양염을 공급하기 위하여 재순환되었다.

19.2 계획도시

현대 도시는 재화, 용역, 에너지의 집중을 위하여 계획적으로 전략적인 요충지에 위치하기 때문에 세계 인구의 대부분은 도시에 살고 있다. 초기 도시는 좋은 항만시설을 갖춘 대륙의 해안이나 주요 육로의 교통 요충 지역에 위치하였다. 인구가 증가함에 따라 주변 지역이 점차 발전하고 새로운 도로와 소도시가 건설되었다. 오늘날의 농지, 도로, 도시가 배치된 모습은 과거의 인구 증가와 에너지 사용의 형태에 의해 초래된 결과이다.

도시계획에 있어 공간적인 구조는 **계층구조**로서 설명된다. 계층구조는 물질이나 원소가 점차 연결되어 구성된 것이다. 대부분 지역에서 도시 형태는 다수의 소도시가 소수의 대도시를 부양하는 것처럼 보인다. 지역 전체에 걸쳐 다수의 소도시가 분포하고 소수의 중간도시 다음 한두 개의 대도시가 위치한다. <그림 19.2>는 크기가 다른 도시들의 분포를 나타낸다. 소도시, 중간도시, 대도시의 수를 관찰하고 그 숫자가 계층구조의 개념을 나타내는지를 판단하라.

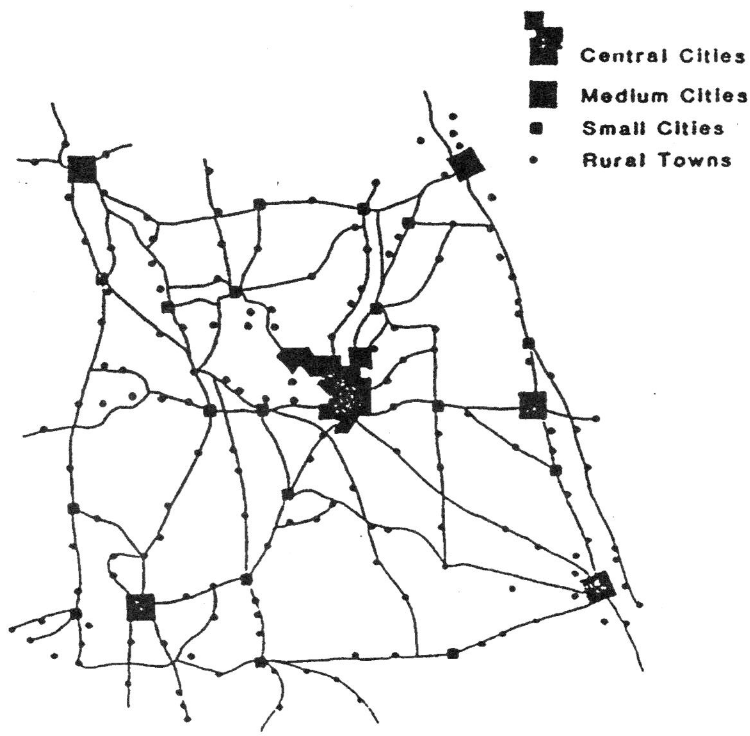

그림 19.2. 도시의 크기와 위치를 나타내는 지도.

토지 이용의 모습에서 도시가 계층구조로 형성되는 이유 중의 하나는 재화와 용역의 분배 때문이다. 가장 큰 도시는 상품을 구매하고 생산할 뿐만 아니라 분배의 정점으로 작용한다. 가장 큰 중심 도시에서 볼 수 있는 다양한 종류의 재화와 용역은 중규모 도시로 분배되고, 다시 소규모 도시로 분배된다.

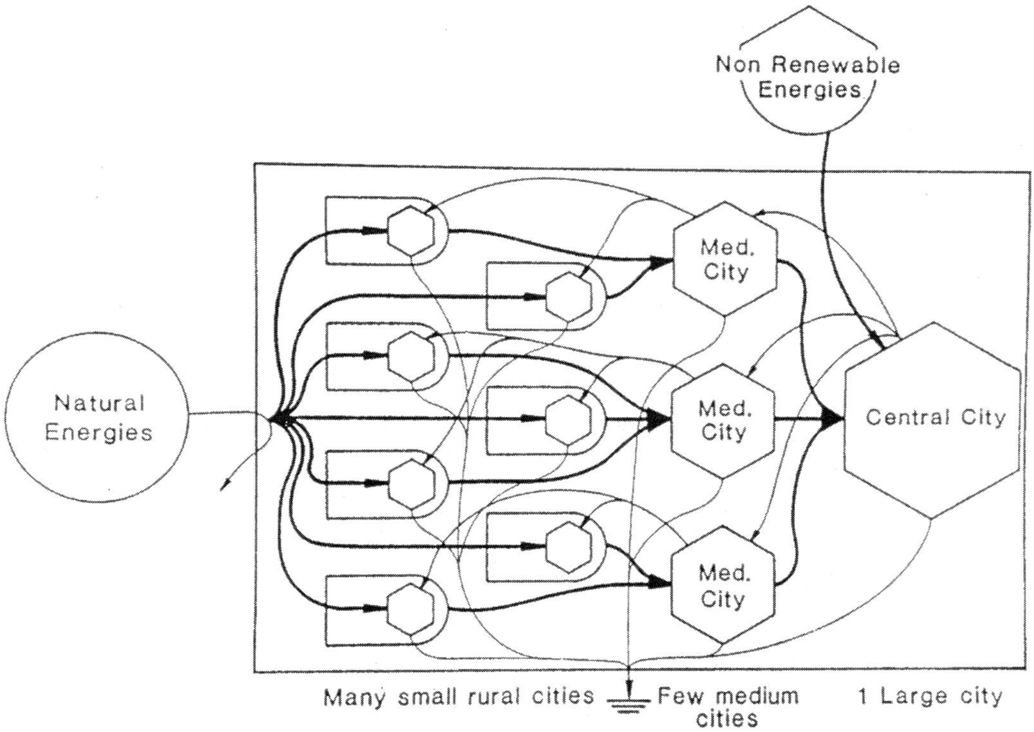

그림 19.3. 전체적인 관점에서 도시의 계층구조를 나타내는 다이어그램.

도시들이 계층구조를 이루는 또 다른 이유는 에너지의 집중 때문이다. <그림 19.3>에서처럼 에너지는 소규모 도시에서 중규모 도시로 그다음 결국 대규모 도시로 집중된다. 달리 말하면 계층구조는 에너지의 집중 때문에 형성된다. 하나의 대도시를 유지하기 위해서 많은 소규모 도시가 필요하다. 이는 포식자인 새를 부양하기 위해서 많은 수의 작은 들쥐나 곤충이 필요한 것과 마찬가지이다. 우리는 도시의 계층구조 배치를 생태계의 먹이연쇄처럼 형상화할 수 있다. 큰 도시에서 작은 도시로 가는 피드백 작용은 전체 연결망을 조절하는 필수적인 작용이다.

국토이용 측면에서 전체 도시 간의 계층 구조적인 구성뿐만 아니라 개별 도시 자체가 공간적인 계층구조로 배열되어 있다. 도시의 중심부는 가장 큰 건물과 가장 높은 인구 밀도와 가장 큰 에너지 흐름을 가지기 때문에 가장 집중되어 있다. 도심으로부터 멀어질수록 점점 집중이 적은 활동으로 원형 고리를 형성한다. 이러한 원형 고리를 이루고 있는 지역에는 상업지역과 공단과 같은 밀집 지역이 있더라도 그 수가 점차 적어지고 서로 점점 떨어져 있다. 밀집이 적은 원형 고리로 펼쳐진 중심 도시의 방사선 형 도로는 외곽으로 갈수록 점점 좁아지고 교통량도 줄어든다. 이 도로는 밀집 지역 상호 간이나 밀집 지역과 중심도심 사이를 연결한다. 이러한 배열은 야간에 공중에서 보면 확실히 구분된다. 도시의 불빛은 도심을 정점으로 하여 교통량이 많은 도로를 따라 팔처럼 펼쳐서 빛나는 별의 모습과 흡사하다.

19.3 도시의 에너지 다이어그램

도시에 대한 다이어그램은 <그림 19.4>와 같다. 도시에서 생산된 산업 생산품은 상업 영역의 과정을 거쳐 그 도시에 사는 시민에게 일부 팔고, 정부 영역에서 일부 소모되며, 나머지는 다른 지역의 시장에 팔린다. 시민은 산업이나 상업과 정부 기관에 노동을 제공한다.

보건, 교육, 치안과 같은 정부의 각종 기관은 도시의 여러 영역 대한 조절 기능을 가진다. 이런 행정서비스에 대한 대가로 정부는 시민, 상업, 산업체로부터 세금을 징수한다. 모든 도시는 광역시도나 중앙정부와 연결고리를 가진다. 시민은 중앙정부에 대하여 소득세를 내고 사회보장과 복지와 같은 중앙정부의 **양여금**을 받는다. 도시와 지방 정부 또한 우편, 도시 재개발, 고등법원과 같은 제도를 위하여 중앙정부에 돈을 지급한다. 지방 정부 역시 지역 경찰, 법정, 복지, 학교 교육, 직업학교와 같은 행정서비스의 비용을 지급하기 위하여 세금을 징수한다.

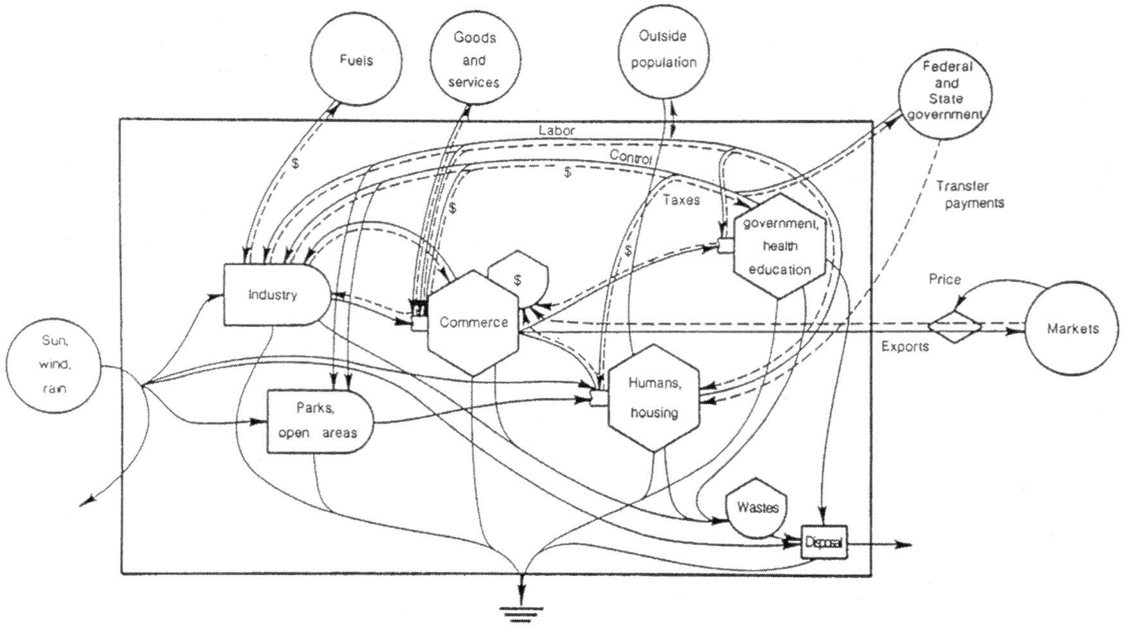

그림 19.4. 도시의 에너지 다이어그램.

판매된 상품으로부터 벌인 돈은 대부분 재화와 용역뿐만 아니라 연료를 구매하기 위하여 사용된다. "화폐의 순환"이라는 말이 종종 사용되는데, 이것이 정확히 돈의 기능이다. 돈은 판매 상품의 대가와 지역과 중앙정부의 지원으로부터 유입되며 경제활동을 통하여 순환하고 최종적으로는 재화, 용역, 연료의 구매 또는 세금의 형태로 다시 유출되어 지역의 도시 경제 전반에 걸쳐 순환한다.

재생 가능한 에너지인 태양, 바람, 비(그리고 만약 도시가 해안에 위치한다면 조석, 파도)는 직접 인간뿐만 아니라 산업에도 중요하다. 우리는 주거지역의 공원과 잔디밭에 있는 식물과 야생동물은 고맙게 생각하지만, 재생 가능한 자연환경 에너지가 도시를 위하여 더 많은 일을 하고 있다는 것은 인식하지 못할 수 있다. 바람은 공장의 매연을 날려 보내고 하천과 습지의 물과 조석은 산업체와 주거지로부터 고형과 액상 폐기물을 실어 나르는 데 이용된다. 도시하수는 우선 하수처리장에서 처리한 후 환경으로 배출된다. 폐기물 처리시스템은 <그림 19.4>의 우측 하단부에 나타나 있으며, 여기서 폐기물은 처리되고 배출되어 도시를 떠난다.

도시에 큰 영향을 미치는 또 다른 외부 요인은 다른 지역으로부터의 인구유입과 이주이다. 대부분 도시에서 인구가 증가하고 있다. 이 현상은 도시의 모든 부분에 영향을 미친다. 정부는 경찰의 보호, 도로, 도서관, 학교를 더 많이 제공하여야 한다. 자연 녹지는 주거와 주차시설의 증가 요구에 부응하여 포장과 건축이라는 명목으로 줄어든다. 인구 증가 때문에 발생하는 추가적 행정서비스에 대한 비용 부담을 위하여 정부는 세율을 인상한다. 도시가 너무 밀집되면 사람들은 다른 장소를 찾기 시작하고 저렴한 세금과 "보다 높은 삶의 질"을 찾아 이주한다.

연료를 채굴하기가 더욱 힘들고 가격이 비싸짐에 따라 사람들은 우선 교외로, 다음에는 전원 지역으로 이주를 하는 경향이 나타난다. 그 결과 도시의 예산이 감소하면서 행정서비스는 감소하고, 도심은 와해 된다. 이주민은 정원에 나무를 심고, 자신의 퇴비 더미를 만들며, 자전거로 출퇴근한다. 난폭과 무질서가 많이 줄어들고 범죄도 훨씬 줄어든다. 일부 산업체는 이미 도심을 떠나고 있다. 이용할 수 있는 더 많은 자연 에너지, 더 많은 공간, 값싼 주거 시설, 근로자에게 더 나은 생활 형태를 제공할 수 있는 지역으로 많은 업체가 이전하고 있다.

19.4 전원주택 : 소비 위주 시스템

<그림 19.5>의 다이어그램은 대표적인 전원주택을 나타낸다. 전반적인 형태는 다른 생태계와 흡사하다. 태양과 비는 잔디와 자연 녹지에 의하여 이용된다. 일부 태양에너지는 주변 환경(때때로 **미기후**라 부른다)의 온도를 증가시킨다. 세계 대부분 지역에서 나타나는 미풍은 식물의 증산작용에 의한 열의 일부를 녹지에서 실어 나름으로써 미기후를 냉각시키는 역할을 한다.

토양 영양염 역시 잔디나 덤불뿐만 아니라 나무의 생산에 필요하다. 잔디를 깎아서 절단

된 부분을 버리면 영양염은 유실되고 이것은 비료로 대체되어야 한다. 인간의 시간과 노력이 잔디밭을 계획하고, 이식과 잡초 제거 등의 관리에 이용된다.

대부분 곤충은 해충으로 생각되며 식물을 갉아 먹을 뿐만 아니라 사람을 괴롭힌다. 살충제로 처리했을 때 시스템 내의 새나 다람쥐 또는 기타 소형 동물에게 영향을 미친다. 야생동물의 먹이인 곤충이 손상될 뿐만 아니라 야생동물에게 직접 독성이 미치기도 한다. 그림에서 곤충과 소비자인 새로부터 발생하는 폐기물과 살충제와의 상호작용은 새의 죽음을 나타낸다.

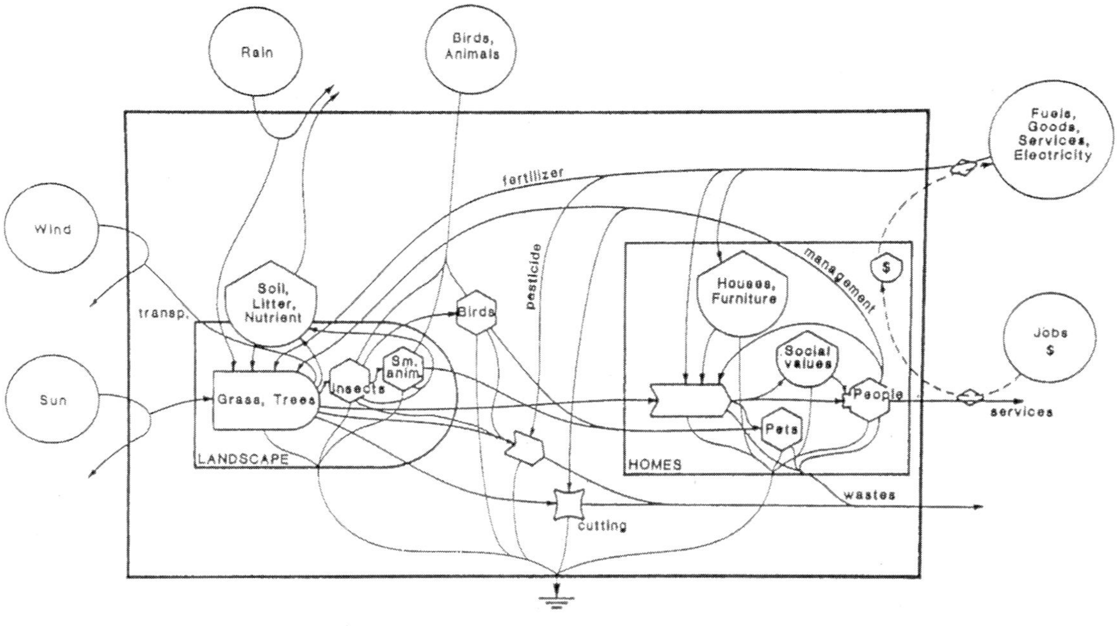

그림 19.5. 주택과 주변 경관을 가진 전원주택.

전원주택에서 가장 중요한 구성요소는 분명히 사람이다. 사람은 <그림 19.5>에서 전체 시스템의 최고 소비자이다. 전원주택의 목적은 인간을 위한 사회적 부양이다. 공공설비(수도, 전기, 연료), 상품, 식품, 건축물, 가구의 유입은 가옥의 인간과 결합하여 사회에 필요한 노동력을 생산한다.

주민은 지역 경제를 위하여 일하고 상호 작용하며 그 대가로 보수를 받는다. 보수로 받은 돈으로 전기, 수도, 재화와 용역을 구매한다.

도심 주변에 있는 전원주택은 주로 소비 시스템이다. 이곳 주민들은 전기, 수도, 재화와 용역을 소비한다. 전원주택의 주된 생산품은 노동력이다. 각 가정의 구성원 중 적어도 한 사람 또는 두세 명이 매일 산업체나 상업지역 혹은 관공서에서 일한다. 결과적으로 전원주택은 현대 경제시스템에서 다른 생산 공정에 노동력을 제공한다.

전원주택의 다른 "생산품"은 하수나 강우 유출 또는 쓰레기이다. 대부분 이들 폐기물은 해결해야 할 현안으로 고려하고 있다. 하수가 너무 고농도이거나 잘못 배출되었을 때 오염으로 생각되며 환경에 해를 미친다. 도시 내 강우 유출은 일반적으로 주변 생태계에 지장을 초래할 수 있는 살충제나 비료 또는 여러 화학물질을 운반한다. 그리고 쓰레기의 경우 투기와 매립과 같이 한 지역에 집중시키면 화학물질과 기타 독성물질이 지하수로 침출되어 문제를 발생시킨다.

<그림 19.5>의 전원주택과 <그림 17.3>의 테일러 집안의 자급자족 농장에 대한 그림을 비교하라. 테일러 집안의 농장은 주거지역의 전형적인 가정과 달리 외부 경제에 의존하는 정도가 작다. 연료가 보다 고갈되고, 도시지역에 사는 사람들이 구매하게 될 재화와 용역이 더욱 비싸게 되면, 테일러 집안의 농장은 도심의 아파트 거주자들이 본받아야 할 모형이 될 것이다. 잔디밭은 자연적인 천이를 따르게 되고, 미관을 위해 외부에서 도입한 식물과 관상목은 채소밭과 본래의 식생으로 대체된다.

연습문제

1. 다음 용어를 정의하시오.
   a. 과밀
   b. 계층구조
   c. 정부 양여금
   d. 미기후
   e. 화폐의 순환
   f. 오염
   g. 독성물질
2. 일반적으로 주거지나 도시의 위치를 결정하는 요소는 무엇인가?
3. 경관 측면에서 도시의 공간적인 계층구조를 설명하라.
4. 대도시에서 소도시로 피드백되는 것은 무엇인지 서술하라.
5. 미래는 도시가 집중되지 않을 것이라고 예상되는 이유는?
6. 전원주택은 일반적으로 왜 소비자로 여겨지는가?
7. <그림 19.2>에서 네 가지 다른 크기의 도시들의 수를 세어 보라. 계층구조를 나타내기 위한 그래프를 작성하라. X축에는 도시의 크기를 Y축에는 그 개수를 표시하라.

제 3 부 | 경제시스템

경제는 하나의 문화가 보유하고 있는 자원과 에너지를 종합적으로 나타내는 시스템이다. 대부분 지역이나 국가의 경제는 돈으로 생각한다. 실제로 한 지역의 경제는 보유하고 있는 자원과 에너지를 관리하는 수단이다. 오늘날 경제는 공급되는 자원과 에너지가 아주 광범위한 다양성을 가지기 때문에 대단히 복잡하다. 반면에 태초의 인간 문화는 아주 간단한 경제를 가졌다. 이때의 경제를 공부하면 현대의 더욱 복잡한 인간 경제에 대하여 에너지와 자원이 미치는 영향을 잘 이해할 수 있다.

제3부에서는 원시 산업사회와 현대 사회의 경제를 가능하게 하는 에너지에 관하여 탐구할 것이다. 그다음 미래를 위한 대체 에너지와 미래의 경제와 생활양식이 어떻게 변화할 것인가를 예측한다.

제20장 초기 부족 문화

학습 목표

1. 초기 미국 원주민의 문화와 환경과의 관계
2. 초기 인디언과 현대의 문명인이 자연과 가지는 관계
3. 자연의 피드백 시스템에서 인간의 역할
4. 에너지 변화에 따른 문화 간의 갈등
5. 초기 인디언과 자연과의 관계에 대한 에너지 다이어그램 작성

20.1 사냥과 채집의 경제

초기 인류문화의 경제는 사냥과 채집에 의존하였기 때문에 아주 간단한 경제이었다. 이러한 경제에는 식량, 의류, 도구 등이 자연환경으로부터 직접 얻어지기 때문에 돈이 거의 필요 없었다.

홍적세 시대 동안(약 1백만 년에서 9천 년 전까지)에는 기후가 추웠기 때문에 북미는 매머드, 마스토돈, 흑색 곰, 낙타와 같은 많은 대형동물의 서식지였다. 원시 아메리카 원주민은 사냥과 채집을 하는 사람들이었다. 그들은 동물을 사냥해서 고기를 섭취하고 뼈와 가죽과 같은 부분은 연장과 의복으로 사용하였다. 뿌리, 과일, 열매와 같은 식물성 물질을 주변 들판에서 채집하여 식량에 추가하였다. 이들 고대문화의 경제는 동물과 야생 식물에 단순히 농축되는 재생 가능한 에너지의 흐름에 의존하였다.

<그림 20.1>은 고대 인디언과 그 시대 환경의 관계를 보여준다. 이 시대의 경제는 태양에너지에 기초한다. 식물이 광합성 하며 성장하고 동물의 먹이연쇄가 유지됨으로써 인디언이 살 수 있었다. 인디언 경제는 태양에너지에 기초한 경제였으므로 많은 가구를 부양할 수 없었다.

이들 초기 인디언들은 태양에너지에 기초한 먹이연쇄의 최정상에 위치하였다. 제3장 숲의 먹이연쇄와 제4장 영양단계에서 에너지 전환을 통하여 관찰한 것과 마찬가지로 태양에 기초한 먹이연쇄에 의하여 부양되는 최고 소비자의 개체수는 자연 대지의 생산성에 의하여 제한된다.

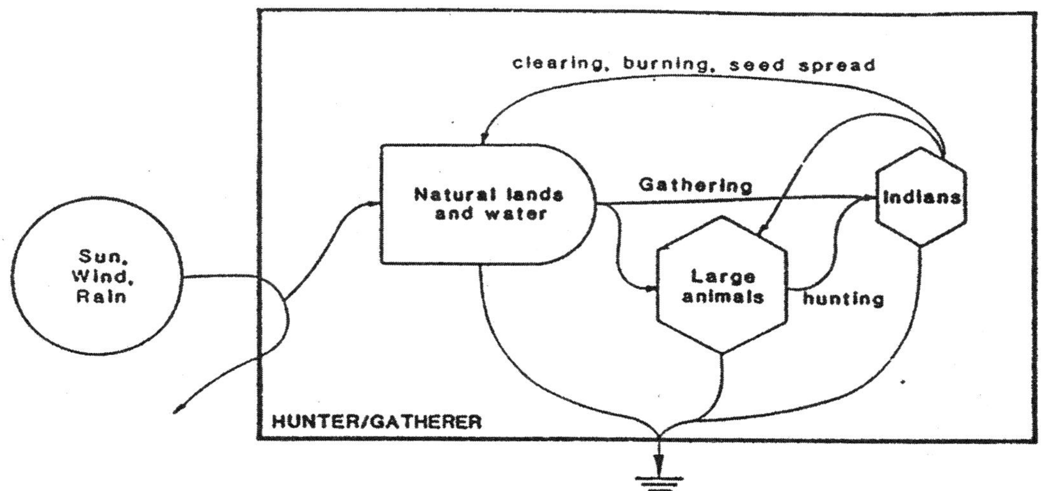

그림 20.1. 초기 인디언과 환경과의 관계.

자연 대지가 생산성이 있는 곳의 인디언 문화는 대륙을 가로질러 널리 산재했던 것처럼 소규모 거주지 형태로 한 장소에 정착하였다. 이런 곳의 인디언 문화는 잘 보호된 영토가 있어 먹고 살 수 있는 충분한 사냥감과 다른 식량을 확보할 수 있었다. 환경이 그렇게 생산적이지 못한 곳의 인디언 문화는 유목 생활을 통해 사냥감과 다른 식량을 찾을 수 있는 장소로 전전하였다.

20.2 초기 농업경제

곡식과 기타 식품의 경작이 인디언 문화를 보다 영구적인 정착형태로 인도하였다. 곡물 경작과 자연의 생산성을 증가시키는 능력에 따라 인디언의 인구수는 증가하였다. <그림

20.2>는 농업이 중요하게 된 후 인디언과 환경의 새로운 관계를 설명한다.

이제, 인디언은 뿌리, 견과류, 사냥감과 같은 야생 식량을 수확할 뿐만 아니라 식량을 재배하게 되었다. 그러나 한곳에 오래 머물게 되면서 인디언의 수는 증가하였고, 그 결과 사냥감을 과도하게 포획하였다. 이것이 유럽과 미국에서 많은 대형동물의 멸종 이유에 대한 하나의 이론이다.

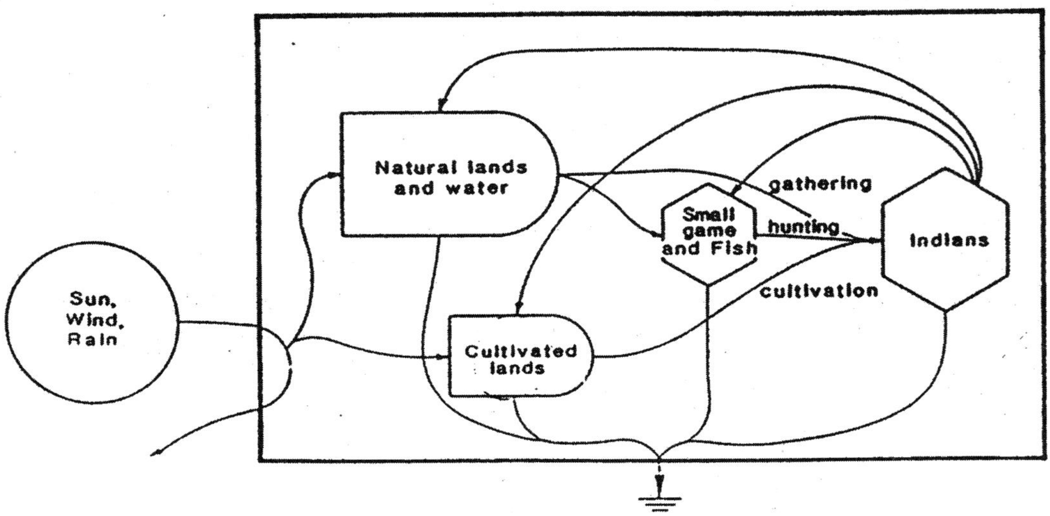

그림 20.2. 농업이 중요하게 된 후 새롭게 발달한 인디언과 환경과의 관계.

인디언 문화는 농경작물의 재배(BC6,000-BC2,000) 후에 더 복잡하게 되었다. 그들의 경제는 여전히 태양에 기초한 경제이지만, 주위 환경을 인위적으로 개척하여 그들 경제로 에너지 유입을 증가시켰다. 곡식과 채소를 채집하지 않고 경작하여 수확량을 증가시켰다. 북미대륙을 통해서 서로 다른 인디언 문화가 교역을 시작한 증거가 아주 확실히 존재한다. 대부분 인디언은 식량을 이용하여 풍부하게 공급되는 물품, 연장, 기술정보를 교환하였다. 일부 문화권에는 희소성이 있는 조개껍데기나 돌과 같은 형태의 단순한 화폐를 교역에 사용하였다.

20.3 유럽인의 인디언 문화와의 접촉

1500년대 유럽이 북미를 식민지로 만들 때까지 미 인디언 원주민은 그들의 환경에 알맞게 제법 복잡한 사회적 체제를 발전시켰다. 많은 사람이 농경 생활을 영위했던 반면 다른 사람들은 작물을 직접 경작할 필요 없이 자연의 풍부함에 의존하여 생활했다. 유럽의 영향이 증가함에 따라 인디언 문화는 점차 바뀌어 새로운 문화체제가 자연을 지배하였다. 해외로부터 도입된 새로운 문화는 훨씬 큰 에머지를 가졌으며 인디언 문화가 했던 것보다 더 빨리 환경을 고갈시켰다.

그림 20.3의 다이어그램은 같은 자원을 기반으로 충돌하는 두 문화 사이의 관계를 보여준다. 인디언 문화가 주로 태양에너지의 흐름에 바탕을 두는 반면, 침략자 문화는 태양에너지의 흐름에 더하여 "옛 국가"로부터 도입된 에너지와 정보뿐만 아니라 야생 동식물, 산림, 토양에 축적된 에너지에 바탕을 두었다. 새로운 이주민은 이전의 것을 소모하면 새로운 것을 찾아 옮겨가기 때문에 자원을 유지하는데 그렇게 관심이 없었다.

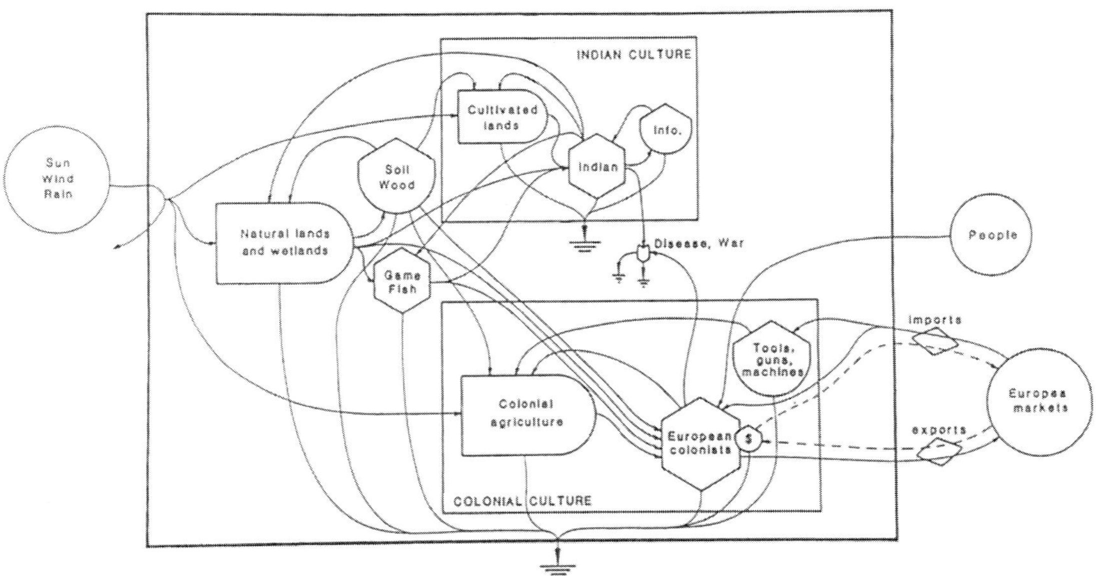

그림 20.3. 같은 자원을 두고 갈등하는 두 문화 사이의 관계.

더 많은 에너지가 집중되는 문화 즉, 더 많은 에머지를 사용하는 문화가 그보다 낮은 에너지 문화를 대체하였다. 자연자원에 대한 직접적인 충돌이 많이 일어났다. 새로운 거주민들이 한때 풍부했던 사냥감을 고갈시키고, 집을 짓기 위해 나무를 베어내고, 작물을 경작하기 위해 땅을 개간하는 것을 인디언은 보았다. 유럽으로부터 가져온 도끼나 쟁기와 같은 도구를 가진 새로운 문화는 이전의 인디언 문화보다 훨씬 더 심하게 환경을 취급하였다. 새로운 문화는 총을 가지고 인디언을 지배하였다.

인디언 원주민은 면역력이 전혀 없으므로 여러 가지 병에 노출되었고, 질병이 많은 미국 인디언들의 사망 원인이 되었다. 일부를 제외하고 비교적 짧은 기간에 대부분 실향민이 되었다. 새로운 정복자들이 정착지를 건설하고 자원을 고갈시키면서 북미대륙의 동부에서 서부까지 전역으로 확산하는 데는 고작 100년밖에 걸리지 않았다.

태양에너지를 기반으로 하는 미국 인디언들의 경제는 유럽대륙으로부터 도구와 정보를 교환하기 위하여 훨씬 많은 역외 유출이 일어나면서 자원을 고갈시키는 형태로 바뀌었다. 그림 20.3에 나타난 상품, 정보, 기술의 수입과 수출, 옛 국가로부터의 이민 등이 더욱 에너지 집약적인 새로운 경제를 형성한 모든 것이며 이것이 인디언 경제를 대체하였다.

이 다이어그램은 돈(점선)이 중요한 역할을 하며, 다른 나라와의 무역이 중요한 에너지원이 되는 현대 경제의 출발점을 잘 설명한다. 우리는 제24장에서 현대 경제를 탐구할 것이다.

20.4 과거로부터의 교훈

시스템 내에서 기본적인 생산의 형태를 지속해서 유지하기 위하여 영양단계가 높은 소비자가 제공하는 피드백의 원리를 제4장에서 소개하였다. 농부가 농작물에 비료를 주는 것과 열매를 먹은 새가 씨앗을 다른 곳에 배설하는 것을 그 예로 들 수 있다. 원주민 인디언은 유사한 방법으로 문화에 기초한 인간 행위를 통하여 인간소비자의 안정성을 결과적으로 초래하였다. 인간소비자는 다시 환경을 위한 특별한 역할을 하였다. 벌목, 화전, 종자살포, 돌려짓기와 같은 작업이 대지를 개간하는 부족의 역할에 대한 예이다.

인간과 자연의 관계에 포함된 원리는 현대 사회에서도 기본적으로 유사하다. 인류는 생산성, 다양성, 안정성, 지속적인 생존을 위하여 자연에 서비스를 돌려준다. 우리는 다양한 방법으로 과거의 문화와 자연과의 관계를 배우고 필요할 경우 인간과 자연이 정상상태의 관계를 발전시킬 수 있다.

연습문제

1. 다음을 정의하라.
   a. 사냥과 수렵
   b. 참사 (떼죽음)
   c. 가축사육
   d. 과거의 세계
2. 인디언 문화와 현대 문화의 주요 차이점 3가지를 들어라.
3. 초기 원주민이 경작과 재배법을 알게 된 것이 어떤 중요성이 있는가?
4. 유럽 식민지 지배자는 원주민들로부터 에너지와 자원을 어떤 방법으로 탈취하였는가?
5. 고대문명이 자연을 경작하기 위하여 사용한 3가지 피드백 메커니즘을 열거해보라.
6. 수입품과 이민이 식민지에 미치는 중요성을 설명하라. 이와 같은 에너지의 유입은 북아메리카를 어떻게 변화시켰는가?

제21장 에너지와 경제

‖ 학습 목표 ‖

1. 에너지 흐름과 화폐 흐름과의 관계
2. 자연자원의 대가가 아니라 인간 노동의 대가로 지급하는 화폐
3. 경제를 구성하는 세 가지 영역과 각각의 역할
4. 외부효과(externality)
5. 고급 에너지와 저급 에너지의 차이
6. 통화팽창이 구매력에 미치는 영향
7. 경제에서 에너지 경로에 따른 돈의 흐름과 정부에서의 돈의 흐름

지역이나 국가의 경제시스템의 특징은 화폐로 교환되는 에너지, 물질, 서비스의 흐름에 의하여 결정된다. 화폐는 이들 흐름을 지속해서 추적하기 때문에 근본적으로 회계의 도구라 한다. 경제 속에서 일하는 것은 바로 에너지와 물질이다. 돈의 역할 전부는 단지 에너지 흐름을 추적하는 편리한 방법을 제공하고, 경제 전반에 걸쳐 에너지를 분배시키는 것을 돕는 것이다. 이 장에서는 에너지와 화폐의 관계를 탐구하여 경제시스템을 하나의 에너지 시스템으로 설명한다. 여기서는 경제를 좌우하는 돈의 흐름이 에너지 흐름을 추적한다. 화폐와 에너지의 관계를 탐구하기에 앞서 에너지와 에머지에 대한 복습이 먼저 필요하다.

21.1 태양 에머지와 에너지의 질

경제에 관계하는 여러 가지 형태의 에너지 능력을 고려할 때 우리는 각각의 에너지에 대한 질을 고려하여야 한다. 이렇게 하는 방법의 하나가 각 에너지원이 같은 일을 하는데 필요한 에너지를 태양에너지의 양으로 환산하는 것이다. 바로 이것이 한 종류의 에너지원에 대한 에머지이다. <그림 21.1>과 같이 1J의 석탄이 만들어지기까지는 식물의 생산과 지질학적 작용에 관계하는 약 40,000J의 직·간접적인 태양에너지가 필요하다. 1/4J의 전기를 생산하는 데는 1J의 석탄이 이용된다. 이러한 비는 석탄과 전기를 태양에너지에 해당하는 양

으로 전환하는데 이용할 수 있다. 전기 1J의 태양에너지에 해당하는 양은 160,000 solar emjoule이다. 이러한 관계를 쉽게 설명하는 방법은 에너지 다이어그램에서 배열하는 것처럼 저급 에너지를 좌측에 고급 에너지를 우측에 배열하는 것이다.

고급의 에너지를 만드는데 많은 양의 태양에너지가 직·간접으로 필요하므로 효율적인 시스템에서는 고급 에너지를 효과가 큰 목적에 이용한다. 고급의 에너지는 일반적으로 저급의 에너지를 증폭시키는 곳에 이용된다. 예를 들어, 농장에서 햇빛을 대신하여 광합성을 위한 광원으로서 전기를 사용하는 것이 아니라 인간의 노동을 조절하고 가능하게 한다.

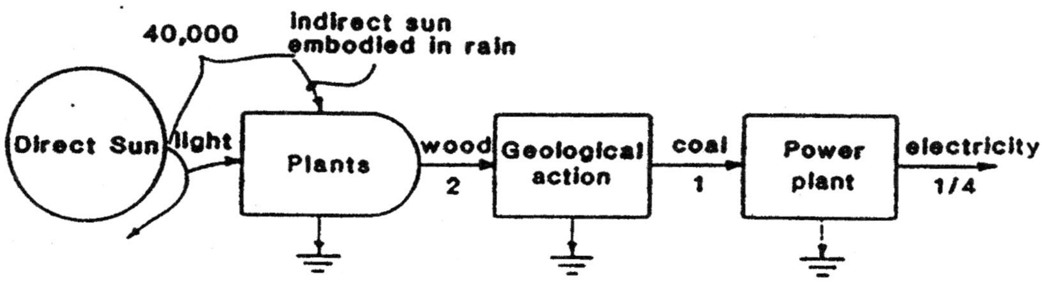

그림 21.1. 1J의 석탄과 1/4J의 전기를 생산하는데 이용되는 solar emjoules을 계산하기 위하여 이용된 에너지의 질에 대한 연쇄.

21.2 국가의 에머지 수지

그림 21.2는 1980년도 미국의 EMERGY 수지에 관한 다이어그램이다. 그림에 표시한 수치는 solar emergy이다. 측정된 에너지 흐름과 transformity를 곱하여 계산되었다. 4.7절과 <표 26.1>을 참조하라.

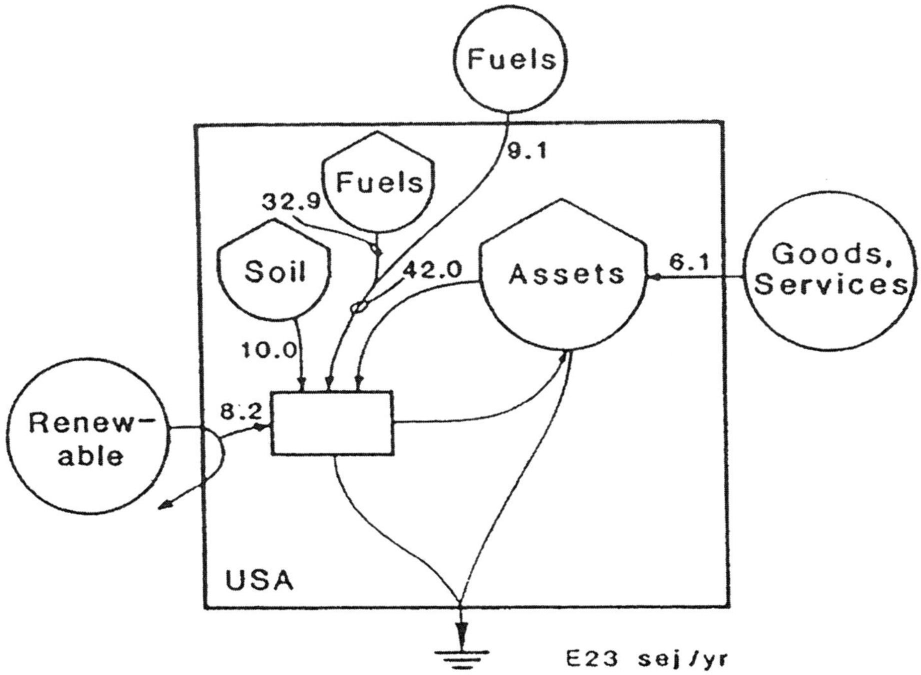

그림 21.2. 1980년 미국의 에머지 원. 〈표 22.1〉 참조. 연료에는 원료물질이 포함되고, 재생 가능한 에너지원에는 조석과 강우 에머지(태양과 바람 포함)가 포함된다.

미국 전역의 태양, 바람, 비, 조석의 에머지는 연간 평균 8.2 E23 solar emjoules이다. 이것은 재생 가능(renewable)이라고 표시된 에너지의 유입 흐름 위에 기록되어 있다. 소비된 연료와 토양의 solar emergy는 연간 52.0 E23 solar emjoules(sej)이며 연료와 토양으로 표시된 에너지원의 흐름 위에 기록되어 있다. 수입으로 미국 경제로 유입되는 solar emergy는 6.1 E23 sej이다. 1980년 미국 에머지 수지는 사용된 solar emergy의 합이며 연간 66.3 E23 sej에 해당한다.

국가 전체의 에너지 수지를 평가할 때 연료나 토양과 같은 재생 불가능한 에너지뿐만 아니라 재생 가능한 에너지를 포함하는 것이 중요하다. 이런 재생 가능한 에너지는 전체 경제에 매우 중요하다. 재생 가능한 에너지 없이는 식량, 섬유뿐만 아니라 보고 즐길 수 있는 야생 동·식물도 없을 것이다. 국가의 에너지 수지를 언급할 때 신문이나 일부 기관에서 가끔 소비된 연료 에너지만 포함한다. 국가를 운영하는데 많은 재생 가능한 에너지가 소모되기 때문에 이것은 심각한 오류이다. 재생 가능한 에너지원과 매년 소모되는 토양에 해당하는 에머지의 양은 18.2 E23 sej이며 이것은 미국 에머지 수지의 약 27%이다.

21.3 에너지와 화폐의 관계

<그림 21.3>에서처럼 에너지와 화폐의 흐름을 같은 다이어그램에 작성하면 그 관계가 쉽게 나타난다. 화폐와 에너지는 반대 방향으로 흐른다. <그림 21.3>의 단순한 경제시스템에서 농촌의 생산품(육류와 농작물)은 도시로 유입되고 그 대가로 농부는 일정한 돈을 받는데 그 돈은 생산품의 반대 방향으로 흘러 농장으로 돌아간다. 농부는 도시로부터 필요한 연료, 기계, 비료를 사기 위하여 농작물과 육류를 판매하여 받은 돈을 사용한다. 상품이 도시로부터 농촌으로 흘러가는 반대 방향으로 화폐가 다시 흘러간다. <그림 21.3>에는 에너지와 화폐의 흐름이 폐쇄 회로를 형성하고 있다. 이것을 우리는 교환 회로라고 한다. 곡식과 육류의 에너지는 판매하고 연료, 기계, 비료 형태의 에너지는 구매한다. 화폐는 반대 방향으로 순환한다. 이 경우 화폐는 교환의 매개체이다. 돈은 교환에 대한 지속적인 추적을 가능하게 한다.

상품과 돈의 흐름에 대한 관계가 가격이며 단위 상품이나 서비스를 구매하기 위한 화폐의 양이다.

아주 간단한 경제에서는 물물교환(barter)이 일어나며 어떤 화폐 교환도 일어나지 않는다. 물물교환 경제에서 에너지와 에너지는 직접 교환된다. 여러분들이 농부라고 가정하고 곡식과 육류를 트랙터나 연료와 교환하려고 시도해 보라. 매우 어려울 것이다. 이것이 화폐가 필요한 주된 이유 중의 하나이다. 화폐는 이런 교환을 가능하게 한다. 사람들은 자원이 경제를 운영한다는 사실을 가끔 망각하고 돈으로 구매하는 에머지보다도 돈을 추구하는 실수를 범하게 된다.

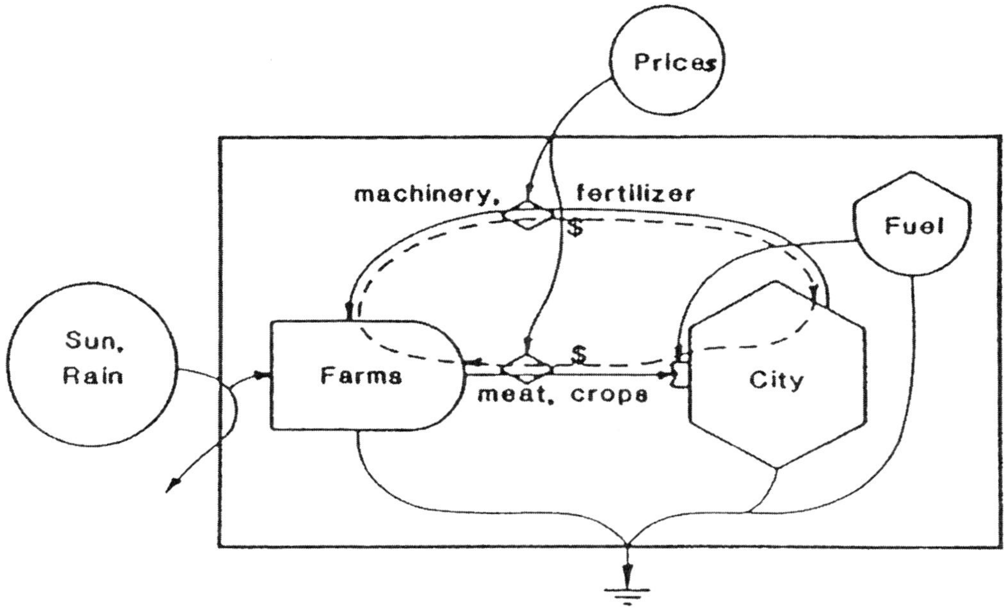

그림 21.3. 반대 방향으로 흐르는 에너지와 화폐.

에너지와 화폐 사이의 또 다른 흥미로운 관계는 돈은 항상 인간의 노동과 서비스에 대한 대가로 지급되며 자연의 역할에 대해서는 지급되지 않는다는 사실이다. 예를 들어, 휘발유를 판매할 때 지급된 돈은 주유소 주인에게 돌아간다. 주유소 주인이 더 많은 휘발유를 구매할 때 보급소에 돈을 지급하고, 보급소는 정유공장에 돈을 지급한다. 정유공장은 다시 원유를 지하로부터 시추에 대한 대가로 석유회사에 돈을 지급한다. 하지만 최초로 원유를 생성시킨 자연에 대해서는 어떤 사람도 돈을 지급하지 않는다.

<그림 21.3>에서 화폐는 농촌과 도시 사이를 순환하며 화폐로 살 수 있는 양은 태양, 비, 사용된 연료의 양에 의하여 결정된다.

<그림 21.4>는 돈과 에너지가 서로 반대 방향으로 흘러간다는 사실을 보여준다. 그러나 휘발유를 구매하는데 지급한 돈은 인간의 서비스에 대한 것이지 지하의 원유에 대한 대가는 아니다.

경제적인 거래에서 화폐는 에너지와 상호 교환된다. 거래가 발생해도 에너지가 쉽게 인식되지 않는 경우가 가끔 있다. 예를 들면 의사의 진료 서비스에 대하여 돈을 지급할 때 거래에 실제 에너지의 교환은 거의 일어나지 않는다. 그러나 환자에게 서비스를 제공하기 위해 의사가 의지하는 모든 의료기술에는 많은 에너지가 이용된다. 에머지는 서비스에 제공된 에너지를 측정한다.

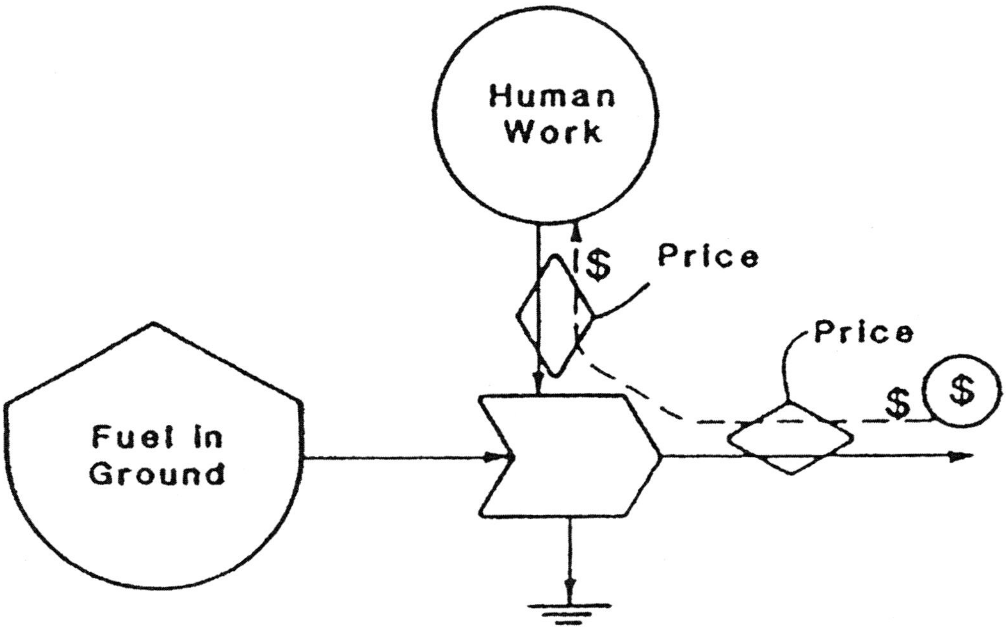

그림 21.4. 사용자에게 연료를 운반하는 일의 대가로 지급되는 돈.

21.4 국가의 에머지-화폐 비

휘발유를 주유소에서 구매할 때처럼 거래에 동반되는 에머지를 측정하는 것이 쉬울 때도 있지만 서비스를 구매할 때처럼 구매된 에머지의 계산이 쉽지 않을 때도 있다. 이런 경우 에머지-화폐 비를 사용하여 구매에 동반된 에머지를 산정하는 것이 필요하다. 에머지-화폐 비는 경제에서 1달러가 순환하는데 필요한 에머지 양을 산정한 것이다.

<그림 21.5>에서, 1980년 미국 경제를 운영하는데 에머지 66.3 E23 sej가 이용되었고, 화폐 2.6 E12 $가 순환되었다.

1980년 미국의 에머지-화폐 비는 이들 두 흐름의 비율이며, 달러당 2.6 E12 sej이었다. 에머지-화폐 비를 이용하여 인간의 경제활동을 유지하는데 사용된 에머지의 양을 산정한다. 예를 들어 1980년에 어떤 사람이 15,000$를 벌어 소비한 것을 생각해 보자. 이 금액에 2.6 E12 sej/$를 곱하면 이 사람이 한 해 동안 사용한 총 에머지는 3.9 E16 sej이다. 이 사람이 일 년에 소비한 식품 에너지는 약 4 E9 joule (2,500 Cal * 365 * 4,186J/Cal)이다. 3.9 E16 sej와 4 E9 joule의 차이는 농기구, 발전소, 공장뿐만 아니라 태양, 비, 바람 심지어 지질학적 융기와 같은 자연 에너지까지 그를 지원하는데 사용된 모든 에너지를 나타낸다.

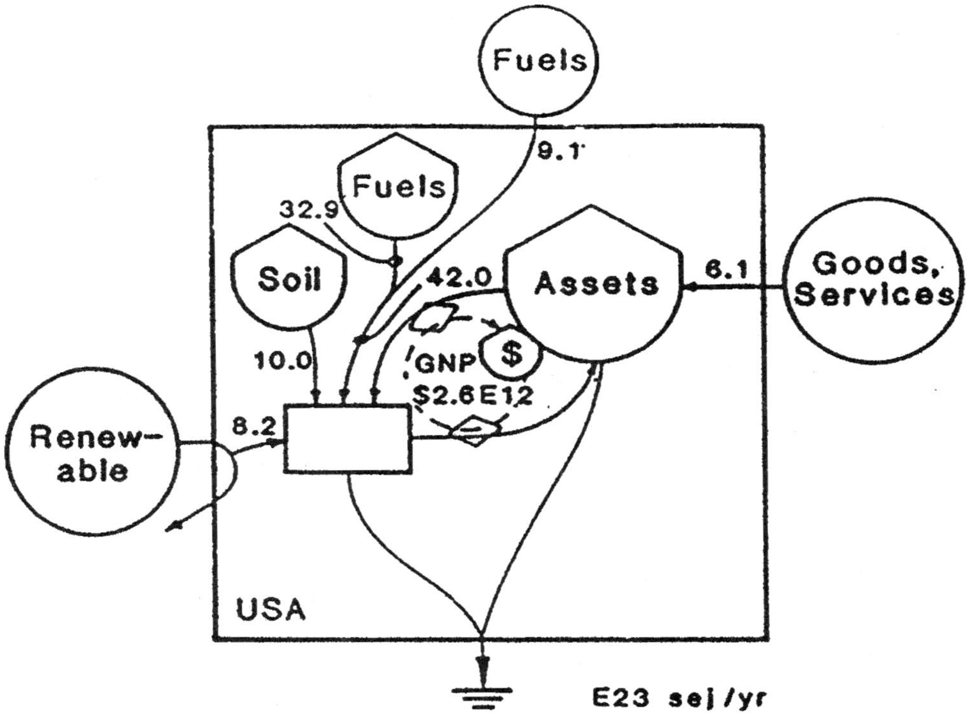

그림 21.5. 1980년 미국 경제의 총 에머지와 화폐 순환(GNP).

<그림 21.5>에서 GNP로 표시된 달러의 순환은 경제에서 상품과 서비스의 구매를 위해 소비자가 사용한 돈이다. 이러한 화폐의 흐름을 GNP라 하며 경제 전체의 생산성에 대한 척도로서 많이 사용된다. 그러나 통화팽창은 시간에 따라 화폐의 가치를 변화시키기 때문에 전체 경제의 활성도를 측정하는 데는 화폐보다는 경제를 운영하는데 사용된 전체 태양 에머지 양이 더 나은 지표이다.

21.5 에머지와 인플레이션

에머지-화폐 비의 개념을 이용하면 인플레이션을 쉽게 설명할 수 있다. 다음은 이 비가 어떤 역할을 하는지를 설명하고 있다 : 달러의 구매력은 여러분이 1달러로 살 수 있는 상품과 서비스의 양이다. 에머지-달러 비는 이러한 구매력을 표현한다. 1980년에 1달러는 2.6 E12 sej의 상품과 서비스를 구매할 수 있었다. 이제 <그림 21.5>를 보면서 경제로 유입되는 에머지가 감소하면 어떻게 될 것인가를 생각해 보자. 똑같은 양의 돈에 대해서 에머지가 적게 유입될 것이고 에머지-달러 비는 변한다. 1달러의 에머지 가치가 낮으므로 적게 구매할 수밖에 없다. 화폐의 구매력 감소를 인플레이션이라 한다.

물론 순환하는 화폐를 증감시켜 에머지-화폐 비를 변화시킬 수 있다. 때로 더 많은 돈이 발행된다. 사람들과 정부는 쉽게 돈을 빌리고, 이것은 에너지 유입량의 증가 없이 순환되는 화폐량만을 증가시킨다. 이러한 현상은 통화 팽창률을 더욱 증가시킨다. 1980년대 미국(그리고 세계)은 사용된 연료의 양은 감소하고 화폐 흐름은 증가하는 양쪽 모두에 의한 인플레이션 증가를 경험하였다. 그래서 연방은행은 대출에 대한 이자율을 증가시켜 가용한 화폐를 감소시켰다. 이것이 인플레이션을 감소시켰다.

인플레이션 때문에 생기는 화폐의 가치 하락이 <그림 21.6>에 나타나 있다. 이 그래프는 에머지 차원의 구매력을 나타낸다.

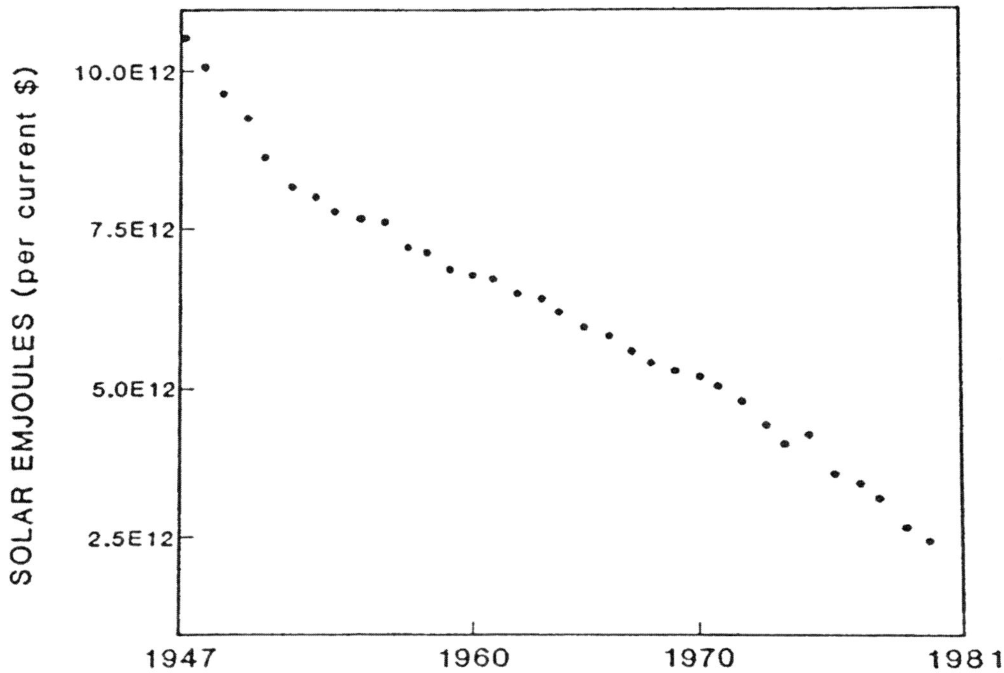

그림 21.6. 최근 수년 동안의 에머지 흐름(sej/yr)에 대한 달러 흐름(GNP)의 비(Odum and Odum, 1983). 강우의 에머지와 연료, 수력, 원자력의 에머지가 포함되었다.

21.6 경제의 영역

<그림 21.3>에서는 두 가지 영역을 포함하고 있는 간단한 경제가 다이어그램으로 나타나 있다. 첫 번째 영역은 농장이며, 두 번째 영역은 도시이다. 이것은 경제를 아주 단순화시켜 농장이라고 표시된 영역은 모든 농업활동을 통합하고 있는 반면에 산업, 상업, 정부, 인간의 가정활동 모두를 도시로 표시된 영역에 포함하였다. 그러나 이 다이어그램은 인간의 경제활동을 지원하는 자연환경의 역할이 포함되지 않았기 때문에 완전한 것이 아니다. 다시 말해서 환경 영역은 포함되지 않았다.

<그림 21.7>의 다이어그램은 농촌과 도시 영역 외에 숲, 습지, 초원, 기타 자연자원을 포함하는 자연환경 영역이 나타나 있다. 자연 시스템은 인간 활동에 많은 자유재를 제공하는

경제의 환경 영역이다. 화폐의 순환은 여전히 농촌과 도시 영역에만 남아 있어 이들 영역으로부터 환경 쪽으로 화폐는 순환되지 않는다. 그러나 도시로부터 자연환경으로 피드백이 있다는 사실에 주목하라. 여기에는 하수와 기타 폐기물 속에 있는 영양염의 재순환과 자연생태계를 관리하기 위한 일련의 노력이 포함된다.

단순한 경제를 통한 에너지와 물질의 흐름은 쉽게 이해된다. 경제에 관한 더욱 상세한 것이 필요할 때가 많으며 기본적인 세 가지 영역의 다이어그램에서 더 많은 영역이 파생된다. 이렇게 될 때 경제는 상호작용의 그물망이라 한다.

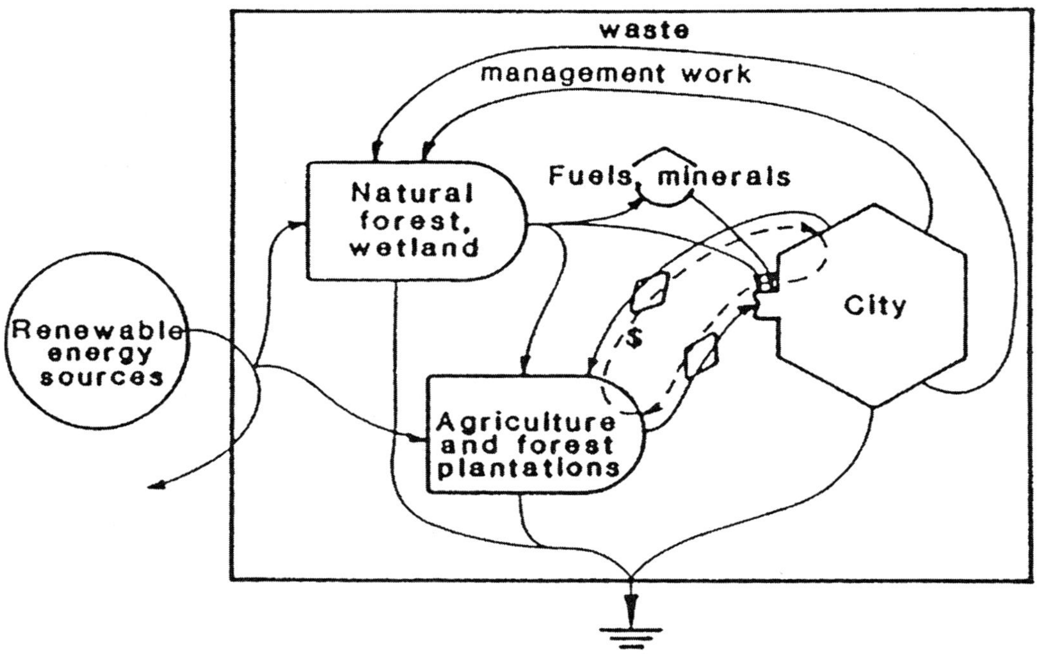

그림 21.7. 세 가지 영역의 경제, 한 영역은 화폐 없이 운영된다.

21.7 경제 그물망

생태계가 먹이 연결망을 형성하여 최고 소비자에게 에너지를 수렴시키는 것과 마찬가지로 경제도 에너지를 인간소비자 영역으로 수렴시키는 그물망을 형성한다. <그림 21.8>에서 경제는 6개의 영역으로 나누었으며 정부와 가정과 같은 최상급의 영역으로 흐르는 에너지가 있다. 재생 가능한 자연 에너지는 생산영역으로 유입되며 여기에는 어업, 농업, 임업, 관광과 휴양이 포함된다. 기름, 석탄, 가스와 같은 보유 연료와 인회석, 모래, 자갈, 석회암, 철광석과 같은 원자재는 재생 불가능한 물질이기 때문에 저장고 부호에 포함된다. 보유자원은 수입된 연료나 원자재와 함께 기계, 장치, 의류와 같은 품목을 제조하기 위하여 산업영역에서 이용된다. 수입을 통하여 많은 소비 상품이 상업영역으로 직접 유입된다. 석탄, 기름, 가스, 원자력발전소로부터 전력이 생산된다. 기름과 휘발유는 가정 영역으로 배달되어 난방과 자동차 운송에 이용된다. 모든 영역의 생산물은 상업영역을 통하여 각 가정으로 보급된다. 정부는 경찰, 보건, 복지, 교육, 보조금과 같은 행정서비스를 제공할 뿐만 아니라 법과 규제를 통하여 다른 영역을 관리한다.

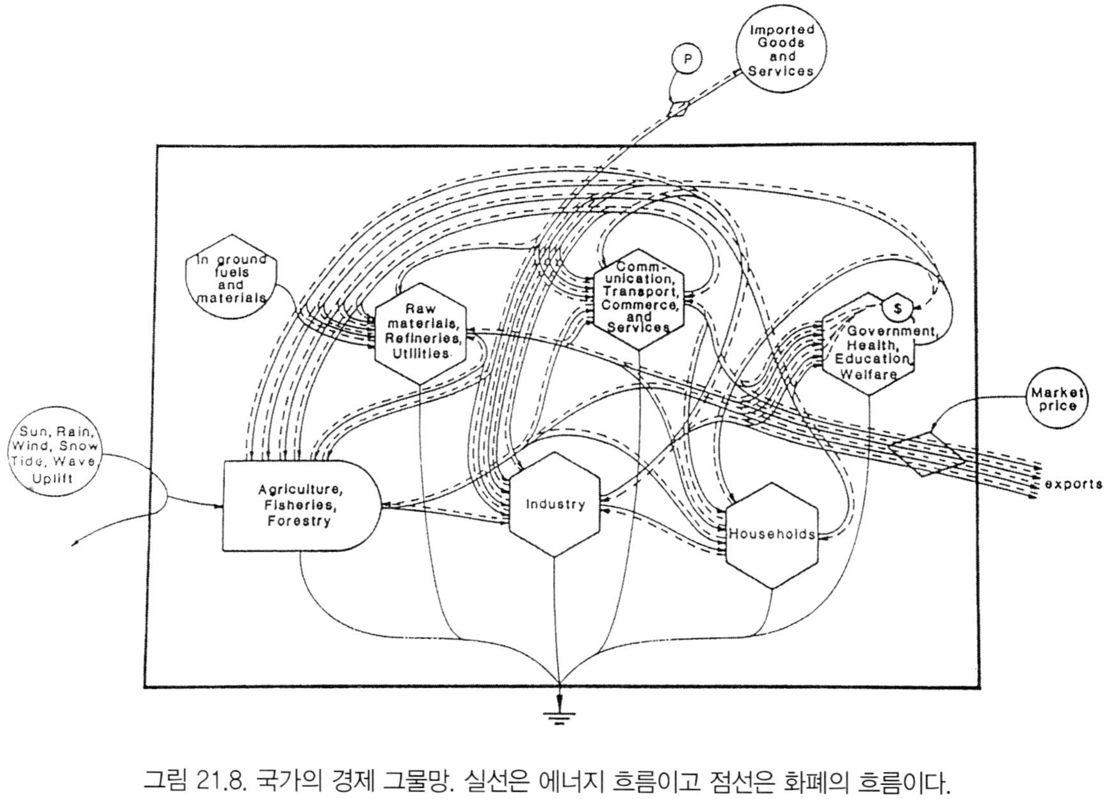

그림 21.8. 국가의 경제 그물망. 실선은 에너지 흐름이고 점선은 화폐의 흐름이다.

정부를 향한 흐름을 제외하고 경제 내에서 각각의 에너지 경로를 따라 흐르는 화폐의 양은 가격에 의하여 결정되고, 가격은 희소성에 의하여 결정된다. 예를 들어 오렌지가 구매자 수와 비교하여 부족할 때 가격은 상승하고, 더 많은 돈이 오렌지 생산자에게 돌아간다.

정부 영역의 화폐 흐름은 더욱 복잡하다. 정부로부터 돈의 흐름은 가격보다는 오히려 정치적 메커니즘을 통해 결정된다. 대부분 영역으로부터 세금을 거둬들이며 행정서비스로 분배한다. 각 영역으로부터 정부가 받은 돈과 각 영역에 제공하는 정부 서비스의 양이 직접 관련이 없으므로 돈의 흐름이 재화와 용역을 수반하지 않는다. 국민이 정치인을 통하여 경제의 어떤 분야가 촉진되기를 원할 때 정부는 그 분야에 서비스를 제공한다. 예를 들면 다이어그램에서 농업보조금이 정부로부터 농업 영역으로 흘러가는 실선으로 나타나 있다.

21.8 유입-유출 표

<그림 21.8>의 화폐 순환 경로를 <그림 21.9>에서 또 다른 방법으로 나타낼 수 있다. 이것은 미국 경제에 대한 유입-유출 표이다. 각각의 box는 그물망 그림에서 한 가지 경로의 화폐 흐름에 해당한다. 수직으로 칼럼의 합은 그 영역에서 소모된 재화에 대하여 지출한 금액이다. 수평으로 열의 합은 그 영역에서 생산된 재화에 대하여 벌어들인 금액이다.

소비자의 관점에서 볼 때 소득과 개인 생활의 직·간접적인 지출에 따른 화폐의 흐름이 가장 중요하다. 경제활동은 인간 활동으로 수렴되기 때문에 <그림 21.8>의 다이어그램에서 마지막 영역(가정과 정부)을 통한 흐름을 국민총생산이라 한다. <그림 21.9>에서는 가정과 정부의 column을 통한 흐름의 합에 해당한다. 이런 소비자를 최종 수요 영역이라 한다.

수입과 수출이 표에 포함되어 있으며 그림 21.8의 다이어그램에서 시스템 경계를 통과하는 흐름으로 나타나 있다.

유입-유출 표는 영역 간의 물질 흐름을 표현한다. 예를 들어 생태계에 대한 유입-유출 표는 자연 경제의 한 영역에서 다른 영역으로 식품에 포함된 탄소의 흐름에 관한 자료를 나타낼 수도 있다.

유입-유출 표는 영역들 사이의 화폐 흐름을 보기 쉽게 나타내고, <그림 21.8>의 그물망 다이어그램은 전체 에너지의 흐름을 더 잘 나타낸다. 다이어그램은 외부의 유입이 시스템을 가동하고 최종적으로 소모되어 시스템 밖으로 분산되는 것을 보여준다. 다이어그램의 좌측에 우측까지의 위치는 각각의 에너지에 대한 질을 나타낸다.

	Exports	Agriculture Forestry, Fisheries	Raw Material Utilities, Refineries	Industry	Communicat. Transport Commerce	Households	Government	Totals
Imports	0	1	3	17	3	9	4	37
Agriculture Forestry, Fisheries	3	17	0	31	3	6	0	60
Raw Material Utilities, Refineries	2	1	15	15	5	10	2	50
Industry	23	13	10	331	124	157	74	732
Communicat. Transport Commerce	9	12	7	90	127	157	74	732
Households	0	11	10	224	242	138	82	707
Government	0	5	5	24	65	83	49	231
Totals	37	60	50	732	569	707	231	2,386

그림 21.9. 1967년 미국 경제의 요약된 유입-유출 표. 수치는 10억 $/년 단위로 그림 21.8의 시스템 다이어그램에서 보는 것처럼 영역 간의 흐름이다. 수치는 정상상태(증가와 감소가 없는)가 되도록 조정하였다. GNP는 7,500억 $/년이었다(가정 간의 흐름, 1,380억$/년과 정부 내의 흐름, 490억 $/년을 공제하고 난 다음 나머지 가정, 7,070억 $/년과 정부, 2,310억 $/년을 통한 흐름의 합, 7,070+2,310−1,380−490=7,510억 $/년).

연습문제

1. 다음을 정의하라.
   a. 에너지의 질
   b. 에머지
   c. 증폭기
   d. 물물교환
   e. 가격
   f. GNP
   g. 영역
   h. 통화팽창, 인플레이션
2. 에너지-경제 다이어그램에서 에너지와 화폐는 왜 반대 방향으로 흐르는가?
3. 돈을 지급해야 하는 사물을 열거하라.
4. 경제 그물망으로 공급은 되지만 화폐가 지급되지 않는 세 가지를 들어라.
5. <그림 21.9>에 나타난 세 가지 영역을 설명하라.
6. 1983년도의 에머지-달러 비를 구하여라. 1년간 72.6 E23 sej의 에머지가 사용되었고, 3.3 trillion 달러가 유통되었다. 에머지-달러 비는 얼마인가?
7. 고급 에너지의 예를 들어라.
8. 에너지 질의 순으로 다음을 나열하라.
   햇빛, 분산된 열, 전기, 목재, 사람의 노동력
9. 통화 팽창률이 매년 같다면, 10,000달러의 차를 3년 이내에 구매하는데 필요한 돈은 얼마인가? 올해의 통화 팽창률(4%)을 사용하고, 3년 동안 일정하다고 가정하라. 매년 통화 팽창률이 1%씩 증가한다면 3년 후의 차 가격은 얼마인가?
10. 당신의 가족이 정부에 세금을 낼 때, 그 대가로 무엇을 기대하는가?
11. 다음의 현상이 통화팽창에 미치는 영향을 설명하시오.
    - 자산의 감소

- 환경에 의한 생명 지원 역할의 감소
- 전쟁
- 대출금의 증가
- 화폐의 추가 발행
- 에너지 유입의 감소
- 물이나 대기의 오염

12. 유입-유출 표를 이용하여 다음을 계산하라.
    a. 수출을 통하여 벌어들인 농업, 축산, 어업, 임업 부분의 수익은 얼마나 되며 전체 수익의 몇 %에 해당하는가? (왼쪽의 상단에서 농업, 임업, 수산업을 찾아서 수출 칼럼까지 오른쪽으로 가면 답은 30억$이다).
    b. 산업체에서 정부에 판매함으로써 오는 수익은 총수익의 몇 %인가?
    c. 무역은 균형을 이루고 있는가? (수입과 수출 비교)

제22장 국가 경제의 기초로서 환경

학습 목표

1. 경제적 이용 시스템에 대한 다이어그램 작성
2. 거시 경제시스템과 미시 경제시스템
3. 상품의 제조과정에 따른 부가가치
4. 시장 가치와 생태 경제적 가치
5. 자연자산의 생태 경제적 가치를 결정하는 방법
6. 경제를 이끄는 주요 재생 가능 에너지와 재생 불가능 에너지

22.1 경제의 기초로서 자원

국가나 주의 경제는 자연환경의 기초에 더하여 보유자원과 구매자원에 의존한다. 자연환경은 태양, 바람, 비, 조석, 철새 등과 같이 경계를 넘어서 유입하는 다양한 자유재로 구성된다. 경계 내의 보유자원에는 광물 자원, 목재, 어업생산량, 토양 등이 있다. 제22장에서는 이러한 자원을 에머지 개념을 이용하여 평가하고 국가 경제에 대한 기여도를 산정한다.

22.2 경제적 이용 시스템

<그림 21.8>의 다이어그램처럼 국가나 주의 전체 경제시스템을 거시 경제시스템이라 하고 경제활동의 한 가지 영역을 분리해서 연구할 때 미시 경제시스템이라 한다. 예를 들면 산림 목재의 가공과 이용에 관한 미시 경제시스템이 <그림 22.1>에 나타나 있다.

숲에서부터 목재 제조까지 직접 관련된 각 부분의 경제활동이 어떻게 가치에 관여하는지를 나타내기 위하여 나머지 경제와 분리하였다. 이 예에서 숲에서 나무는 성장하고, 벌목되어 최종적으로 완성품이 만들어진다. 태양과 영양염의 도움을 받은 숲의 나무는 경제로 옮겨와서 소비자에게 최종적으로 팔릴 때까지 단계별로 제조되어 이동된다.

돈은 인간의 서비스에만 지급한다. 그림에서 점선을 보라. 예를 들면 숲의 나무는 임업자에 의해서 최초로 벌목된다. 임업자는 제재소에 목재를 팔고, 받은 돈으로 연료, 기계, 기타 서비스를 구매한다. 제재소는 다시 완성된 목재를 야적장에 팔고, 그 돈으로 필요한 연료, 상품, 서비스를 구매하며, 이러한 것이 계속 진행된다. 완성품이 되기까지의 각 단계에서 더 많은 서비스가 제공되고 가격이 올라간다. 각 거래단계에서 지급되는 가격은 환경이 아니라 인간의 기여에 대한 척도이다. 각 단계에서 새로운 서비스에 지급된 돈이 부가가치이다.

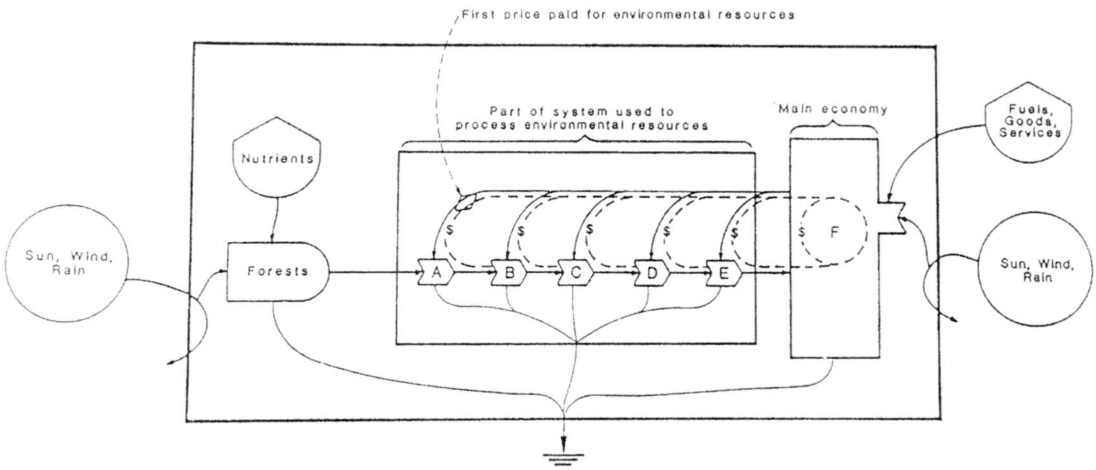

A - forester
B - saw mill
C - lumber yard
D - furniture manufacturer
E - furniture retailer
F - person in the economy

그림 22.1. 환경 제품의 경제적 가공.

전체 과정을 위한 에너지에는 왼쪽에 있는 태양, 바람, 비와 같은 재생 가능한 에너지와 영양염 에너지 그리고 오른쪽에 있는 주요 경제를 위한 재생 가능한 자원과 재생 불가능한 자원이 모두 포함된다. 나무가 자라도록 환경의 재생 가능한 자원과 재생 불가능한 자원이 자연의 역할을 하며 이런 에너지가 목재가 부분이 되어 구성하는 경제시스템에 관여하게 된다.

22.3 시장 가치와 생태 경제적 가치

<그림 22.1>에는 서로 다른 가치가 나타나 있다. 가장 보편적으로 이용되는 가치는 시장 가치이며 지급 의사로 정의된다. 경제적 이용은 임업자가 목재를 팔고 돈을 받음으로써 시작된다. 이때 지급된 돈은 가공되지 않은 원목의 시장 가치이다. 첫 번째 사람(임업자)에게 지급된 시장 가격을 생산품의 가치로 우리는 종종 생각한다. 이것도 하나의 가치는 틀림없지만, 목재가 경제시스템에 옮겨짐에 따라 순환하게 되는 전체의 돈은 훨씬 큰 가치를 가지고 있다. 목재가 도매상, 소매상을 거쳐 가구가 됨에 따라 보다 큰 시장 가격이 존재한다.

목재를 생산하는데 환경이 참여한 부분은 환경자원에 대한 태양 에머지로 계산된다. 나무가 성장하는 수년 동안에 걸쳐 자연의 일은 태양 에머지로 더해진다. 목재의 태양 에머지는 전체 경제의 태양 에머지 사용량과 비교하여 목재 사용이 전체 경제에 얼마나 공헌하는지를 알 수가 있다. 예를 들어 어떤 국가에서는 목재 사용이 국가 전체의 태양 에머지 토대의 10%를 차지한다.

본 교재에서 목재의 생태 경제적 가치는 목재 사용으로 인하여 전체 경제에 순환하는 화폐로 정의한다. 이것은 국가 에머지 사용량 중 목재가 이바지하는 비율을 GNP와 곱하여 산정할 수 있다.

목재의 생태 경제적 가치는 시장 가치보다 훨씬 크다. 달리 말하자면 목재는 시장 가치로 판단하는 것보다 경제에 더 많은 이바지를 한다.

목재와 같은 자원이 풍부할 때 사람들은 지급 의사가 적어진다. 가격은 싸기 때문에 누구나 쉽게 구매하여 많이 이용된다. 가격이 싸면 쌀수록 경제와 생활 수준에 더 많은 이바지를 하게 된다. 반대로 자원이 부족하여 시장 가격이 높아지면 생태 경제적 가치는 최소가 된다.

22.4 미국의 자원 기반에 대한 에너지 분석

모든 지역이나 주 또는 국가는 문화와 직업에 영향을 주는 서로 다른 조합의 자원을 가진다. 일반적으로 자원의 조합은 각 지역의 고유한 특징을 만든다. 제21장에서 설명한 것처럼 지역의 재생 가능한 에너지는 전체 에너지 수지에 상당한 양으로 더해져 경제의 주요 원동력으로 작용하고 있다. 자연과 인간이 결합한 경제는 재생 가능한 에너지원뿐만 아니라 수입품목이나 내부 보유자원 등의 모든 에너지원을 포함한다.

경제의 기초가 되는 모든 에너지원의 태양 에머지를 계산하는 것이 한 지역의 자원 기반에 대한 에머지 분석이다. 미국에 대한 에머지 분석이 <그림 22.2> 그리고 <표 22.1과 22.2>에 나타나 있다. 각 에너지원과 보유량이 태양 에머지로 평가된다. <그림 22.2>의 수치는 <표 22.1과 22.2>에서 계산된다.

<표 22.1>의 첫 번째 칼럼에는 에너지의 흐름이 에너지원 별로 나타나 있다. 자료는 다양한 통계로부터 얻어진다. 칼럼 2에는 다양한 에너지원의 transformity 값이 수록되어 있다. 생물권의 에너지 흐름에 다이어그램을 분석하여 transformity를 계산한다. 각 흐름의 태양 에머지가 <표 22.1>의 세 번째 칼럼에 수록되어 있다. 칼럼 1의 에너지와 칼럼 2의 transformity를 곱한 것이 태양 에머지이다. 각 에너지원의 태양 에머지 값이 <그림 22.2>의 자원에 대한 다이어그램 상에 기록되어 있다. 마지막 칼럼에는 각 에너지원이 경제에 이바지하는 생태 경제적 가치가 $로 산정되었다. 칼럼 3의 에머지 값을 21.4 절의 에머지-화폐 비로 나누어서 계산된다. 이 값은 전체 경제에 대한 각 에너지원의 기여도를 산정한 것이다.

<표 22.2>의 수치도 <표 22.1>과 같은 방법으로 계산되었다.

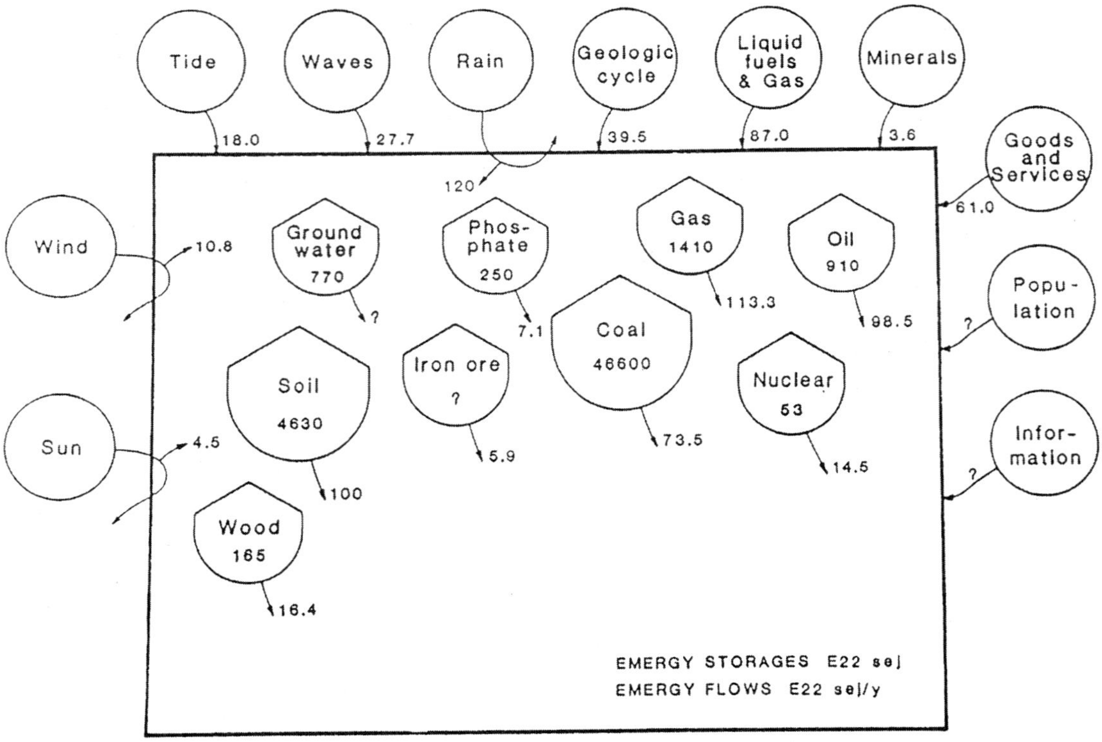

그림 22.2. 1980년 미국의 에너지원. 다양한 종류의 에너지가 태양 에머지로 표현되었다.
〈표 22.1과 22.2〉 참고.

22.5 미국 경제를 위한 환경 기초

<그림 22.2>와 <표 22.1>에서 처럼 주요 유입 에머지는 강우, 액체연료와 천연가스, 재화와 용역이다. 내부 보유자원 중에서 가장 큰 에머지는 석탄 매장량이며, 두 번째가 토양이다. 내부 보유자원 중에서 현재 가장 많이 이용되는 것은 천연가스이다.

각각의 에머지 원에 대한 상대적인 기여도의 판단은 한 국가에 대한 에머지 분석이 이루어지면 가능하다. 예를 들어 햇빛과 바람이 전체 에머지 수지에 대한 기여도가 상대적으로 적은 것을 알 수 있다. 연료의 사용과 비교할 때 재생 가능한 에너지원의 기여도는 적다. 미국 경제를 이끄는 데 대부분을 차지하는 연료를 재생 가능한 에너지원이 대체한다는 것은

상상하기 어렵다. 제26장에서 알게 되지만 일부 에너지원은 우리 사회가 현재 수준으로 소비할 정도로 충분하지 않다.

표 22.1. 1980년 미국이 이용한 에너지원

Source	Energy flow used within U.S E18 J/y	Transformity # sej/J	Solar emergy* used within U.S E22 sej/y	Eco-economic value! in billion dollars per year E9 $/y in 1980 $
FREE RENEWABLE SOURCES				
Direct sunlight	44,800.0	1	4.5	17.3
Indirect sun				
Wind	163.0	663	10.8	41.5
Waves	10.9	25,400	27.7	106.5
Rain				
Elevated potential	63.3	8,900	56.2	216.2
Chemical Purity	41.7	15,400	64.4	247.7
Tide absorbed	7.6	23,600	18.0	69.2
Geologic cycle	13.6	29.200	39.5	151.9
USE OF STORED RESERVES				
Wood	4.7	34,900	16.4	63.1
Coal	18.0	39,800	73.5	282.7
Oil	18.7	53,000	98.5	378.8
Nat. gas	23.6	48,000	113.3	435.8
Phosphate	5.0 E6 T	1.4 E16 sej/T	7.1	27.3
Iron ore	69.6 E12 g	8.5 E8 sej/g	5.9	22.7
Bauxite	1.5 E12 g	8.5 E8 sej/g	0.1	0.4
Nuclear electricity	9.1 E17	15.9 E4	14.5	55.8
Soil	5.9 E14 g	6.25 E4 sej/g	100.0	384.6
PURCHASED SOURCES FROM OTHER COUNTRIES				
Liquid fuels	15.5	53,000	82.0	315.4
Natural gas	1.1	48,000	5.0	19.2
Minerals	42.2 E12 g	8.5 E8 sej/g	3.6	13.8
Goods and Services			61.0	234.6

Solar emjoules estimated to be required to generate one joule of energy of this type. Sej/T means solar emjoules per ton.

* Solar emergy of United States energy sources. Since some of these sources were produced as byproducts of others, they should not be added as if they were separate contributions.

! Eco-economic value, in 1980$, obtained by dividing the solar emergy in column 3 by the emergy/$ ratio, 2.6 E12 sej/$.

저장된 지표층은 높은 가치를 가지기 때문에 부적절한 농업 관행으로 유발되는 지표층의 손실에 관심이 증가하는 것은 당연하다. 석탄을 제외하고는 다른 모든 저장량을 합친 것보다 저장된 지표층의 에머지가 크다. 국가가 심각한 문제로 인식하는 것은 놀랄 일이 아니다.

표 22.2. 1980년 미국의 환경자원 보유량

Stored source	Energy stored in U.S. E20 J	Transformity# sej/J	Solar emergy stores in U.S. E22 sej	Macroeconomic value* in billion dollars E9 $ in 1980 $
Wood	0.47	34,900	165	634.6
Coal	117.0	39,800	46,600	179,230.8
Groundwater	1.9	41,000	770	2,961.5
Natural gas	2.95	48,000	1,410	5,432.1
Oil	1.71	53,000	910	3,500.0
Phosphate	1.8 E8 T	1.4 E16 sej/T	250	961.5
Topsoil	7.35	63,000	4,630	17,807.7
Uranium	2.95	1.9 E3	53	203.8
Iron ore	?			

Solar emjoules estimated to be required to generate one joule of energy of this type.

* Macroeconomic value in 1980$, obtained by dividing he solar emergy in column 3 by the emergy/$ ratio, 2.6 E12 sej/$.

연습문제

1. 다음을 정의하라.
   a. 미시 경제시스템
   b. 거시 경제시스템
   c. 시장 가치
   d. 에머지 분석
   e. 생태 경제적 가치
   f. 부가가치
2. <그림 22.1>을 이용하여 환경 생산물이 다음의 생산품을 만드는 과정을 설명하라.
   a. 레코드 앨범
   b. 시리얼 상자
   c. 잡지
3. (2) 번 문제의 생산품을 만드는 각 단계에서 어떻게 가치가 부가되는지를 설명하라.
4. 미국의 석탄 매장량과 연간 사용량의 생태 경제적 가치를 계산하는 방법에 대하여 4단계로 나누어 설명하라. <표 22.1과 22.2>를 이용하여 실제 계산하라.
5. <그림 22.2>의 인구유입에 대한 태양 에머지를 계산해보라. 1980년 합법적인 이민이 531,000명이다. 만약 이들이 <표 27.1>과 같이 1인당 평균 4.0 E16 sej의 에머지를 가지고 온다면 이민으로 인한 에머지 유입은 얼마인가? 이민으로 인한 에머지가 1980년 미국의 전체 에머지 사용량의 얼마를 차지하는가? (전체 에머지를 구하기 위하여 외부와 내부 흐름을 모두를 더하라.).

제23장 지역의 경제시스템

학습 목표

1. 지역의 에너지 다이어그램에 포함된 구성요소
2. 지역의 이미지나 환경이 관광객과 투자를 유치하는 능력
3. 지역의 경제를 구성하는 다양한 영역
4. 지역의 경제와 에너지 사용과의 관계

앞장에서 국가 경제를 위한 환경기반에 대하여 분석하였다. 주와 같은 소규모 지역이나 이보다 훨씬 작은 구나 군과 같은 지역의 경제도 부분적으로 환경자원에 의해 운영된다. 이들 환경자원은 풍부한 지하수나 산림과 같은 저장된 에너지일 수 있고, 하천이나 연안 지역의 경우 조석과 파랑과 같이 유입되는 에너지일 수도 있다. 이 장에서는 환경자원이 외부의 투자를 유치하는 역할을 포함한 지역의 경제를 탐구한다.

대부분 지역은 자신의 에너지와 재화가 부족하므로 수입에 많은 의존을 한다. 일부 재화와 자원을 많이 보유하고 있는 지역은 자원이 부족한 지역에 판매한다. 이와 같은 방법으로 각 주의 경제는 서로 연결되어 미국의 거대 경제를 구성하고 있다.

23.1 지역의 다이어그램

에너지 다이어그램을 작성하게 되면 구성요소, 작용, 원인과 효과에 관한 정보를 결합하는 데 도움이 된다. 하나의 다이어그램 속에 시스템에 관하여 알고 있는 모든 특징을 포함하고 특징 간에 상호작용하는 경로를 보여줌으로써 지역과 같은 복잡한 시스템을 더욱 쉽게 이해할 수 있다. 모든 구성요소와 과정을 포함하여 전체 시스템을 한꺼번에 관찰하게 되면 전체뿐만 아니라 각 구성요소가 얼마나 알맞게 전체에 이바지하는지 이해할 수 있다.

한 지역의 전체 개관을 보기 위한 대표적인 다이어그램이 <그림 23.1>에 나타나 있다. 이러한 다이어그램을 그리기 위해서 먼저 외부의 주요 에너지원과 내부의 자원 저장고를 결정하고 다이어그램 상에 그린다. 그다음에는 주요 구성요소, 작용, 하부 시스템을 첨가한다. 에너지원과 내부 구성요소 모두 에너지의 질이 왼쪽에서 오른쪽으로 증가하는 순서에 따라 배열된다. 구성요소와 작용을 그린 다음 구성요소를 연결하여 상호작용을 보여주는 에너지 흐름의 경로를 그린다.

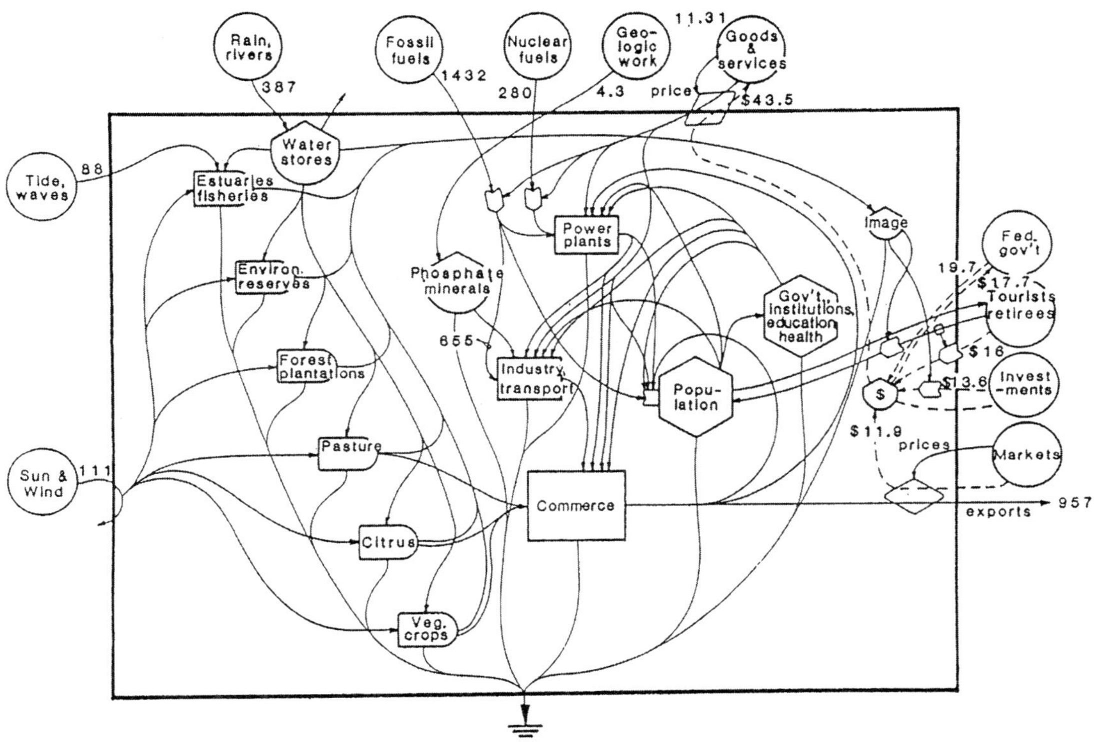

그림 23.1. 한 지역의 특징, 경로, 특징 간의 상호작용을 보여주는 일반적인 다이어그램.

전체 개관에 대한 다이어그램은 왼쪽에서 오른쪽으로 환경 영역과 농촌, 사업과 산업 영역, 가정 소비자와 정부 그리고 정보 센터를 차례로 포함한다. 환경과 농촌시스템은 태양, 바람, 비, 지질학적 작용으로부터 에너지가 유입된다. 이들 시스템은 식물 광합성 영역이며, 성장한 식생은 숲과 자연환경에 저장되어 수확되고 소비된다. 연안 역은 파랑과 조석

덕분에 환경과 경제시스템 모두에게 가치 있는 서비스를 생성한다. 오른쪽에 있는 구성요소는 소비자 영역으로 주로 도시가 위치한다. 이 영역은 이주민의 인구수, 정부의 간섭, 화석연료의 유용성에 영향을 받는다. 이주민이 증가하는 지역에서는 인구 증가 때문에 새롭게 팽창하는 상업과 산업의 도심이 형성된다.

에너지와 자원은 판매되면서 돈으로 교환되어 지역 경제 속에 화폐로 유입된다. 이 돈은 재화, 용역, 연료를 외부로부터 구매하는 데 다시 사용한다. 중앙정부에 세금을 내고 중앙정부로부터 양여금을 받는다.

23.2 관심 유발과 이미지

외부에서 온 사람은 그 지역의 모습에 대한 정신적인 그림을 가지고 있다. 이런 정신적인 그림은 그 지역의 이미지로 구성되며 이미지에 의해서 관광객과 이주민이 유치된다. <그림 23.1>은 지역 시스템의 모든 개개의 요소에 의해서 형성된 이미지 저장고를 나타내고 있다. 숲, 연안, 산과 목장과 같은 농촌과 자연환경시스템뿐만 아니라 도시와 정부 시스템도 전체 이미지를 형성하는 데 이바지한다.

<그림 23.1>에서 이미지는 관광객과 이주민의 유치를 증가시키는 역할을 한다. 지역이나 주의 이미지가 좋으면 좋을수록 사람들의 관심이 크게 유발된다. 미국의 남부지역은 'Sun Belt'라 불리며 좋은 이미지를 가지고 점점 많은 사람을 유치하고 있다. 연안에 있는 주들은 숲과 농촌 지역을 가지고 있을 뿐만 아니라 다른 내륙의 주보다도 좋은 이미지를 주는 하구와 백사장을 추가로 가지고 있다. 꽃가루도 날리지 않고, 습도도 심하지 않은 매우 따뜻한 기후를 가진 주에서도 이러한 이유로 많은 사람을 유치하고 있다.

더욱이 이미지는 외부의 자금원으로부터 투자를 유치하는 데도 도움을 준다. 좋은 이미지를 가진 지역은 너무 팽창되었거나 이미지가 낮은 주로부터 이주하려는 산업을 유치한다. 개별 투자자들은 항상 좋은 투자처를 찾고 있으며 좋은 이미지를 가진 지역은 성장하고

있으므로 일반적으로 좋은 투자처가 된다.

유치된 인구나 산업과 상업은 지역의 경제를 확장하기 때문에 많은 경우 이미지가 하락한다. 도시의 혼잡, 개방 공간의 개발, 깨끗한 물과 공기와 같은 환경 가치의 손실은 이미지 하락의 원인이 된다. 보다 이미지가 높은 지역이 이미지가 감소하는 지역으로부터 투자를 유치해 간다.

23.3 지역 경제의 기본적인 양상

<그림 23.1>에서와 같이 지역 전체의 복잡한 다이어그램을 탐구할 때 무엇이 중요한지 혼돈되기 쉽다. 지역 시스템을 관찰하는 한 가지 방법은 <그림 23.2>에서처럼 다이어그램을 통합하여 작성하는 것이다.

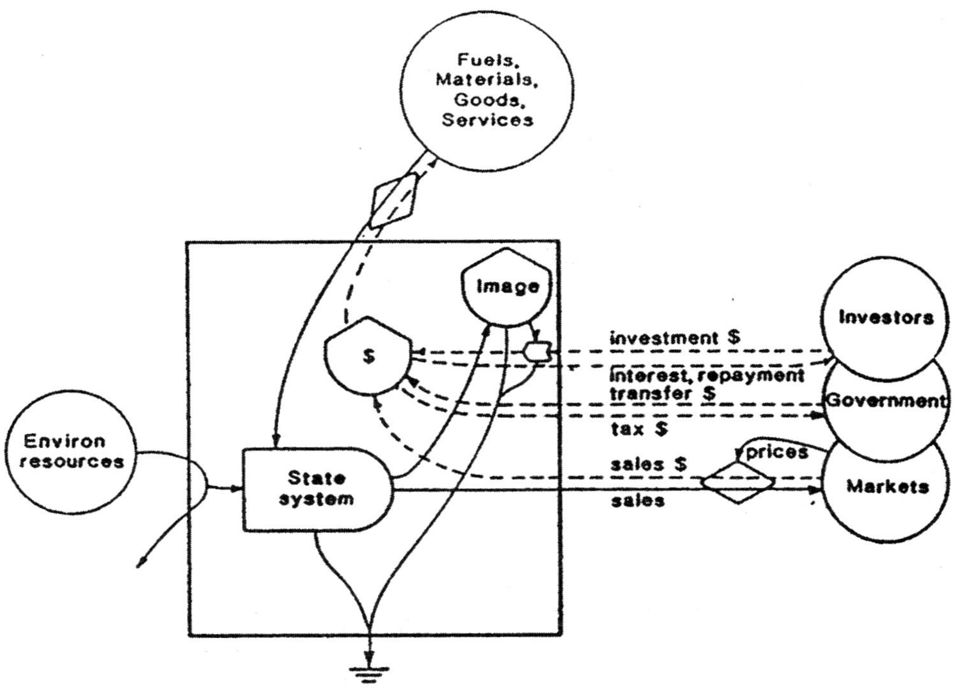

그림 23.2. 지역의 경제에 대한 기본적인 양상.

여기서 지역의 생산품은 수출되면서 화폐와 교환되고, 화폐는 다시 외부로부터 연료, 재화, 용역을 구매하는 데 사용된다.

역할이 <그림 23.2>에 나타나 있다. 이미지와 수출품이 환경자원으로부터 제일 먼저 생성되고 있음을 강조하고 있다. 수출품의 판매 대가로 번 돈과 좋은 이미지로 유치한 투자금은 필요한 연료, 재화와 용역을 수입하는 데 사용된다. 정부는 세금을 거둬들이고 양여금을 지급한다. 양여금은 국방지출, 사회보장, 교육 등을 위하여 중앙정부가 지출하는 돈이다. 경제를 강하고 경쟁력 있게 유지하는데 환경자원의 조심스러운 이용이 중요함을 다이어그램이 분명하게 나타내야 한다. 외부의 투자를 유치하는 좋은 이미지와 그 지역의 환경자원에 기초한 재화와 용역의 판매를 통하여 강한 경제력이 형성된다.

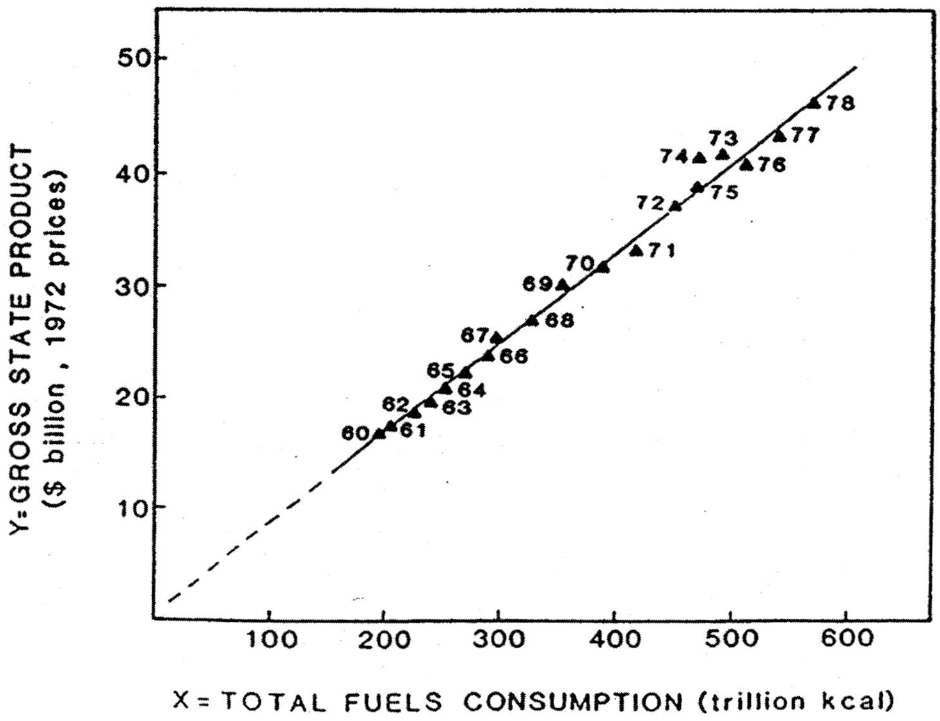

그림 23.3. 플로리다 경제와 에너지 소비의 상관성 (Zucchetto, 1984).

23.4 연료사용과 지역의 경제

오늘날 현대화된 지역의 대부분 emergy는 연료로부터 파생되기 때문에 경제의 활성 또는 경쟁에서 견디고 이길 수 있는 능력은 유용한 목적의 에너지 소비량에 달려있다. 플로리다의 GSP와 연료 사용량의 관계가 <그림 23.3>에 잘 나타나 있다. 1960년부터 시작해서 그래프 상의 각 점은 다른 연도를 나타낸다.

1960년부터 1978년 사이에 GSP와 그해 연료 에너지 사용량은 직접적인 관계가 있음을 분명히 보여준다. 매년 플로리다 지역의 경제는 개선되었고 이전 해보다 생산이 늘어났다. 매년 생산량이 증가한 만큼 에너지 소비도 늘어났다.

23.5 외부와의 교역

대부분 지역은 생산과 소비과정에 필요한 모든 것을 생산할 수 없으므로 다른 지역에서 연료나 재화와 용역을 구매한다. 텍사스, 루이지애나, 알래스카와 같이 기름과 가스를 생산하는 지역은 기름을 수년 동안 다른 지역에 판매하였다. 좋은 토양과 기후를 가진 지역은 농산물을 생산하여 그렇지 못한 지역에 판매한다. 종이와 집 또는 다른 건물 공사를 위하여 미국의 남부와 북서쪽의 숲으로부터 목재가 다른 지역으로 판매된다.

<그림 23.2>에서 본 것처럼 수입품을 구매하기 위해서는 수출품을 팔거나 다른 방법으로 투자를 유치해야 한다. 때로는 수지 균형이 유지된다고 한다. 즉 수입을 위하여 지출된 화폐의 양과 수출과 투자나 다른 방법으로 유입되는 화폐의 양이 균형을 이룬 상태를 말한다. 연안에 있는 지역은 특히 외국과의 무역을 활발히 한다. 남부 연안의 주들은 중남미로부터 많은 양의 기름과 다른 원료물질을 수입하고 기계와 전자제품 같은 완성품을 다시 판매한다.

23.6 광업과 광물 채취

수백만 년을 거친 지질학적 작용으로 일부의 금속과 석탄, 석유, 천연가스와 같은 물질이 농축된다. 농축이 충분히 된 곳에서는 채취가 이루어진다. 켄터키와 서부 버지니아의 거대한 탄광은 수년 동안 채광되었다. 북부 대평원의 퇴적물은 현재 거의 고갈되었다.

퇴적물이 표층에 가까이 있는 곳에는 지표층을 제거하고 퇴적물을 캐내는 노천 채굴이 일어났다. 노천 채광이 일어나는 동안 전체 경관이 재구성되고 있으며, 얼마나 많이 채굴할 것인지, 채굴 후 어떻게 새로운 경관을 배치할 것인지에 대한 논쟁이 일고 있다. 노천 채굴되는 물질에는 철광석, 인회석, 보크사이트뿐만 아니라 많은 희귀물질이 포함된다.

광물 자원이 농축된 지역에서는 그 지역에서 이용하는 것보다 훨씬 많이 채굴하여 대부분을 다른 지역으로 판매한다. 일부 지역에서 자원이 다른 지역으로 운반되어 다른 지역의 경제에 도움을 주지만 채굴의 결과로 자기 지역이 겪어야 하는 환경의 질 저하에 대하여 의문을 품고 있다. 환경의 질 저하에 대한 보상과 자연경관의 복원을 위하여 추가적인 세금을 제안하여 판매되는 자원에 부가시키고 있다.

23.7 임업과 농업

미국 북서부와 남부지역에는 임업이 경제의 주요한 부문이다. 대부분의 초기 수목은 백여 년 전에 벌목되었고, 현재는 2차 성장이며, 고속 성장하는 소나무의 임산지가 최고의 목재 원이다. 초기에 미국 동부의 대규모 숲은 벌목되어 일부는 농경지로 전환되었기 때문에 결코 다시 식목이 일어나지 않았다.

숲이 벌목되고 다시 식목하지 않으면 소중한 자원이 고갈된다. 어떤 경우에는 고급 품질의 단단한 나무가 벌채되고 난 후에 빨리 자라는 소나무와 같은 부드러운 나무로 교체된다. 히커리, 참나무, 호두나무 등과 같은 단단한 나무는 성장하는 데 오랜 시간이 걸리기 때문에 대부분의 임산 지는 그 대신 소나무를 심어 단위 면적 당 생산량을 증가시킨다.

농업생산은 지역마다 다양하다. 한 국가의 여러 지역은 기후, 지형, 토양의 특징적인 결합을 가지므로 서로 다른 농작물을 재배하기에 적합하다. 대평원에 속해 있는 지역은 넓은 지역에 광범위하게 곡식이 자라기 때문에 "빵의 바구니"이다. 남부에서는 목화, 벼, 콩, 감귤류와 축산이 주요 농산업이다. 플로리다와 남부 캘리포니아는 겨울에 채소를 재배하여 매우 높은 가격을 받을 수 있다.

23.8 산업

매우 최근까지 미국에 있는 대부분 산업은 북동쪽에 집중되었다. 자동차 산업은 강철의 공급과 수송 접근이 가까운 미시간주의 오대호 주변에 집중되었다. 한 지역이 점차 혼잡해짐에 따라 환경의 서비스는 감소하고 식품과 물을 사용하고 여가를 선용하는데 인간의 서비스가 더 많이 요구된다. 폐기물 처분에 비용이 더 들고 세금은 높아만 간다. 산업에 관심이 줄어들면 이런 지역의 경제성장은 감소가 시작된다. 이러한 현상은 인구 밀도의 증가와 환경자원의 고갈 때문에 발생한다.

아주 최근에는 새로운 산업이 시작됨에 따라 새로운 부지를 찾고 있다. 컴퓨터 산업과 같은 대부분의 신산업은 노동자들을 위하여 기후가 좋고 기타 자연의 혜택이 많은 곳에 있다.

23.9 경제성장

그림 23.3에서 보는 것처럼 경제성장은 에너지원의 증가와 직접적인 관계가 있다. 미래에 이용 가능한 에너지가 증가하면 더욱 성장할 수 있는 잠재력을 가질 수 있겠지만, 좀 더 현실적인 생각을 해보면 점차 에너지가 소모됨에 따라 전체 경제는 성장을 멈추고 성장하는 지역과 쇠퇴하는 지역의 경제가 균형을 맞추게 될 것이다. 좋은 환경을 기초로 하는 지역에서는 보다 오랫동안 지속해서 관심이 유발될 것이고, 다른 지역의 성장이 멈춘 후에도

성장이 오래 계속될 것이다.

소모된 자원을 정보와 인간 서비스가 대체함으로써 경제가 계속해서 성장하도록 운영될 것이라는 대조적인 생각을 많은 사람이 가지고 있다. 그러나 정보 시스템과 교육받은 사람을 유지하는 데는 더 많은 자원이 요구된다.

고갈된 자원을 대체할 수 있는 새로운 종류의 자원이 발견될 것이라고 여전히 믿고 있는 부류의 사람도 있다. 소모된 화석연료처럼 풍부하게 사용할 수 있는 새로운 종류의 에너지는 지금까지 발견되지 않았다. 제25장과 제26장을 참조하라.

연습문제

1. 다음을 정의하라.
   a. 지역의 총생산(GSP)
   b. 이미지
   c. 노천 탄광
   d. 지형학
2. 지역의 시스템을 위한 외부 에너지원 10가지를 에너지 질의 순서로 나열하라.
3. 좋은 이미지는 지역에 관심을 가지는 투자자에게 어떤 영향을 주는가?
4. 우리 지역의 생산, 판매, 서비스, 이미지의 근원은 무엇인가?
5. 지역의 경제와 에너지 소비와의 관계는 무엇인가?

제24장 경제가 환경에 미치는 영향

학습 목표

1. 경제가 환경과 공생하는 방법
2. 폐기물과 부산물의 이용
3. 황의 순환과 연소의 영향
4. 이산화탄소, 오존, 산성비, 독성 화학폐기물의 문제점
5. 고형폐기물에 대한 개선 방법

<그림 24.1>에서처럼 경제는 자연으로부터 제23장에서 설명한 바와 같이 에너지와 원료물질을 공급받을 뿐만 아니라 폐기물 배출이나 관리를 통하여 환경에 영향을 미친다. 예를 들면, 인간은 새로운 경작지를 개발하고, 농업에 화학물질을 첨가하며, 도로, 철도, 전선과 통신망으로 경관의 배치를 조절한다. 달리 말하면 경제와 자연은 공생관계인 것이다. 자연의 지질-환경학적인 순환과정과 자연에서 유용한 물질을 얻어낸 후 폐기물의 축적 없이 환원시키는 방법을 인식함으로써 환경에 미치는 많은 문제점을 해결할 수 있다.

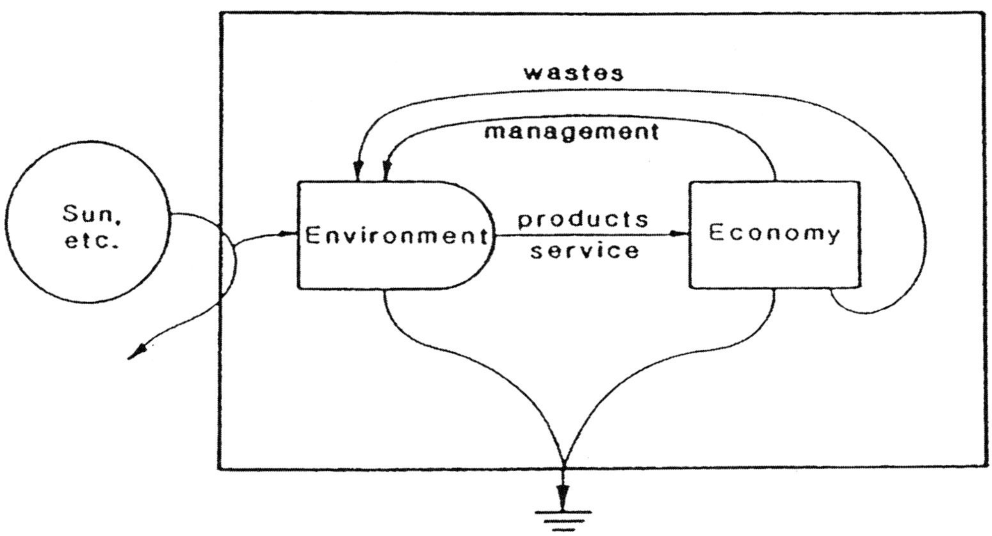

그림 24.1. 환경과 경제에 대한 다이어그램.

24.1 부산물과 폐기물의 차이

생태계나 경제에서 좋은 시스템은 부산물 전부를 효율을 개선하는 데 사용한다. 생태계에서 부산물이 생기면 언제나 그것을 이용하는 일부 생물이 출현한다. 지구 생물 종의 저장고인 거대한 생물의 다양성은 일반적으로 어떠한 생성물도 유용하게 이용할 수 있는 일부의 생물을 보유하고 있다. 예를 들면, 온천수나 원자력발전소에서 배출되는 온배수에도 특별한 생태계가 형성되는 것을 알 수 있다.

똑같은 이치로, 경제에서 부산물을 유용한 목적으로 이용하지 못하면 효율과 경쟁력이 떨어진다. 예를 들어 폐기물을 노천폐기하거나 매축하는 것은 잘못된 관행이다. 유리, 플라스틱, 목재, 금속 등을 경제 내에서 재사용하게 되면 그 품목을 다시 만드는 비용과 폐기물 처리와 저장에 필요한 비용을 절약할 수 있다.

쉽게 재이용할 수 없는 부산물은 지구 생물권에 보탬이 되는 형태로 환경에 순환시켜야 한다. 이러한 예로 처리된 하수를 습지로 순환시켜 물을 보존하고, 식물과 야생동물의 성장을 촉진하며 처리비용도 감소시킨다.

사용되지 않는 폐기물은 오염이지만, 재사용되거나 재순환되는 부산물은 하나의 편익이다.

24.2 황의 순환

황은 생물에게 미량으로 필요한 원소이다. 황은 황산염 형태로 해수 중에 풍부하게 존재한다. 황은 매우 황폐한 토양이나 바다로부터 멀리 떨어져 있는 습지를 제외하고는 식물에 제한 요소가 되기 힘들다. 식물은 황을 이용해서 유기물을 생성하고, 유기물은 식물연쇄를 차례로 통과하여 배설물로 방출되어 분해된 후 황산염 형태로 물속에 돌아간다. <그림 24.2>의 황 순환은 <그림 2.3>의 인 순환, <그림 2.4>의 질소 순환과 유사하다.

식물로부터 생성된 황을 함유한 일부 유기물은 최종적으로 석탄이나 석유가 만들어지는 이탄이나 수서 퇴적물로 이동된다. 물이 유기 퇴적물을 통과할 때 물속으로 녹아 나온 황산염은 미생물에 의하여 산소가 이용된 후 황화수소로 변환된다. 일부는 철염과 반응하여 황화철 입자(바보의 금이라 불리는 황색 광물)를 형성하게 된다. 이것이 석탄과 석유에 유황 성분이 많이 함유되는 이유이다.

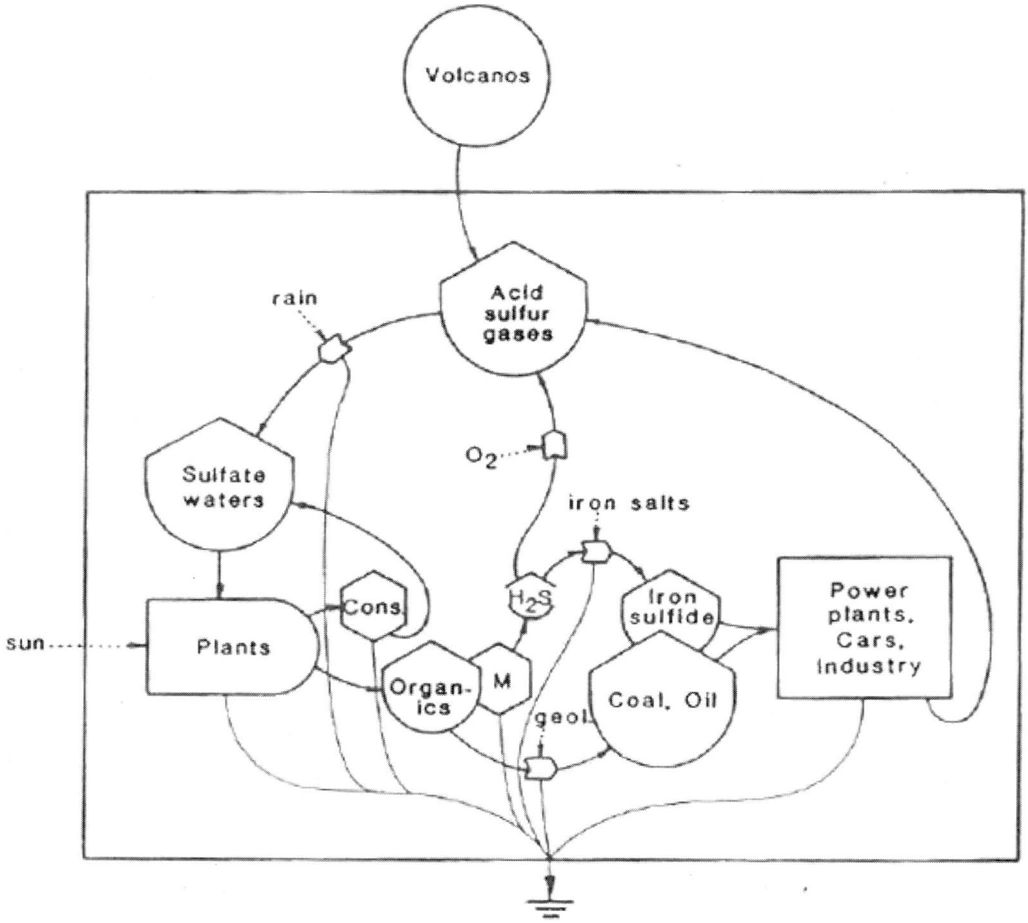

그림 24.2. 세계의 황 순환. 황의 이동 경로는 굵은 실선, 에너지 분산의 열 손실은 가는 실선이다. H2S: 황화수소; M:미생물.

24.3 산성비

석탄과 석유가 연소할 때, 황화광물은 산소와 결합해서 유황 가스를 형성한다. 유황 가스가 비와 섞이면 황산이 형성된다. 달리 말하자면 비가 산성이 된다. 질산 또한 유사한 과정으로 산성비에 관여한다.

산성비가 숲속의 호수에 내리면 알루미늄을 용해하여 어류의 점액을 지나치게 분비하도록 자극하고 점액은 결국 아가미를 막아 물고기가 죽게 된다. 산성비는 토양에서 영양염을 침출시킨다. 세계적으로 산업 지역에서 바람이 불어오는 국가는 산성비에 의한 피해가 있다. 만약 산성비가 석회(탄산칼슘)암이나 석회 입자를 함유한 토양에 내리면 산성은 중화된다.

24.4 스모그

매연(smoke)과 안개(fog)가 결합한 것을 스모그(smog)라 한다. 스모그는 특히 대기역전(지표의 차가운 공기층 위에 따뜻한 공기층) 현상이 있는 지역에는 산업체의 매연이 도시를 덮고 있어 심각한 문제를 유발한다. 역전현상은 지표면 근처의 공기가 위로 섞이는 것을 방해한다. 스모그는 호흡기 질환과 식물과 나무의 성장에 피해를 유발한다. 런던, 마드리드, 로스앤젤레스는 문제를 유발하기 충분한 스모그를 가지고 있는 도시이다.

24.5 이산화탄소 축적과 온실효과

오늘날 이산화탄소 농도 증가 때문에 현존하는 식물이 더 많은 광합성을 하지만, 현대 산업은 세계의 수목과 식물이 이용하는 속도보다 빠르게 이산화탄소를 배출한다. 또한, 농경지는 수확 후에는 헐벗은 상태이고, 산업과 주거용으로 토지가 이용되면서 녹색 식물의 면적이 이전보다 감소하였다. 대기 중의 이산화탄소 농도는 지난 세기에 비하여 20% 이상 증가하였다.

대기 중의 여분의 이산화탄소층은 열을 내부에 보존하는 온실의 유리와 같은 역할을 한다. 이런 여분의 열이 세계의 대기와 기후에 미치는 영향은 많은 과학 연구와 논쟁의 주제이다. 해수면이 낮아지고 있는지, 상승하고 있는지는 현재 확실하지 않다.

한 이론은 대기의 이산화탄소 증가로 인해 야기된 온도의 상승은 지구 주위의 열을 증가시킬 것이고 이것이 극 지역의 빙하를 녹여 해수면을 상승시킬 것이라고 설명하고 있다.

다른 이론은 여분의 열이 열대 해수의 온도를 상승시켜 물을 더 많이 증발시키고 이것은 다시 더 많은 구름, 비, 적도에서 먼 곳의 눈을 유발한다고 한다. 극 지역의 이러한 강수량은 눈의 형태이다. 남은 눈과 얼음은 빛을 더 반사 시키고 이로 인해 극 지역은 더 추워지고 훨씬 많은 눈과 얼음을 형성한다. 여름에 녹는 것보다 겨울 동안에 눈과 얼음이 더 많으면 그린란드와 남극처럼 만년설과 만년 빙하가 증가한다. 지상의 얼음에 물이 동결되면 세계의 해수면 하강을 초래한다. 더 추운 극 지역과 더 따뜻한 열대 지역의 바다로 인해 온도의 대비가 크게 된다. 지구의 기후시스템은 적도와 극 사이의 온도 대비로 운전되는 열기관이므로 온도 대비가 클수록 바람과 폭풍을 더욱 강하게 만든다.

세계 연료의 연간 사용량은 현재 아주 조금씩 증가하고 있다. 연료의 부족 때문에 세계의 연료 소모율은 곧 감소하기 시작할 것이다. 화석연료에 더 적게 의존하면서 지구의 많은 부분이 다시 녹색으로 관리되고 대기 중의 이산화탄소 함량은 감소하기 시작할 것이다.

24.6 오존

대기권 위에 있는 성층권은 태양으로부터 대부분의 자외선을 흡수한다. 자외선이 너무 많으면 사람들이 햇볕에 타거나 암과 같은 피해가 유발된다. 염화불화탄소와 프레온과 같은 일부 화학물질의 오존층 파괴에 대해서도 논쟁이 일어나고 있다.

오존은 햇빛이 산업체에서 나오는 화학물질과 반응할 때 스모그 속에서 형성되기도 한다. 지표면의 고농도 오존은 나무와 인간의 호흡기에 손상을 유발한다. 바람이 약하고 역전 현상이 발생하는 지역에 너무 많은 산업체가 밀집하면 해양과 대기의 정상적인 공기정화 과정이 어렵게 된다.

24.7 과도한 영양염에 의한 물의 부영양화

농경지로부터 비료의 유출, 도시로부터 폭풍우 유출, 세재, 광산폐수, 가정하수에 의하여 물이 너무 부영양화되었다. 이러한 폐기물이 하천과 호소에 영양염(인산, 질산, 칼륨)을 부가할 때 과도한 부영양화를 유발한다. 이러한 유입은 통상적으로 불규칙적이다. 영양염은 조류와 식물의 성장을 촉진하여 음료수와 여가선용을 위한 물의 이용을 방해한다. 불규칙한 유입은 폭발적인 성장을 초래하고, 이어서 과도한 소비 시간이 계속되어 모든 산소를 고갈시켜 고기를 질식시킨다.

24.8 독성 화학폐기물

오늘날 산업화가 일어난 모든 곳의 가장 큰 문제는 독성 화학폐기물이다. 노천에 저장하는 것은 일시적이기 때문에 누출 수가 상수원을 오염시킨다. 자연이 정화할 수 없는 화학물질은 결코 제조되어서는 안 된다. 자연이 조절할 수 있는 화학물질은 해독이 가능한 낮은 농도로 인간에게 특별한 상황이 발생하지 않도록 생태계로 환원해야 한다.

재순환은 대부분 오염에 대한 해결책이다. 습지를 이용하여 폐수를 처리하기 위해서는 자연이 해결할 수 있는 범위의 양으로 습지를 통과시켜야 한다. 습지의 나무와 초본은 영양염을 이용하여 성장할 수 있고 생체 속으로 중금속을 흡수한다. 식물체에 의하여 정화된 여분의 물은 토양을 침투하여 지하수로 갈 수 있다. 산성 습지는 광산폐수의 산성 물질도 재이용할 수 있다.

24.9 고형폐기물

고형폐기물에는 가정 쓰레기, 폐차, 못쓰게 된 기계류가 포함된다. 도시의 쓰레기 처분에는 비용이 많이 소요된다. 통상적인 육상 매립은 두 가지의 심각한 문제를 가지고 있다. 달리 이용할 가치가 있는 공간이 소요되고, 지하수에 독성물질을 누출시킨다. 최근 연구에서 재순환은 비용이 적게 들 뿐만 아니라 경제에 긍정적인 기여가 된다고 한다. 재이용이 가능한 유리와 금속을 분리해 내고 숲속의 토양복원을 위하여 남아 있는 종이와 플라스틱을 잘게 썰어 짚단처럼 이용한다.

24.10 수로의 건설과 준설

해상 수송과 홍수 조절을 위한 수로 준설은 새로운 물길을 만들면서 많은 하천과 하구를 교란하고 있다. 수운 개발을 통해 경제적 가치도 증가하지만, 대부분의 준설은 경제의 다른 가치의 손실을 유발한다. 습지의 물을 빼고 제방 쌓게 되면 습지의 기능으로서 물의 정수, 토양을 비옥하게 하는 퇴적물의 수용, 풍부한 습지 산림 등과 같은 많은 혜택을 상실하게 된다.

네덜란드나 나일강과 미시시피강 주위의 토지처럼 많은 지역에는 자연 에너지에 대응하기 위한 제방 건설과 같은 지속적인 토목기술이 필요하다. 화석연료가 점점 채굴하기 어려워지고 더욱 비싸게 됨에 따라 이러한 작업은 중단될 것이고 육지와 물은 본래의 상태로 복원될 것이다. 자연과 조화롭게 자연을 이용하도록 하는 인간의 주거 계획은 자연의 잠재적인 편익에 대항하여 부족한 자원을 소비하는 것보다 낫다.

24.11 잔디밭과 도시로 변한 숲

인류가 문명화됨에 따라 숲을 벌목하여 먼저 경작지를 만들고, 다음에는 도시로 전환하여 왔다. 의도적이든 자연적이든 일부 식목이 있었지만, 세계의 대부분 지역에서는 숲이 여전히 사라지고 있다. 유럽에서는 벌목과 식목이 거의 같은 수준이며, 미국의 동부와 소련의 서부와 같은 일부 지역에는 숲이 증가하는 재성장이 일어나고 있다.

24.12 돌려짓기

현대 농업은 토양의 영양염과 토양의 구성 물질을 고갈시키고 있다. 돌려짓기는 토양으로부터 질산염을 소모하는 옥수수와 토양에 질산을 돌려놓는 콩과식물을 번갈아 경작함으로써 이러한 문제를 해결한다. 여러 해 경작 후 자연적인 식생이 다시 자라서 토양의 구조와 내용이 복원될 수 있도록 휴경지로 남겨두어야 한다. 토양은 자연적인 식물과 수목에 의하여 가장 빨리 재생된다. 자연적인 종자의 이식에 필요한 고유식물의 종자가 없을 때는 외부로부터 도입해 오거나 외래 식물로 대체할 수 있다.

24.13 환경에 미치는 영향이 줄어드는 미래

연료와 광물을 채굴하기 위하여 훨씬 먼 바다와 깊은 지하로 갈수록 채굴과 제조과정에 경제적 비용이 많이 소요된다. 채굴과 제조에 비용이 많이 들어 연료와 광물이 양의 순 에머지를 갖지 못할 때는 아주 특별한 목적을 제외하고는 채굴할 가치가 없게 된다. 비료, 살충제, 중금속, 대형 기계를 생산하기 위한 화석연료가 필요 없는 시대가 오고 있다. 경제가 환경에 미치는 영향이 적어지는 그러한 시대가 다가옴에 따라 환경은 본래의 낮은 에너지 상태로 환원되기 시작할 것이다.

연습문제

1. 다음 용어를 정의하라.
   a. 부산물
   b. 독성 저감
   c. 산성비
   d. 스모그
   e. 온실효과
   f. 역전
   g. 오존
   h. 자외선
   i. 고형폐기물
   j. 준설
2. 독성 폐기물을 활화산에 주입하는 제안에 대해 논의하라. 재순환의 원리와 비용의 균형도 고려하라.
3. 비료와 살충제의 유출 문제를 돌려짓기로 어떻게 해결할 수 있는지를 설명하라?
4. 매일의 생활에서 당신이 재활용할 수 있는 것은 무엇인가? 당신이 재활용할 수 있는 것의 종류를 열거하고 재활용을 실천해 보라.
5. 당신의 학교에서 재활용 프로젝트를 계획하도록 도와주라. 그런 활동을 할 수 있는 봉사클럽을 설득하는 것이 아마도 가장 좋은 방법일 것이다.
6. 온실효과에 대한 두 가지 이론을 비교하라. 해수면이 높아지고 낮아지는 것이 당신의 지역에 어떤 영향을 주는가?

제25장 | 연료와 전기

학습 목표

1. 화력발전의 에너지 추적
2. 에너지가 한 형태에서 다른 형태로 변화함에 따라 일부 에너지가 저급으로 되어 유용한 일을 할 수 있는 능력을 잃게 되는 현상
3. 순 에머지와 연료로서 석탄과 석유의 순 에머지 비
4. 수송비용이 순 에머지에 미치는 영향

현재 미국이 이용하는 에너지원이 <그림 21.2>에 나타나 있다. 에너지원이 어떻게 경제에 이바지하는지를 검토한 결과 경제의 약 27%를 자연환경의 자유재가 이바지함을 알았다. 이 장에서는 석유, 천연가스, 석탄과 같은 전통적인 연료의 사용과 이들을 이용한 전기의 생산을 설명한다. 그리고 특정한 에너지원이 경제를 얼마나 지원할 수 있는지를 알기 위하여 순 에머지 개념을 소개한다.

25.1 연료와 전기의 사용

에너지를 생각하면 대부분 사람은 연료와 전기를 생각한다. 연료와 전기는 지난 세기에 개발된 가장 풍부한 에너지의 형태이며 복잡한 문화의 기반을 형성하고 있다. 전통적인 연료에는 석유, 천연가스, 석탄, 원자력이 포함된다. 부가적으로 하천의 에너지가 수력 발전 에너지로 얻어진다.

<그림 25.1>의 다이어그램은 여러 가지 에너지원과 미국에서의 에너지 사용 형태를 보여주고 있다. 각 경로의 폭은 각 에너지 흐름의 크기를 나타낸다. 그래서 석유의 흐름이 가장 넓고 수입되는 전기의 흐름이 가장 좁다.

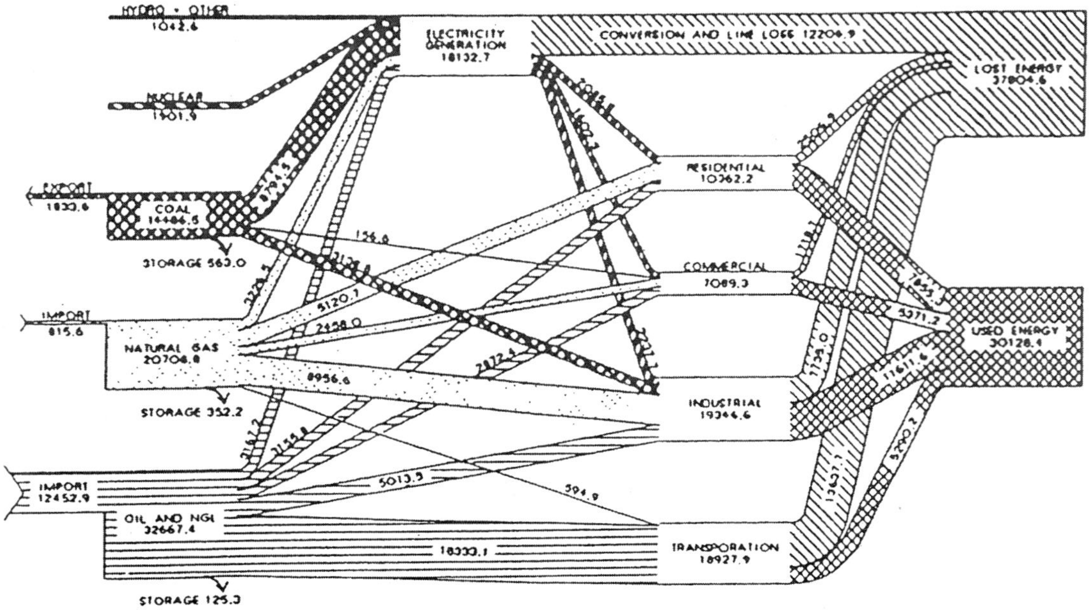

그림 25.1. 미국의 연료와 전기의 사용. 수치는 1975년 실제 에너지의 BTU 값. 본 그래프는 Kidman and Barrett(1977)의 그래프를 변형하였음. 경로의 폭은 흐름의 크기. "lost energy"라는 용어는 잘못된 표현; 에너지는 소실된 것이 아니고 에너지의 질을 상승시키는 데 꼭 필요하게 이용되어 열로 전환된다.

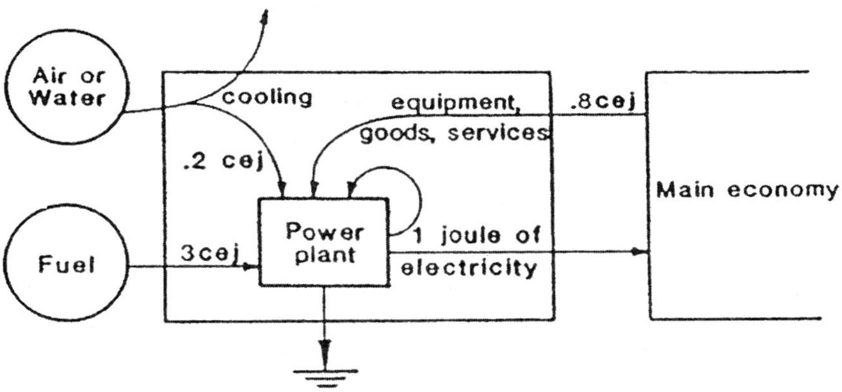

그림 25.2. 화석연료를 전기로 변환하는 발전소의 주요 특징에 대한 에너지 다이어그램. 발전소는 환경에 의한 냉각과 주요 경제로부터 재화와 용역 또는 설비와 같은 피드백이 필요하다. 다이어그램 상의 숫자와 같이 4 coal emjoules(cej)이 이용되어 1J의 전기를 생성한다. 전기의 transformity는 4 coal emjoules per joule이다. (160,000 solar emjoules per joule of electricity).

이 다이어그램은 미국에서 연료 에너지가 어떻게 이용되는지 보여준다. 많은 양의 석유와 매우 적은 양의 천연가스가 수송에 소비된다. 다음으로 많은 양의 연료가 사용되는 곳은 발전이다. 생산된 전기는 소량의 다른 연료와 함께 주거, 상업, 산업 영역에서 소비된다. 현 시점에서 보면 연료의 1/3은 발전소에서 사용되고, 2/3는 직접 소비된다.

25.2 발전

전기는 여러 가지 목적으로 아주 쉽게 이용되고, 이동되기 때문에 연료를 전기 에너지로 전환하여 사용한다. 전기 에너지의 편리성에 대해 잠시 생각해 보자. 전기는 아주 양질의 빛을 만들고, 기계를 운전하고, 컴퓨터를 작동시키고, 정보를 전달하는데 쉽게 이용된다.

전기는 <그림 25.2>의 다이어그램처럼 발전소에서 생성된다. 석탄과 석유와 같은 연료가 사용될 때 4J의 연료 에너지가 1J의 전기를 생산하는 데 이용된다. 3J은 고온에서 열을 발생시키고 1/4은 간접적으로 재화, 용역, 기타 발전에 필요한 설비를 제공하는 데 이용된다.

<그림 25.1>에서 열에너지는 경제의 어느 영역에서 이용되어 사라지는 것이 아니라 시스템의 오른쪽으로 흘러가는 것으로 나타나 있다. 때때로 이 열에너지가 낭비된 에너지로 설명되는데 이것은 옳지 않다. 왜냐하면, 에너지는 한 가지 형태에서 다른 형태로 전환하기 위해서 반드시 이용되어 분산되어야 한다. 제2장의 열역학 제2법칙을 기억하라.

일부 전기의 경우에 사치나 주로 편리를 위하여 사용한다. 직접 연료의 사용이 가능한 곳에서 전기를 사용하는 것은 에너지의 3/4을 낭비하는 것이다. 이를테면 집을 난방하는 데 전기를 사용하게 되면 발전소에서 전기를 만드는데 이미 에너지의 3/4이 소모되었기 때문에 에너지를 낭비하는 것이다. 그러나 국부적으로 직접 이용하는 전기난로는 일반적인 가정 난방을 줄일 수 있으므로 전기를 이용하여 즉석에서 특정 지점을 가열하는 것은 충분한 가치가 있다. 예로는 전기 주전자, 전기장판, 전기담요 등이 있다.

연료의 가격이 매우 쌀 때 전기의 요금은 적다. 많은 집이 모든 곳에 전기를 사용하도록 지어졌다. 모든 것이 전기를 이용하여 이루어진다. 공기조화와 긴 열선의 전기난방으로 실내의 안락함이 유지된다. 전기를 이용하여 음식이 요리되고 온수가 데워진다. 연료의 가격이 상승하는 지금은 점점 많은 가정에서 요리와 난방을 위하여 전기 대신 천연가스와 같은 다른 연료를 사용한다. 장기적으로 볼 때 연료를 직접 사용할 수 있는 곳은 전기 대신 연료 사용으로 전환하면서 주거 영역의 전기 수요는 감소할 것이다. 고급의 에너지는 중요한 목적에만 이용해야 한다.

25.3 순 에머지

에너지원의 순 에머지는 에너지를 채굴하고 제조하는데 사용된 에머지를 공제하고 남은 양이다. <그림 25.3>은 멕시코만에 있는 유정의 순 에머지를 보여준다. 생산품은 오른쪽으로 이동하는 반면에 석유를 시추하고 제조하기 위해 중심 경제로부터 사용된 에머지는 왼쪽으로 이동한다.

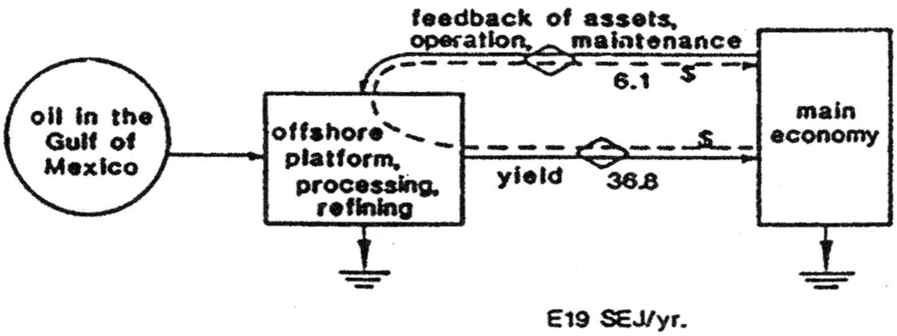

$$\text{Net Emergy} = \text{Yield} - \text{Feedback} = 36.8\ \text{E19 sej} - 6.1\ \text{E19 sej} = 30.7\ \text{E19 sej/y}$$

$$\text{Net emergy Ratio} = \text{Yield/Feedback} = \frac{36.8\ \text{E19 sej/y}}{6.1\ \text{E19 sej/y}} = 6.0/1$$

그림 25.3. 걸프만의 유정에 대한 순 에머지의 다이어그램 (Odum et al., 1976).

생산이 중심 경제로부터 이용된 것보다 더 크기 때문에 순 에머지가 있다. 중심 경제로부터 거꾸로 나오는 흐름을 피드백이라 한다. 순 에머지를 계산할 때 생산과 피드백 모두를 에머지 단위로 표현한다. 순 에머지를 평가하기 위해 먼저 실제 에너지 흐름이 계산된다. 그다음 solar transformity를 곱하여 solar emjoules의 값을 구한다.

만약 <그림 25.3>처럼 피드백이 재화와 용역의 화폐 비용이라면 에머지-화폐 비를 곱하여 태양 에머지 단위의 값을 얻을 수 있다.

25.4 순 에머지 비

경제에 대한 에너지원의 기여 정도를 평가하기 위해서는 순 에머지를 계산하는 것만으로 충분하지 않다. 에너지원이 경제를 활성화하는 정도는 에너지원이 얼마나 풍부한지와 관계가 있다. 이것은 피드백 작용에 비교하여 에너지원으로부터 얼마나 많은 생산이 가능한가를 계산하여 산정한다. 이 비율이 순 에머지 비이다.

에너지를 발견하고 제조하는 노력에 1 emjoule을 소비하면 40 emjoule이 얻어졌던 1950년대와 1960년대에 미국 경제는 성장이 촉진되었다. 에너지를 탐사하는 것이 점점 어려워지기 때문에 순 에머지 비는 시추, 수송, 제조에 소비된 에너지가 증가하는 만큼 감소하였다. 멕시코만 석유의 순 에머지 비는 <그림 25.3>에서 계산된 것과 같이 6/1으로 나타났다. 이것은 이전보다 상당히 작은 값이지만 1980년대 에너지원의 전형적인 값이다.

순 에머지 비를 비교함으로써 우리는 어떤 에너지원이 경쟁력이 있고 경제성장을 촉진할지 쉽게 알 수 있다. 경쟁할 다른 에너지원보다 단위 노력 당 생산이 훨씬 더 작다면 에너지나 화폐 모든 면에서 비용이 더 많이 소요된다. 그러한 에너지원은 순 에머지 비가 높고 풍부한 다른 에너지원이 모두 소진될 때까지 경쟁에 나설 수 없다.

25.5 수송이 순 에머지에 미치는 효과

대부분 연료는 에너지원 근처에서 사용할 때 순 에머지 비가 높지만 멀리 떨어진 최종 소비 지점에는 수송에 사용된 에너지 때문에 순 에머지 비가 훨씬 낮아진다. <그림 25.4>는 미국 중서부 탄광의 석탄 생산량과 에너지 비용을 보여주는 다이어그램이다. 광산에서 생산비는 40/1보다 크다. 그러나 동부 도시로 수송하는 데 원래 피드백 에너지의 약 8배가 더해진다. 웨스트버지니아의 석탄이 중서부보다 훨씬 더 가까이 있으므로 동부시장에서 더 경쟁력이 있다.

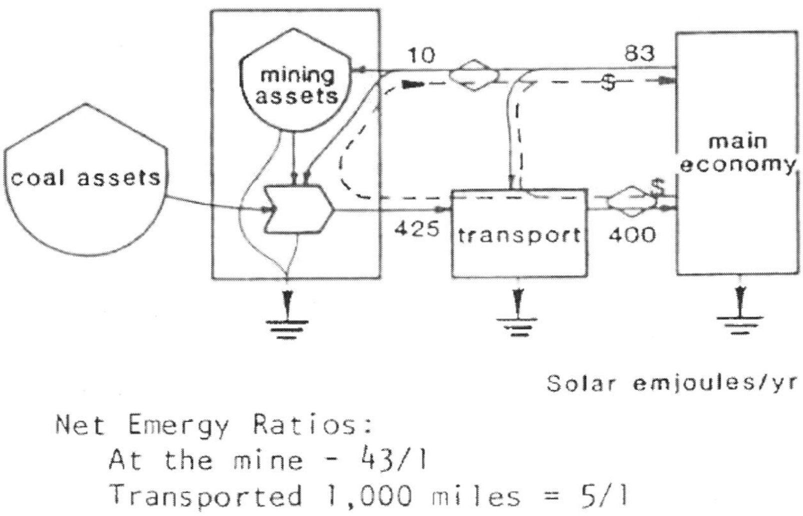

그림 25.4. 중서부에서 석탄의 노천 채굴과 동부 도시로 운반할 경우의 순 에머지 비에 대한 다이어그램.

25.6 외국에서 수입한 석유의 순에머지

<그림 25.5>는 1980년도 해외의 석유 수입에 대한 화폐와 에너지의 흐름을 나타내는 다이어그램이다. 석유 1배럴의 에너지는 약 6.3 E9 joules이다. Transformity를 곱하면 석유 1배럴은 3.3 E14 sej이다.

사우디아라비아가 석유 1배럴을 팔고 미국의 상품 28달러만큼 살 수 있는 돈을 받는다면 이것의 에머지 가치는 단지 7.3 E13 sej에 불과하다. 이것은 에머지-달러 비를 사용하여 계산된다.

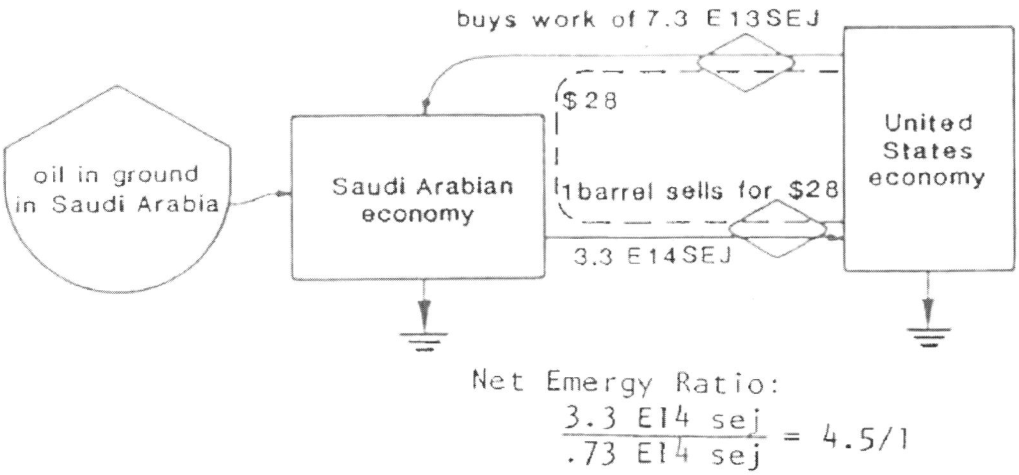

그림 25.5. 1980년 사우디아라비아에서 수입한 석유의 순 에머지 비에 대한 다이어그램. 정유에 사용된 10%와 장거리 수송에 사용된 10%는 포함되지 않음.

인플레이션과 국제시장의 가격 변화에 따라 석유 1배럴의 가격도 변한다. 1973년 전까지는 석유 1배럴의 순 에머지 비는 40/1이었다. 국제시장의 가격 상승으로 1980년 같은 양의 석유에 대한 순 에머지 비는 대략 4.5/1이었다. 비록 석유의 순 에머지 가치는 급격히 변화지만 외국의 석유 수입은 여전히 좋은 자원으로서 역할을 한다.

해외로부터 석유를 선적하는데 전체 에너지의 10% 정도가 사용되고, 정유하는데 또 다른 10%를 사용한다. 석유는 세계 시장에서 경제적으로 경쟁하기 때문에 석유의 순 에머지는 다른 연료 원과 비교하는데 좋은 참고가 된다.

연습문제

1. 다음 용어를 정의하라.
   a. 발전소
   b. 순 에머지
   c. 순 에머지 비
   d. 피드백
2. 현대 경제에서 석탄과 목재를 직접 사용하는 대신 대부분 전기로 교체하는 이유는?
3. 최근에 석유의 순 에머지 비가 과거와 비교하여 감소하는 이유를 설명하시오.
4. 연료 생산지에서 소비지까지의 거리가 순 에머지 비에 어떻게 영향을 주는가?
5. 다른 에너지원에 비하여 순 에머지 비가 낮은 에너지원은 비가 높은 다른 에너지원이 소모되어 순 에머지 비가 감소할 때까지 경쟁력이 없다. 그 이유를 예를 들어 설명하라.

제26장 대체 에너지

학습 목표

1. 여덟 가지의 대체 에너지
2. 대체 에너지의 순 에머지 비
3. 대체 에너지 개발의 경제적 중요성

제22장과 제23장에서 재생 가능한 환경자원이 다양한 방법으로 경제를 지원하고 있음을 알았다. 제25장에서 상세하게 설명한 것처럼 화석연료와 전기는 직접 여러 기술을 운영하여 도시와 농촌의 생활양식을 지원한다.

경제를 지원하던 재생 불가능한 에너지원이 점차 감소하기 시작하면서 대체 에너지원의 연구가 진행되고 있다. 대체 에너지원이 경제를 지원하고 촉진할 것인지와 생산하는 것보다 경제로부터 더 많은 에머지를 소모하는지를 확인하는 것은 중요하다. 대체 에너지원에 대한 순 에머지 비의 평가를 통하여 어느 것이 경제에 이바지할 것인지를 확인할 수 있다. 이 장에서는 지금까지 제안된 대체 에너지원의 일부를 살펴본다.

26.1 에너지원의 순 에머지 비

제안된 새로운 에너지원이 실질적인 에너지원이 되기 위해서는 순 에머지 비가 1보다 커야 한다. 또한, 제안된 에너지원이 경쟁력이 있고 경제적이면 현재의 에너지원보다 순 에머지 비가 더 커야 한다(25.3과 25.4 참고). 미래를 위해 제안된 일부 대체 에너지원은 순 에머지의 비가 1보다 적다. 어떤 대체 에너지원은 우리 경제를 부양하고 있는 현재의 에너지원보다도 순 에머지 비가 훨씬 적다.

에너지원의 순 에머지 비가 1보다 작으면 그 에너지원은 생산보다 소비가 많은 에너지이므로 에너지원이 아니라 에너지 소비자이다. 이와 같은 에너지원은 보조할 수 있는 다른 에너지를 충분히 공급할 수 있을 때만 존재할 수 있다. 태양열 온수기가 이런 경우이며 생산하는 에너지보다 소모되는 에너지가 더 많다.

26.2 에너지원에 대한 순 에머지 비의 비교

<그림 26.1>의 그래프는 다양한 종류의 에너지원에 대한 순 에머지 비를 요약한 것이다. 가로축은 에너지의 농도이고 세로축은 순 에머지 비이다.

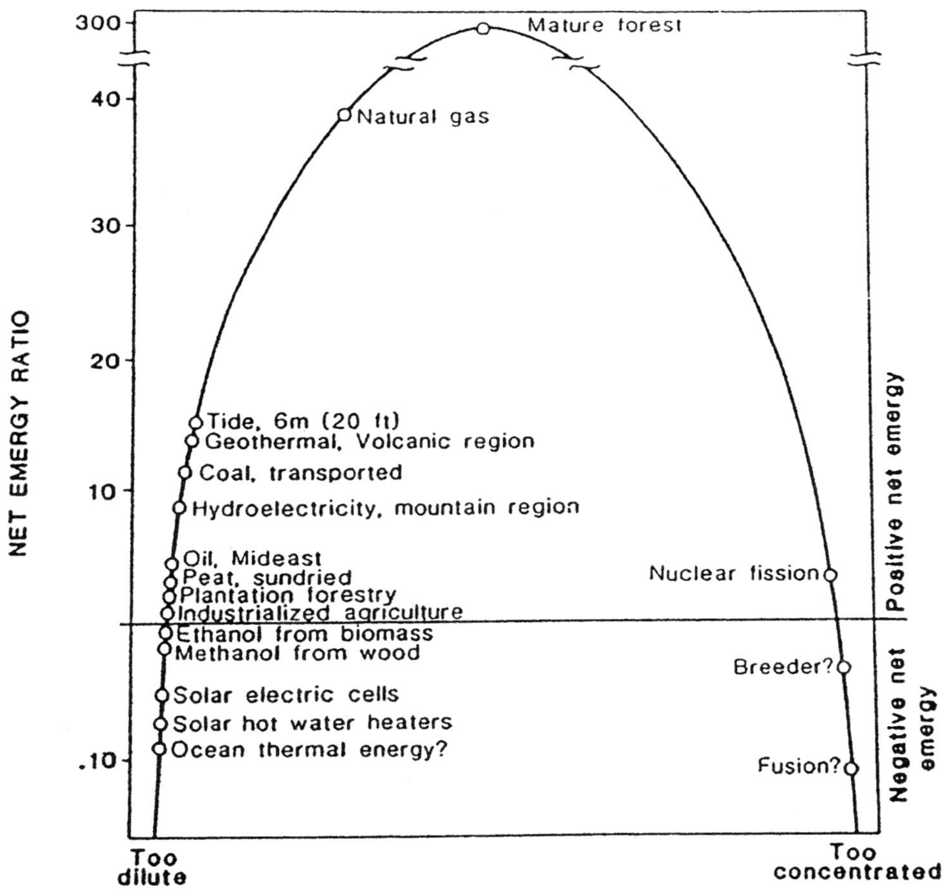

그림 26.1. 농도가 다른 에너지 형태별 순 에머지 비.

순 에머지 생산이 양의 값인 에너지원은 가로축 위로 존재한다. 가장 좋은 에너지원 중의 하나는 자연 산림인데 경제적 이용을 위한 피드백이 별로 필요 없다. 가로축 아래의 왼쪽에 있는 에너지원은 너무 농도가 낮으므로 이를 이용하여 얻는 것보다 농축하는데 더 많은 에머지가 요구된다.

너무 농축되고 아주 고온이기 때문에 지구상에서 쉽게 이용되지 않는 원자력 에너지가 그래프의 오른쪽에 있다. 원자력 에너지는 이용 가능한 수준으로 냉각하고 희석하는데 많은 에너지가 소모된다. 다시 말해서, 대략 5,000℃에서 운전되는 핵분열 원자력발전소는 1,000℃에서 운전되는 석탄 발전소보다 냉각수 속으로 더 높은 비율의 에너지를 분산시켜야 한다.

태양에너지부터 시작하여 대체 에너지 각각에 대하여 검토할 것이다. 태양에너지는 생물권에서 주된 추진 에너지이기 때문에 다양한 방법으로 태양에너지를 대체 에너지원으로 생각한다.

26.3 태양에너지

우리 경제를 햇빛으로 운영할 수 있다고 제안한 적이 있다. 한 국가에 매일 내리쬐는 태양의 실제 J의 값은 아주 크지만, 농도는 매우 낮다(낮은 질). 태양에너지를 고도 에너지의 경제에 이용하기 위해서는 농축시켜야 하고 그 과정에서 많은 양의 에너지가 소모된다.

태양에너지는 지구 생물권의 자연적인 과정에 의하여 상당한 비용을 치르고 고급 에너지로 농축된다. 예를 들면, 목재와 같은 연료를 만들기 위해서는 햇빛이 잎에 흡수되어, 여러 차례 변환되고, 수렴하여 식물 속에 목재를 축적한다. 전환 효율은 한 종류에서 다른 종류로 전환된 결과로서 실제 에너지의 양이다. 햇빛이 목재로 전환되는 효율은 약 0.1 %이다. 이 효율은 다른 에너지원에 기반을 둔 재화와 용역에 의존하지 않고 식물이 햇빛을 유기물질로 변환시킬 수 있는 최고의 효율이다.

<표 26.1>에서 보는 것처럼 석탄 1J을 생산하기 위하여 40,000J의 태양에너지가 필요하다. 다시 말하면 석탄 1J만큼의 일을 하는 데는 40,000J만큼의 태양에너지가 필요하다. 석탄은 태양에너지보다 훨씬 많이 농축되어 있으므로 훨씬 많은 일을 지원하고 촉진할 수 있다. 우리의 경제는 석탄과 농도가 비슷한 가스나 석유와 같은 에너지에 의하여 운영되고 있다. 또한, 우리 경제는 석탄보다도 훨씬 농축된 전기 형태로 많은 에너지를 이용한다.

석탄은 농축된 태양에너지이다. 농축에 사용된 비용은 아주 오래전에 지급되었기 때문에 지금 석탄 이용에 따른 비용은 단지 채광과 운송에 의한 것뿐이다. 그러므로 순 에머지 비는 높다. 반면에 경제를 운영할 목적으로 태양을 이용하기 위해서는 농축 과정이 필요하여 많은 에너지가 그 과정에서 소모된다. 순 에머지 비는 낮다.

태양에너지는 모든 국가의 경제에 도움을 주며, 식물 생산의 지원, 바람의 가열과 생성, 물의 증발, 수문학적 순환의 추진 등은 모든 국가의 경제에 필수적이다. 그러나 태양에너지 기술을 가지고 직접 경제를 운영할 수 있는 능력은 매우 제한된다.

표 26.1. Solar transformities

	Solar emjoules per joule
Sunlight	1
Plant production*	4,300
Wood*	30,000
Coal*	40,000
Oil*	53,000
Electricity*	160,000

* Includes indirect solar emergy of rain.

26.4 태양열 온수기

일사량이 많은 기후대에서는 태양열을 흡수하는 흑색 표면으로 된 파이프 패널을 가열하여 온수를 만든다. 온수는 탱크에 저장되어 직접 뜨거운 물로 사용하거나 실내 난방을 위해 순환된다. 이러한 태양열 온수기는 가격이 비싼 유리, 플라스틱, 금속 등으로 만들어지기 때문에 비용이 많이 든다.

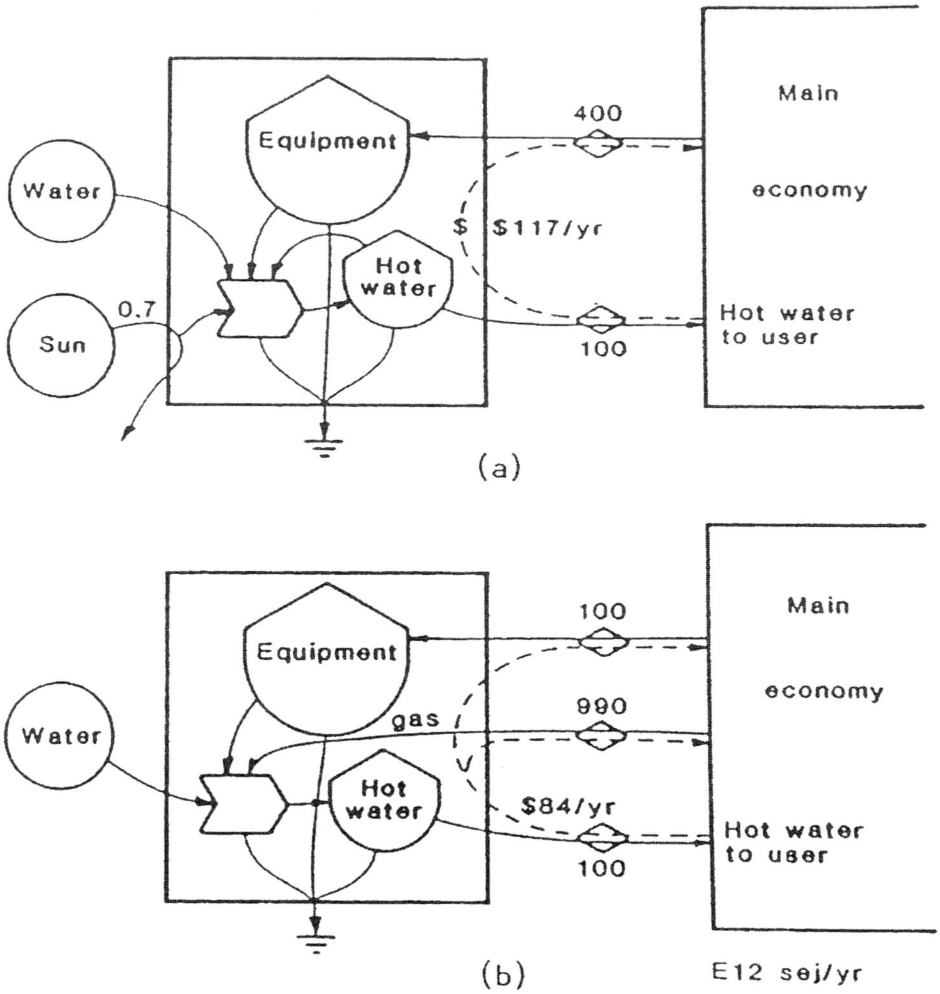

그림 26.2. 태양열 온수기(a)와 가스 온수기(b)의 비교 (Zucchetto and Brown, 1977).

태양열 온수기는 에너지원이 아니라 에너지를 소비하는 장치이다; 전체 온수기 장치는 생산하는 에너지보다 많은 에너지를 사용한다. 그러나 태양열 온수기는 전기 또는 가스난로보다는 적은 에너지를 사용하기 때문에 에너지를 절약하는 하나의 방법이다.

<그림 26.2>는 태양과 가스를 이용한 마이애미 플로리다의 두 가지 온수기를 비교한 것이다. 두 시스템 모두 장치를 공급하고 유지하기 위하여 간접적으로 화석연료를 사용한다. 태양 온수기는 장치설비에 초기 투자가 많지만, 화석연료를 직접 사용하지 않는다. 가스 온수기 장치는 초기 비용은 적지만 계속해서 연료를 구매해야 한다.

태양열 온수기는 순 에머지를 산출하지는 않지만, 에너지 공헌을 하고 더 가치 있는 형태의 에너지를 절약하는 데 도움을 준다. 태양열 온수기와 같은 에너지원의 사용을 에너지 보존 수단이라 한다. 에너지 절약에 대한 선택은 비싼 장치비용을 지급할 수 있는 자본이 있는지와 그 자본을 다른 곳에 사용하는 것보다 비용을 많이 절약할 수 있는지에 달려있다.

26.5 태양광 발전

태양광 발전은 태양으로부터 전기를 발생시킨다. 식물의 엽록체는 식물세포의 생화학적 시스템에서 최초의 전기 발생으로 광합성을 시작하는 태양광 발전이다. 세계의 많은 지역은 이미 녹색의 태양광 발전으로 덮여 있다.

많은 연구자가 녹색 식물의 세포와 유사한 효율과 출력을 가지는 금속 실리콘 전지를 이용하여 태양으로부터 전기를 직접 생산하려고 한다. 재화와 용역에 포함된 간접적인 태양에머지 모두를 고려할 때 하드웨어 버전을 통한 태양광 발전은 순 에머지가 거의 없다. 식물세포는 이미 가능한 최대의 효율을 가지고 있을지 모른다.

26.6 생물자원을 통한 태양에너지

생물자원의 양은 생존하거나 사멸한 유기물질의 양이다. 인간사회는 항상 의식주와 연료를 위해 다양한 종류의 생물자원을 이용해 왔다. 나무와 농업 생산물(식량, 사료, 건초 등)을 재배하기 위해 태양에너지를 사용하는 것이 태양에너지를 우리 경제로 가져오는 주된 방법이다. 액체연료, 가스 또는 전기를 발생시키기 위하여 이러한 생산물을 이용하는 것은 가능하다. 그러나 아주 많은 농축이 요구되기 때문에 넓은 면적이 필요하다.

생물자원 생산에 대한 순 에머지는 에너지를 얼마나 집약적으로 관리하느냐에 달려있다. 관리의 강도가 증가하면 순 에머지는 감소한다. 목재 부산물, 농업 잔여물뿐만 아니라 옥수수와 사탕수수까지도 에너지 작물로 고려된다. 전기 생산을 위해 목재나 옥수수 줄기와 같은 농업 잔재물을 태울 수 있다. 옥수수, 사탕수수와 기타 유기물질을 좀 더 가공하여 자동차를 운전할 수 있는 메탄올과 에탄올을 제조할 수 있다. 이러한 과정을 위하여 추가적인 재화, 용역, 장치, 연료와 기타 필요한 전기량을 첨가하면 순 에머지 비는 1보다 적어진다. 이것은 연료가 농산물과 임산물로부터 만들어질 수는 있지만, 제조과정은 중심 경제에 의해 보조되어야 한다는 것을 의미한다.

텍사스나 루이지애나에서 생산하든지 또는 외국에서 수입하든지 상관없이 현재는 석탄, 천연가스, 기름을 사용하기 위하여 소요된 단위 에너지보다는 많은 연료를 얻을 수 있다. 미래에 이러한 에너지원을 이용할 수 없을 때는 유기물로부터 만들어진 연료가 유일한 종류가 될 것이다. 그러나 같은 경작지에 휘발유뿐만 아니라 식품, 의류, 주거와 가정 연료를 생산하기 위하여 강한 경쟁적인 수요가 있을 것이다.

26.7 이탄

세계 대부분 지역에서 아주 상당한 양의 이탄이 발견된다. 이탄은 초본 습지와 산림 습지에서 식물이 부분적으로 분해된 물질이다. 이탄의 에너지는 농도에 있어 녹색 식물과 목재의 중간 정도이다. 순 에머지를 얻기 위해서 이탄은 건조한 바람과 햇빛 속에서 자연 건조된다. 얻어진 일부의 에너지는 이탄 채광 후 토지의 복원을 위하여 돌려주어야 한다. 또한, 현재 다른 여러 방법으로 특별한 생산물과 서비스를 제공하고 있는 소중한 습지 속에 많은 이탄 퇴적물이 존재하고 있다(제12장 참고).

26.8 수력 발전

강우가 많은 산악지역에서 수력 발전의 순 에머지 비는 10대 1까지 이를 수 있다. 물을 가둘 수 있는 유역을 만드는 지질학적 작용이 유입 에너지의 일부분이지만 순 에머지 비를 계산하는데 통상적으로 고려하지 않는다. 댐으로 전환되기 전에 존재하던 강의 역할에 대한 태양 에머지를 고려한다면 총수익은 좀 더 낮아진다.

26.9 바람

바람은 세계의 일부 지역에서 다양한 목적으로 이용되어 온 또 하나의 자연적인 재생 가능한 에너지원이다. 강하고 안정된 바람이 있으면 풍차는 곡식을 빻고, 물을 퍼 올려 전기를 생산할 수 있다. 15 km/hr보다 낮은 풍속을 가진 지역에서는 순 에머지가 거의 없다. 작은 풍차는 몇몇 지역에서 물을 저장하고, 관개를 위해 물을 퍼 올리는 데 사용된다. 저급 에너지 물질로 만들어진 단순한 풍차는 순 에머지를 생산한다. 넓은 면적의 돛과 저급 에너지 물질이 이용된다면 요트는 순 에머지를 생산할 수 있다.

26.10 지열 발전과 해수의 수온 차 발전

온도 차이가 있는 곳이면 어디든지 일과 전기로 전환할 수 있는 에너지원이 된다. 예를 들어, 증기기관차는 열의 차이를 바퀴의 동력으로 변환시킨다. 열 흐름을 기계적인 일로 전환하는 백분율은 뜨거운 열원에 대한 두 열원의 온도 차이의 백분율이다. 이런 목적을 위한 온도는 켈빈온도로 표시한다.

켈빈온도의 크기는 열이 전혀 없을 때 0이고, 물의 끓는점이 373이다. 켈빈온도는 섭씨 온도에 273을 더한 값이다.

예를 들어, 열원이 127℃이고, 주위의 찬 온도가 27℃라면 열원은 400° K이고 주위의 찬 온도는 300° K이다. 그 차이는 100° K이다. 열원에 대한 온도 차이의 퍼센트는 (100/400)×100 = 25%이다. 이것이 이용 가능한 기계적인 에너지이다(열 흐름의 1/4). 시스템은 항상 최대 동력의 속도로 운전되기 때문에 일반적으로 위에서 계산한 이론적 효율의 약 절반(이 경우 12.5%)에서 운전이 조절된다. 열원으로부터 얻을 수 있는 일에 대한 계산의 절차는 발전소에서와 마찬가지로 연료를 일로 전환하기 위한 대부분 산업공정에서 적용된다.

지구와 대기에 대한 가열 정도의 차이로부터 바람이 생성되는 것처럼 자연적인 온도의 적은 차이도 지구의 많은 과정에 이용된다. 지열 에너지라 불리는 지구 열의 포집은 지표면 근처의 온도가 높은 화산 근처(캘리포니아, 뉴질랜드, 아이슬란드)에서만 인간의 산업 활동을 위해 경제적으로 성공적이었다.

플로리다 동쪽 해안을 따라 흐르는 멕시코 난류의 따뜻한 표층수(27℃)와 1000m 아래의 차가운 저층수(2℃) 사이의 온도 경사를 이용하여 OTEC(ocean thermal electrical conversion)이라 불리는 에너지원이 제안되었다. 폭풍이 통과하는 심해에 선박과 파이프를 정박하고 유지하는 비용 때문에 이 계획은 순 에머지 산출이 없을지도 모른다.

26.11 파도와 조석

지구 전체의 연안을 따라 해안으로 밀려오는 파도 에너지는 전체 양에서 보면 대단히 크며 해변을 형성하고 바위를 퇴적물로 만드는 많은 일을 매일같이 하고 있다. 그러나 방대한 길이의 해안선에 퍼져 있으므로 발전 산업에 이용하기는 어렵다. 또한, 하루는 거대한 에너지의 파도가 있고, 다음 날에는 에너지가 거의 없는 파도가 있는 것처럼 파도는 유동적이다.

조석에 기인한 수위의 승강이 발전에 이용되는데 조석이 6m(20ft) 또는 그 이상인 지구상의 일부 지역에서만 순 에머지를 가진다. 조석이 그렇게 큰 지역은 많이 없다.

26.12 담수와 해수의 혼합

해수와 담수가 함께 존재하는 곳에는 이용 가능한 화학적 잠재 에너지가 상당히 존재한다. 담수가 하구에 흘러들 때 염분 농도 차에 의한 화학적 에너지는 해류, 지질학적 작용, 생물학적 작용 에너지로 된다. 이런 에너지를 이용하는 계획은 하구를 비옥한 생명 유지 시스템의 영역으로 만드는 에너지를 다른 목적으로 변경하여 이용하는 것이다.

26.13 원자력 발전

일부 국가에서는 핵분열 연료(농축 우라늄)를 농축된 열로, 그다음 전기로 전환하는 원자력발전소를 중요하게 생각한다. 원자력발전소의 순 에머지 비는 2.7대 1인데, 석탄을 이용한 화력발전의 순 에머지 비와 거의 같다<그림 26.3b>. 그러나 핵분열 발전의 순 에머지 비에는 핵폐기물 저장, 원자로 폐로, 방사능 누출사고 등의 장기 비용이 계산되지 않았다. 이것이 포함될 때, 순 생산은 생물자원에 의한 발전보다 적다.

경제에 필요한 전기의 양은 한계가 있으므로 위험성을 고려하지 않더라도 원자력 발전의 수요는 한계가 있다.

대부분의 미래 학자들은 에너지의 이용도가 증가할 것으로 가정한다. 그들은 핵융합과 증식 원자로가 충분한 에너지를 제공할 것이라 기대한다. 그러나 핵융합은 5천만 도의 온도를 가지며 보관과 냉각에 너무 많은 에너지가 요구된다.

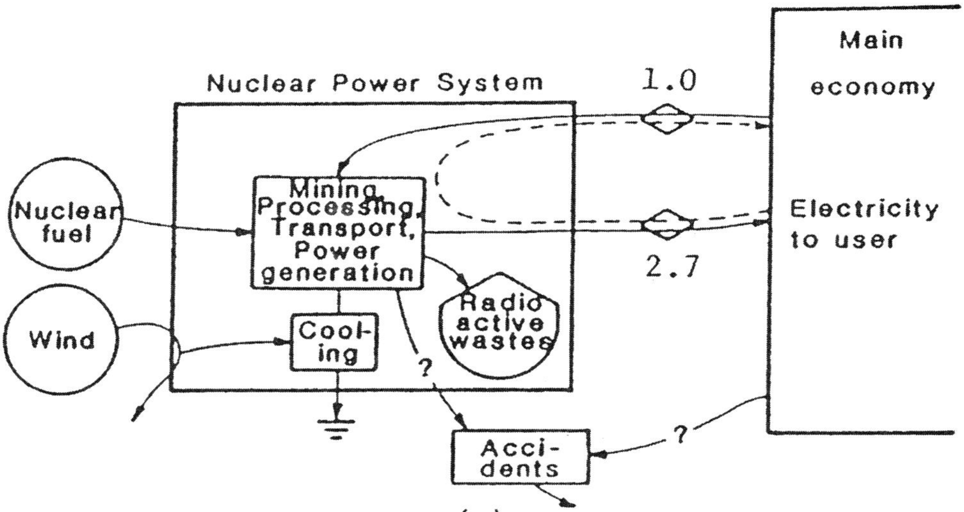

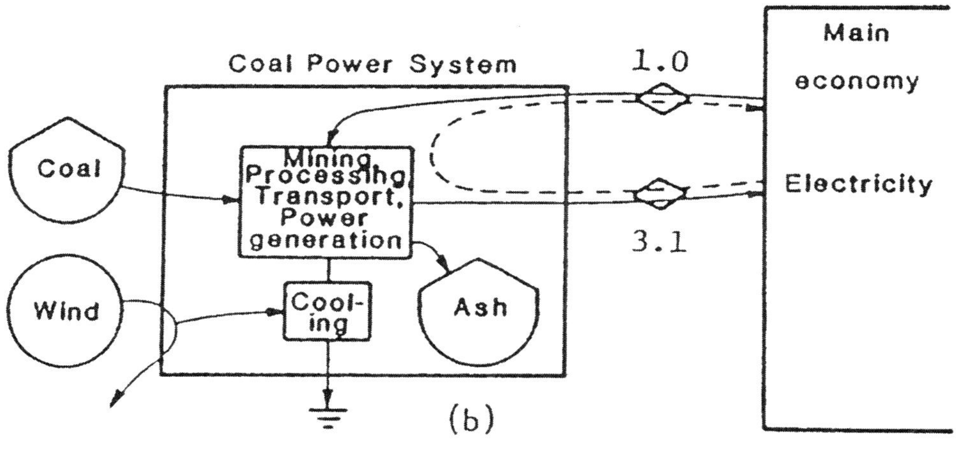

그림 26.3. 원자력 발전시스템(위)과 석탄 발전시스템(아래)에서 생산된 전기의 비교.
숫자는 에머지 단위이다.

증식 원자로는 우라늄 반응 과정의 부산물로 플루토늄을 생산한다. 플루토늄 자체가 핵연료이기 때문에 플루토늄의 생산은 본래의 우라늄을 그 이상으로 만든다. 그러나 플루토늄은 극도로 위험하다. 독성이 있으며 골수암을 유발한다. 플루토늄은 원자폭탄으로 쉽게 만들어진다 : 핵폐기물을 훔친 일부 작은 국가와 게릴라 그룹은 원자폭탄을 만들 수 있다. 플루토늄을 안전하게 사용할 정도로 원자로의 방사능 폐기물을 철저하게 처리하는 데는 막대한 비용이 들기 때문에 증식 원자로의 순 에머지 기여를 의심스럽게 만든다. 프랑스의 공공 정책은 증식 원자로 시스템을 개발하는 것이다.

미국은 순 에머지 비를 결정하기 위하여 실지 경험이 있는 결과와 비용이 나올 때까지 기다려야 하고, 증식 원자로가 경쟁력이 있는지를 배워야 한다. 미국은 증식 원자로 프로그램을 중단했다가 다시 시작했다. 그러나 증식 원자로를 가까운 미래의 아주 중요한 에너지원이라고 여기는 사람은 거의 없다.

26.14 새로운 에너지원의 중요성

에너지원이 다른 나라에서 발견되더라도 세계 경제의 일환으로서 모든 국가가 번영하게 된다. 새로운 유전이나 새로운 석탄층의 발견은 가격 하락과 외국에서 수입하는 에너지의 순 에머지 비를 증가시키는 효과를 가지고 있다. 그러나 석탄을 먼 거리로 운반한다면 1 이상의 순 에머지 비를 가질 수 없다.

몇 가지 제안된 에너지원에 대하여 희망을 크게 가지고 정부의 자금을 보조하였지만 순 에머지가 생산되지 못할 것으로 보인다. 혈암류(오일 셰일)가 이들 중의 하나인데 대량의 기름을 생산할 수 있는 잠재력이 있다고 생각하였다. 기름은 혈암 석에 들어 있으므로 기름을 분리하기 위한 여러 가지 기술이 시도되었다. 그러나 사용된 전체의 에너지가 공정을 통해 수확된 에너지보다 많았다.

26.15 다른 연료로 전환

휘발유와 같은 종류의 연료 공급이 부족할 때 석탄과 같은 다른 종류로부터 휘발유를 만들어 낼 수 있다. 그러나 만드는 공정에 약 절반의 에너지가 소모된다. 가능하다면, 석탄을 다른 경제적 용도로 사용하고 휘발유를 구매하는 것이 낭비도 줄이고 궁극적으로 더욱 경제적이다.

수소 경제에 대한 많은 토론이 열렸다. 이것 역시 상당한 에너지 손실을 유발하면서 한 종류의 에너지를 다른 종류로 전환하는 예이다. 원자력발전소로부터 전기는 수소 가스로 전환된다. 수소가스는 용도가 다양하고, 수송수단을 위해 직접 사용할 수 있다. 천연가스와 같이 수소는 쉽게 파이프를 통해 운반되지만, 잠재적인 폭발성을 가지고 있다. 수소의 생성에 많은 에머지가 사용되기 때문에 수소는 고급의 에너지원이다. 경제의 성장이 거의 없는 시기에는 천연가스의 공급이 불가능하다기보다 최고급의 수소가스에 대한 수요가 없다.

26.16 중심 경제를 위한 미래의 에너지원 : 요약

대체 에너지의 가능성에 대한 지금까지의 세계적인 조사 결과를 보면 어떤 새로운 에너지원도 현재의 에너지 기반에 대한 순 에머지를 증가시킬 것 같지 않다. 이것은 지금까지 알려지지 않은 새로운 에너지가 풍부하게 발견되지 않는 한 경제성장은 기대할 수 없다는 것을 의미한다.

이미 언급된 것처럼, 많은 사람은 자원이 필수라는데 동의하지 않고, 사람이 지성과 컴퓨터를 가지고 서로 서비스를 제공하면 경제를 운영할 수 있으리라고 생각한다. 이런 관점은 과학적인 사실을 위배한 것이다. 경제를 운영하는 데 에너지가 필요 없다는 견해는 열역학 제2법칙을 부정하는 생각이다.

연습문제

1. 다음 용어를 정의하라.
   a. solar technology, 태양에너지 기술
   b. 태양광 발전
   c. 에탄올
   d. 이탄
   e. OTEC, 해수의 수온 차 발전
   f. 지열
   g. 핵분열
   h. 우라늄과 플루토늄
2. 태양광 발전으로부터 전기의 생산을 설명하라. <그림 26.1>에서 태양 전지의 위치에 대하여 설명하라.
3. 대체 에너지원에 대하여 순 에머지 비의 순서대로 목록을 만들어라.
4. 새로운 에너지원을 찾을 수 없을 때 가능한 미래를 토론하라.

제27장 인구와 수용 능력

학습 목표

1. 생활 수준(일 인당 Emergy 사용량)과 소득과의 차이
2. 인구수용 능력의 개념
3. 인구수용 능력에 영향을 미치는 요소
4. 자원 감소가 인구에 미치는 영향
5. 국가의 관점에서 투자비 개념의 정의

미국의 인구 증가가 계속됨에 따라 인구의 증가는 California, Texas, Florida, 기타 "Sun Belt" 주와 같은 일부의 주에 집중될 것으로 보인다. 사망률보다 출생률이 많은 자연적인 증가뿐만 아니라, 외국에서 미국의 이민이 늘어나고 있다. 이민자들은 미국의 생활 수준과 안정된 정부 시스템의 조합을 보고 오게 되었다.

지난 세기 동안 경제성장의 한계가 여실히 드러남에 따라 우리는 두 가지의 심각한 문제에 직면하게 되었다. 국가 내에서 환경의 질과 경제 발전의 합리적 조합을 찾아서 인구가 어떻게 이동할 것인가? 경제 발전이 최대에 도달하면 인구는 계속 증가할 것인가, 아니면 감소를 시작할 것인가? 우리는 이 장에서 이와 같은 문제와 기타의 의문점에 대하여 해법을 찾고자 한다.

27.1 생활 수준

인구는 증가하고 자원 공급이 따르지 못하면, 인구 일 인당 자원은 감소한다. 사람들의 필요와 사회적 욕구를 충족시키기에 자원은 부족할 것이다. 개인이 차지하는 자원의 양이 우리의 생활 수준이다. 이것에 대한 하나의 척도가 일 인당 에머지 사용량이다. 이것은 환경으로부터(낚시, 사냥, 공기, 물) 그리고 다른 사람으로부터 돈의 지급 없이 직접 사용된

자연자원(물물교환)을 포함하기 때문에 소득보다 개인의 자원에 대하여 나은 척도이다. <표 27.1>은 일부 국가에 대한 비교이다. 연간 총 emergy 사용량, 총인구, 일 인당 emery (생활 수준의 척도)의 차이에 주목하라. 미국은 일 인당 emergy 사용량이 많은 한편 방대한 인구와 보통 수준의 자원을 가진 인도와 같은 나라는 생활 수준이 훨씬 낮다.

표 27.1. 1980년대 각국의 생활 수준

	Emergy per year E22 sej*	Population E6 people	Emergy per person E16 sej
Australia	109.0	14.5	7.6
Brazil	178.0	121.0	1.6
Dominica	0.7	0.1	0.8
India	61.0	626.0	0.1
Liberia	5.0	1.8	2.8
Netherlands	37.0	14.0	2.6
New Zealand	8.8	3.1	2.8
Poland	33.0	34.5	1.0
Spain	21.0	34.6	0.6
U.S.S.R.	383.0	260.0	1.5
U.S.	660.0	240.0	2.8
West Germany	175.0	61.6	2.8
WORLD	1870.0	4300.0	0.4

* This includes environmental energies and fuels all expressed in solar emjoules.

27.2 수용 능력

수용 능력은 이용 가능한 자원에 의존하여 어떤 지역이 부양할 수 있는 개체수이다. 인간 시스템에는 유용한 자원으로 특정한 생활 수준(연간 일 인당 에머지)으로 부양할 수 있는 인구수이다. 수용 능력을 추정하기 위해서는 이용 가능한 에너지 자원을 추정하는 것이 필요하다. 수용 능력은 자연자원과 연료뿐만 아니라 내부 및 외부 자원 모두에 의존한다.

<그림 27.1>의 그래프는 시간이 지남에 따라 사용된 연료 에너지가 많을수록 지역의 수용 능력이 향상되는 것을 보여준다. 그래프 왼쪽의 수용 능력은 재생 가능한 자연 에너지원에 의해 부양할 수 있는 인구수에서 출발한다. 보유자원이든 외부의 수입이든 화석연료의 유입이 많으면 많을수록 수용 능력은 향상된다.

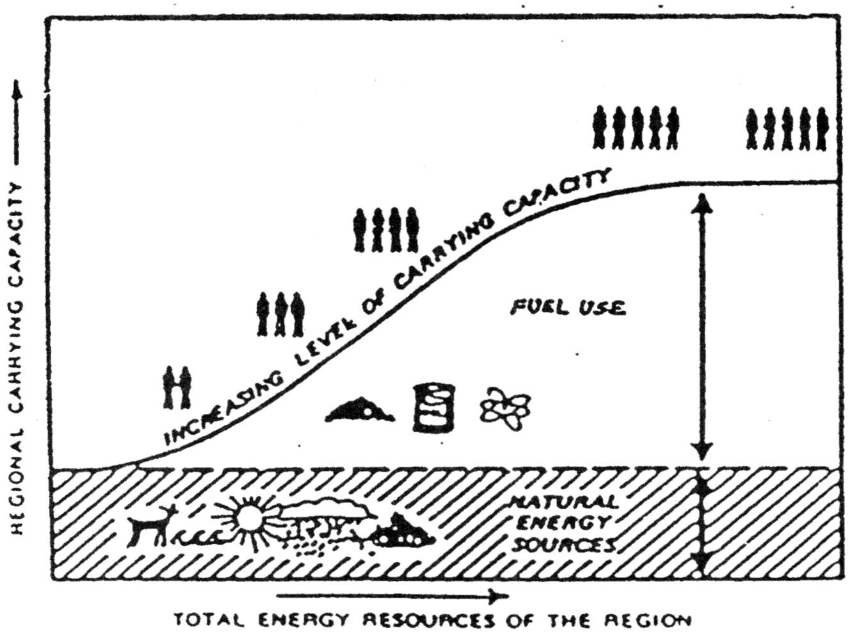

그림 27.1. 한 지역의 수용 능력은 그 지역의 재생 가능한 에너지원과 지역 내에 보유하고 있는 것뿐만 아니라 수입하여 사용된 연료에 의존한다.

27.3 자원 감소가 인구에 미치는 영향

경제가 긴축되기 시작하면 출생률, 사망률, 이주의 경향에 어떤 반응이 일어날지에 대하여 인구 과학자 사이에 많은 논쟁이 있다. 미래에 이용 가능한 자원이 감소함에 따라 주나 지역이 현재의 생활 수준으로 인구를 부양할 수 있는 능력이 감소할 것으로 예측된다. 즉, 수용 능력이 감소할 것이다. 수용 능력 감소가 인구수에 미치는 영향은 앞으로 두고 볼 일이다. <그림 27.2>의 시뮬레이션 모델이 하나의 해답이다.

이 모델에서 경제적 자산은 공중보건(사망, 출생, 전염병)을, 공중보건은 인구수를 각각 제어한다. <그림 27.2>에서 세계자산이 증가하고 이어서 인구 증가율과 재생 불가능한 연료 자원의 수요가 증가한다. 재생 불가능한 연료는 소모되지만 대체되지 않으므로 자산은 감소하기 시작한다. 인구는 자산의 감소에 따라 빠른 속도로 반응하다. 이 모델이 미래의 정확한 청사진일지는 숙제로 남아 있다.

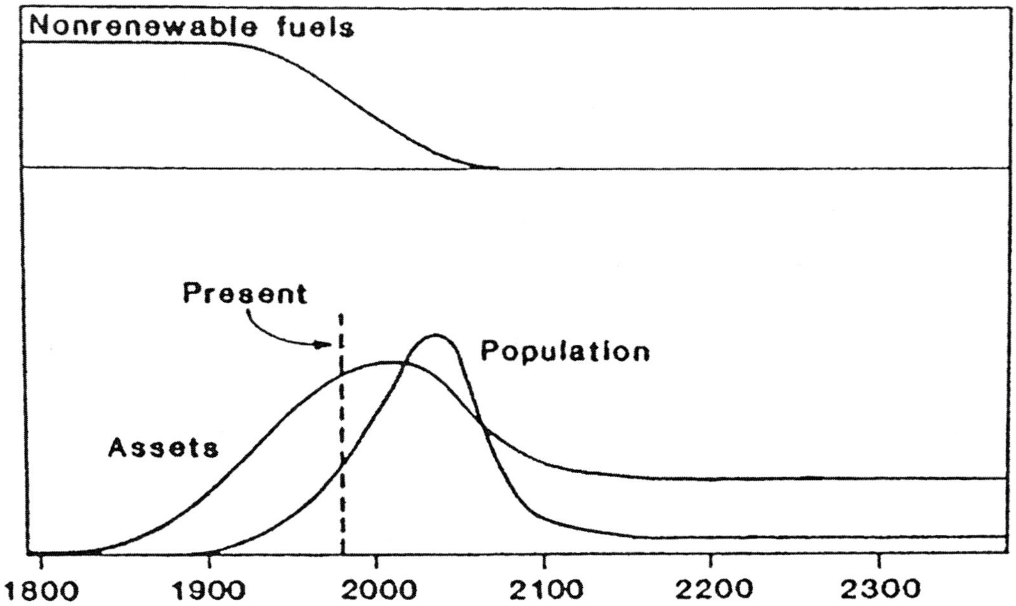

그림 27.2. 경제 자산의 변화에 따른 세계 인구의 변화. 컴퓨터 프로그램은 〈부록 A.13〉에 있음.

27.4 투자 조화의 원리

경제성장과 발전은 고급의 재화, 용역, 연료를 외부로부터 유치하는 것이 포함된다. 이들은 태양, 바람, 강우, 토양과 같은 자연자원과 상호작용한다. 이것이 고급 에머지와 저급 에머지의 조화이다. 고급 에머지의 유입이 미치는 영향은 저급 에머지 흐름을 증폭시키는 것이다. <그림 27.3>에서 고급의 연료, 재화, 용역, 사용된 토양의 에머지는 58.1 E23 sej/yr이다. 이것은 자유재인 재생 가능한 자원 8.2 E23 sej/yr와 상호작용한다. 재생 가능한 환경 에머지에 대한 고급 에머지의 비를 투자비라 한다. 미국의 평균 투자비는 7.1이다.

외부 세계가 어떤 주나 지역에 투자할지는 그곳의 투자비에 의존하며 이때 투자비는 미국의 다른 지역과 해외에 대한 대안과 비교할 때 이용된다. 많은 미개발 국가들은 일부의 개발된 주보다 투자비가 낮다. 이것은 현재의 경제 발전 수준에서 볼 때 미개발 국가가 이러한 주보다 조화롭게 개발하지 못한 자원이 많다는 것을 의미한다. 그러므로 미국의 각 주는 보다 개발되지 못한 시골 지역을 제외하고는 더 많은 투자를 유치하지 못할 것이다. 실제로 최근에는 인구나 산업이 발전되고 혼잡한 지역을 떠나 좋은 환경적 기반을 가진 시골 지역으로 이동하는 경향이 나타난다.

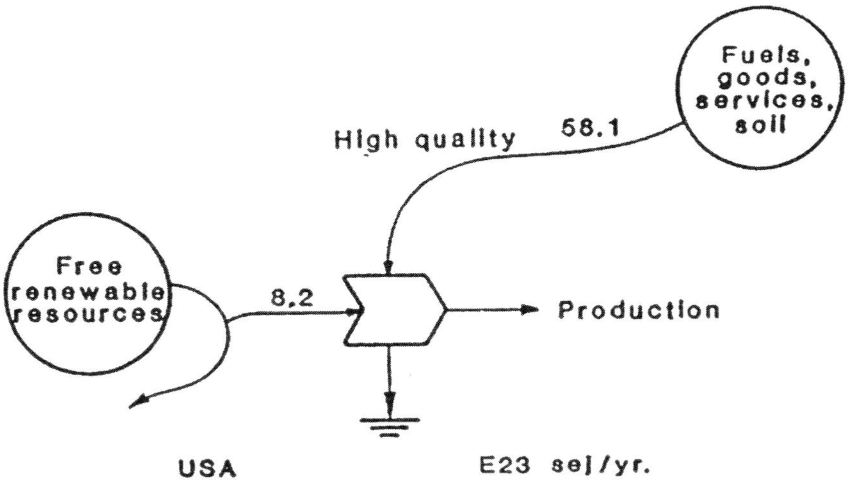

$$\text{Investment Ratio} = \frac{\text{High quality feedback}}{\text{Use of environmental energy}} = \frac{58.1\ \text{E23 sej/y}}{8.2\ \text{E23 sej/y}} = 7.1/1$$

그림 27.3. 1980년 미국의 투자비.

연습문제

1. 생활 수준(일 인당 Emergy 사용량)과 소득의 차이점을 설명하라.
2. 인구수용 능력의 개념을 정의하라.
3. 인구수용 능력에 영향을 미치는 요인들을 열거하라.
4. 자원 감소가 인구수에 미치는 영향을 설명하라.
5. 국가의 관점에서 투자비의 개념을 정의하라.

제28장 국제 교역

학습 목표

1. 국제 교역에 대한 시스템 다이어그램
2. 국제 무역 및 교역이 국가 경제에 미치는 긍정적 영향
3. 상품에 대한 에머지 분석과 원료제품의 생태 경제적 가치와 시장 가치의 비교
4. 에머지 평가를 통한 교역의 호혜 평등
5. 호혜 평등이 지구시스템의 통합, 국가 경제 활성도의 증진, 세계평화의 촉진에 미치는 영향

상품, 재화, 용역, 정보, 사람의 교환을 통해 다른 시스템과 연결된 시스템은 고립된 시스템보다 능률적이다. 모든 시스템은 교환으로 추가적인 자원을 얻는다. 시스템은 경제활동에 있어 부족하고 제한되는 물질을 교환을 통해서 얻게 된다. 교환이 시스템의 유효한 성능을 증가시킨다는 원리는 생태계와 전체 국가에도 적용된다. 앞장의 여러 다이어그램에서 다른 시스템과의 교환은 시스템 경계의 오른쪽에 유출입하는 실선으로 나타나 있다.

국가와 같은 큰 시스템에서 교환은 통상적으로 사람에 의해서 진행된다. 일부 교환은 상품의 판매와 물물교환과 같이 상업적으로 이루어진다. 정부 간에 이루어지는 교환에는 학생 교환, 교육시설 공유, 상호 호혜적인 방위협정 체결을 위한 협의 등이 포함되기도 한다. 이 장에서는 교환 시스템이 어떻게 작용하는지 알아보기 위하여 다이어그램이 이용된다. 공정한 교환을 발전시키기 위하여 에머지 측정(제4장과 제23장)을 이용한다.

28.1 국제 교역에 대한 다이어그램

<그림 28.1>은 한 국가가 다른 국가와 교역하는 주요 경로를 보여준다. 각종 상품과 생산품이 수입되고 수출된다. 사람은 일시적으로 또는 영구적으로 이동한다. 학생교환, 계약,

강연뿐만 아니라 전 세계적인 텔레비전에 의하여 특별히 생각과 지식이 서로 전달된다.

화폐는 점선으로 나타나 있다. 화폐는 상품, 해외 원조, 군사 지원, 차관과 상환, 관광객과 이민자의 지출로서 국가 간에 이동한다.

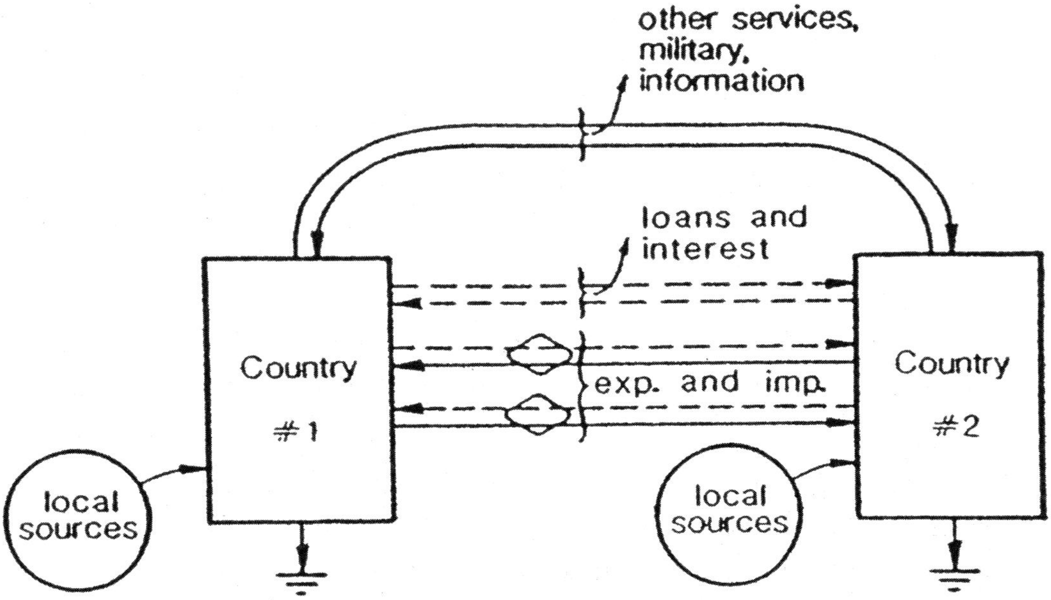

그림 28.1. 두 국가 간의 교역. 점선은 화폐 흐름; exp., 수출; imp., 수입.

28.2 화폐 교환의 균형

한 국가의 화폐 지출과 화폐 수입을 비교할 수 있다. 이것은 **국제수지의 균형**으로 설명된다. 이 두 흐름이 같지 않으면 화폐 교환에 불균형이 발생한다. 한 국가의 화폐가 다른 국가에 축적되면 일부의 교환가치가 감소한다.

많은 정부는 화폐 지출에 비교하여 수입을 증가시키기 위한 정책을 수립하고 있다. 정책이 성공하여 양의 화폐 균형이 이루어지면 우선순위로 취급되는 연료나 국방과 같은 항목을 구매한다.

28.3 환전

화폐가 한 국가에서 다른 국가로 이동할 때 한 국가의 화폐가 다른 국가의 화폐로 환전한다. 때로는 양쪽 국가 모두 자국의 화폐를 미국 달러와 같은 공통화폐의 시장 가치로 환전한다. 국제시장의 각국 화폐에 대한 선호도가 변하기 때문에 환율은 매일 변한다. 방문 국가의 화폐로 환전하는 절차에 대하여 대부분이 익숙하다.

화폐 수입보다 화폐 지출이 많으면 그 돈은 해외에 축적되어 일부 시장 가치를 잃게 된다. 그때 환전상이 그 돈을 본래 국가에 팔면서 이윤을 취할 수 있다. 한 국가의 돈이 환전 시장에서 가치가 작을 때 그 돈은 해외에서 구매력이 떨어진다. 그러나 환전 가치가 큰 국가는 자신의 화폐를 환율이 낮은 화폐로 환전하여 상대 국가로부터 더 많은 상품을 구매할 수 있다.

28.4 교환에 대한 에머지 평가

광물, 농산물, 임산물, 연료의 에머지는 시장에서 대가로 지급된 화폐의 에머지보다 매우 크다(제22장). 그 이유는 화폐는 노동 시장의 가격으로 인간의 서비스에 대하여 지급한 것이지 이전에 자연이 수행한 많은 일에 대하여 지급한 것이 아니기 때문이다.

그러므로, 시장 가격으로 원료물질, 농산물, 임산물, 연료를 판매하는 국가에 비하여 구매하는 국가의 경제가 훨씬 많이 촉진된다. <표 28.1>의 예는 에머지로 평가한 원료제품의 생태 경제적 가치가 시장 가치보다 훨씬 높은 것을 보여준다. 예를 들면 옥수수의 시장 가치는 톤당 200$이지만 생태 경제적 가치는 톤당 540$이다.

표 28.1. 원료물질의 거시 경제적 가치와 시장 가치의 비교

Item	Unit	1978 market value per unit	Eco-economic value per unit
Corn	ton	$200	$540
Fuel oil	barrel	23	138
Wool	kilogram	2.20	33
Plantation wood	ton	5.70	42.75
Honey	kilogram	1.17	4.10

일부 국가 간에 생활 수준의 불균형이 발생하는 것은 공정한 무역을 위하여 적용된 가치가 잘못되었기 때문이다. 원료물질을 수출하는 국가의 경우 판매를 통하여 받은 금액으로 구매할 수 있는 에머지와 비교할 때 더 많은 에머지를 유출한 결과를 초래한다. <그림 25.5>는 미국이 1980년에 사우디아라비아에서 석유를 수입한 경우의 다이어그램이다. 사우디가 받은 달러로 미국에서 구매할 수 있는 상품에 비하여 미국이 수입한 석유로 4.5배 더 많은 에머지를 얻는다.

28.5 에머지를 이용한 금융거래

농업 국가는 도시 국가보다 화폐의 지급 없이 더 많은 환경의 서비스를 직접 이용한다. 농촌 사람들은 자신의 농장, 과일, 물, 목재, 광물, 폐기물 처분 장소, 여가선용 장소를 가지고 있으며 이를 위하여 돈을 지급하지 않는다. 반면에 도시에서는 거의 모든 것이 인간의 서비스를 통하여 생산되므로 돈을 지급하며, 여기에는 식품, 연료, 주거, 여가선용, 폐기물 처분이 포함된다. 그러므로 도시 국가에서는 같은 생활 수준에 대하여 더 많은 화폐가 순환된다. 농촌 국가는 더 많은 에머지가 사람에게 직접 이바지하기 때문에 단위 화폐 당 높은 에머지 가치를 가진다.

다시 말해서 화폐의 구매력은 개발된 도시 국가보다 농업 국가가 높다. 제21장에서 소개한 에머지-화폐 비로 비교하면 농업 국가의 화폐가 더 큰 가치를 가지고 있음을 알 수 있다.

국가 간의 에머지-화폐 비를 비교하기 위하여 모든 국가의 화폐를 미국 달러로 환산한다. <표 28.2>는 농업 국가의 에머지-화폐 비와 일부 고도로 개발된 도시 국가의 비를 비교한 것이다. 같은 돈으로 자기 나라에서보다 많이 살 수 있으므로 돈을 가진 사람들이 개발이 적게 된 국가를 찾아 생산물을 구매하고 투자하는 것은 별로 이상한 일이 아니다.

표 28.2. 1980년 각국의 국제 달러당 에머지

Country	Emergy/dollar ratio E12 sej/$
Dominica	14.9
Australia	12.1
Brazil	6.9
New Zealand	3.4
Soviet Union	3.4
U.S.A.	2.6
Switzerland	0.7

28.6 에머지 균형

두 국가 사이의 모든 교환에 대한 에머지를 평가할 수 있다면 에머지 균형 여부를 평가할 수 있다. 두 국가가 상호 도움이 되기 위해서는 에머지의 균형이 이루어진다. 예를 들면, 농업 국가가 시장 가격으로 원료제품을 공급하고 있다면 더 많은 생태 경제적 가치가 도시 국가로 가게 된다. 양국에 모두 같이 도움이 되는 교환을 위해서는 도시 국가는 에머지의 차이 만큼에 해당하는 정보, 교육, 차관, 군사적 보호와 기타 농업 국가에서 필요한 것으로 돌려주어야 한다.

28.7 환율 결정을 위한 에머지 사용

교역을 보다 공정하게 만드는 또 하나의 방법은 생산품의 가격을 에머지의 양에 따라 결정하는 것이다. 이러한 방법은 농업 국가에 훨씬 많이 돌려주게 되고, 세계 경제의 더 나은 균형을 유도하여 각 국가를 더 좋은 동반자로 만든다.

28.8 차관에 대한 에머지 평가

높은 에머지/$ 비를 가지고 있는 국가가 낮은 에머지/$ 비를 가지고 있는 국가로부터 돈을 빌리게 되면 빌린 것보다 훨씬 많이 상환하게 된다. 국제 달러로 5% 이자에 서로 동의하였다면 실질 구매력에 있어 여러 배 높은 이자를 상환하게 된다. 많은 국제 차관이 부채 국가를 경제 불황에 빠지게 하는 것은 놀랄 일이 아니다. 이러한 것을 방지하기 위해서는 차관 상환과 이자는 에머지를 기초로 설정되어야 한다.

28.9 군사력의 에머지 평가

전쟁은 가끔 군사력에 대한 오판으로 발생한다. 어떤 국가는 저항에 부딪혀 실질적인 수단이 쉽지 않은 지역을 지배하려고 시도할 수 있다. 에머지 평가는 힘을 발휘할 수 있는 상대적인 자원의 실질적인 잠재력 전부를 사전에 보여준다. 이러한 평가를 하게 되면 외교 회의에서 전쟁의 결과를 예측할 수 있어 전쟁 없이 현실적인 협정을 체결하게 된다.

28.10 공생과 평화

모든 국가 사이에 상호 좋은 교환관계가 성립되면 공통 시스템에서 공생적인 동반자로 연결되기 때문에 대부분의 분쟁과 전쟁을 피하게 되어 이상적인 세계의 모습을 보이게 된다. 에머지를 기반으로 공정한 교환관계를 가지면 국제적인 문제가 성공적으로 해결될 것이다.

연습문제

1. 다음 용어를 정의하라.
   a. 교환
   b. 이민
   c. 화폐
   d. 상품
   e. 공생
2. 1kg의 꿀은 시장 가치보다 얼마나 많은 가치로 경제에 이바지하는가?
3. 브라질은 초콜릿을 만드는 스위스에 카카오를 팔고 그 돈을 이용하여 같은 달러 환율일 때 시계를 산다. 두 국가의 에머지-화폐 비는 <표 28.2>를 이용하라.
   a. 브라질이나 스위스 어느 국가에 에머지 혜택이 있는가?
   b. 그렇다면 어느 나라가 혜택을 받는가?
   c. 그렇다면 100 $을 팔면 얼마나 혜택이 있는가?
4. 도미니카는 연 10% 이자로 백만 불을 미국에서 차관하였다.
   a. 이자는 얼마인가?
   b. 미국은 도미니카가 에머지 기초로 10% 이자를 지급하기를 원한다면 이자는 얼마인가?
5. a. 농촌 국가와 산업국가 사이의 공정한 무역 관계를 성립시키기 위한 계획을 제시하라.
   b. 두 국가 사이의 관계를 평화롭게 유지하는데 당신의 계획이 어떤 도움을 주는가?

제29장 미래 예측

학습 목표

1. 간단한 세계 경제시스템 모델과 경제성장의 변동 요인
2. 지역의 모델과 세계 모델의 관계
3. 미래의 세계 경제 성장과 화석연료의 역할
4. 정상상태의 경제를 견인하는 요인

이전의 여러 장에서 경제 규모는 경제 내부의 자원과 경제 외부에서 유인되는 자원(이미지, 이민, 투자, 구매, 교역)과 연관되어 있었다. 경제가 팽창할 때인지, 정점에 도달한 때인지, 혹은 하락할 때인지는 경제 내부와 외부의 재생 가능한 자원과 재생 불가능한 자원을 어떻게 이용할 수 있느냐에 따라 달라진다. 이 장에서는 에너지원의 이용 가능성에 의해 미래가 영향을 받는 모습을 시각적으로 알아보기 위하여 시뮬레이션 모델을 제시한다. 세계의 경향을 보여주는 모델이 제시되었다; 그다음 세계의 영향에 반응하는 국가의 모델을 제시하였다. 모델은 너무 간단하여 상세한 변동을 보여줄 수는 없지만, 장기간의 경향을 제시한다.

29.1 세계의 경향에 대한 모델

<그림 29.1>의 모델은 지구 전체 자산과 세계 경제를 재생 가능한 자원과 재생 불가능한 자원의 이용 가능성과 연관시켰다. 재생 가능한 자원은 지속적인 태양에너지의 유입으로 재생되는 토양이나 목재와 같은 유기물질이다. 재생 불가능한 자원은 석탄, 석유, 천연가스와 같은 연료의 보유량이다. 경제 자산은 모든 건물, 도로, 기계, 세계 경제시스템에 의해 생산되는 재화이다. 이들은 저장되어 생산 증가를 위해서 필요한 만큼 피드백이 된다.

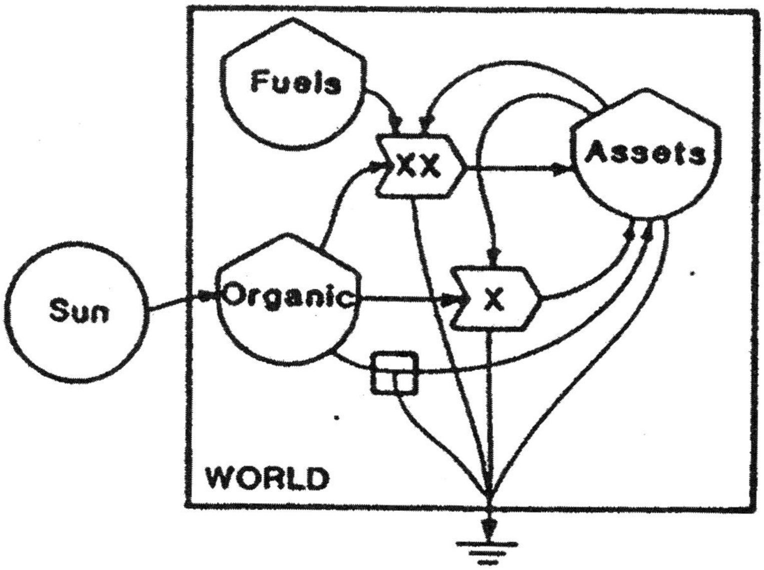

그림 29.1. 세계의 경향에 대한 단순 모델.

29.2 세계의 경향에 대한 모델의 시뮬레이션 결과

세계 모델<그림 29.1>의 시뮬레이션 결과가 <그림 29.2>에 나타나 있다. 이 프로그램은 연료, 토양, 목재의 보유량은 많고 경제적 자산이 적은 약 300년 전부터 시작한다. 자원의 이용과 경제적 자산의 정상상태 모습이 이른 시간에 형성되고 이것은 약 1900년경 프로그램에서 지구의 연료사용이 시작될 때까지 계속된다. 연료사용이 시작된 후 연료가 거의 다 소모될 때까지 환경자원의 질을 감소시키는 세계 경제 성장의 거대한 맥동이 발생한다.

<그림 29.2>의 그래프는 세계 경제 자산의 급격한 성장에 이어 재생 가능한 자원에 의하여 유지될 수 있는 낮은 수준으로의 감소가 뒤따르는 것을 보여준다. 성장의 둔화와 감소는 이미 일부 국가에서 시작되었고 이용 가능한 연료와 광물의 순 에머지가 세계적으로 감소함에 따라 앞으로 대부분 국가에서 일반적인 경향이 될 것이다.

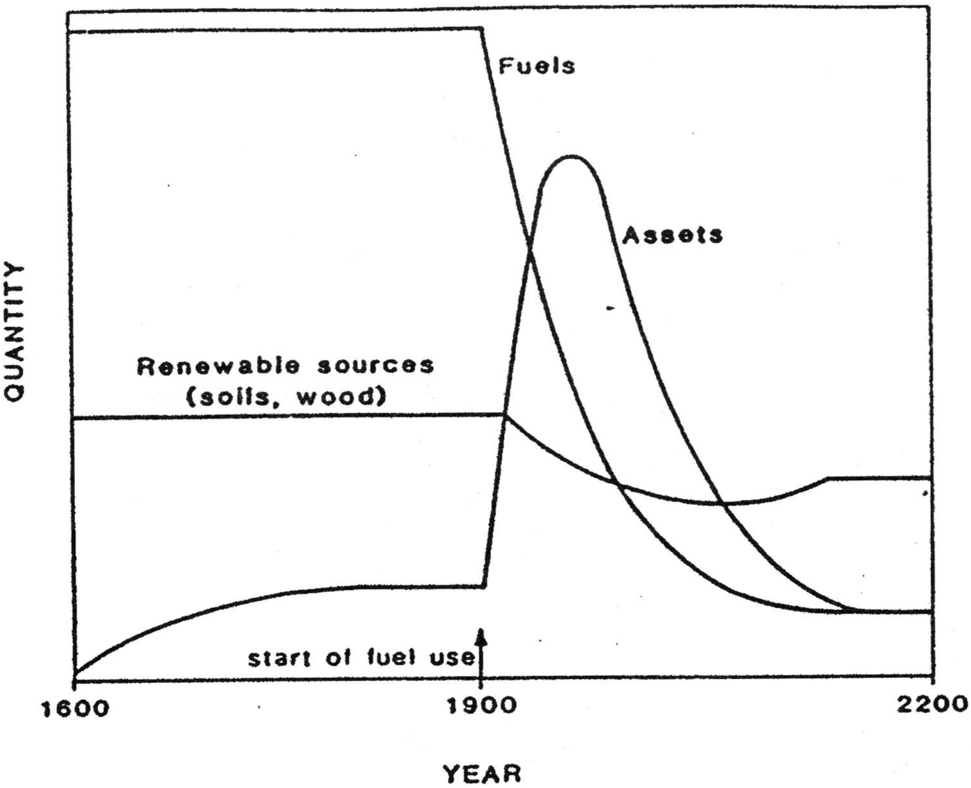

그림 29.2. 1900년경 시작된 연료사용에 따른 세계의 경향에 대한
모델〈그림 29.1〉의 시뮬레이션 결과.

장기적으로 매우 다른 일을 하는 세계 경제의 실상을 시각화하는 것은 어렵다. 그렇지만 <그림 29.2>에서 곡선의 정확한 모양과 시기에 대한 기대는 이와 같은 단순 모델의 범위를 벗어난다. 10년 정도에 일어날 수 있는 소규모의 상승과 하강의 변화를 보여줄 정도로 단순 모델은 상세하지 않다. 세계의 자산이 정점에 이르는 시기만 남아 있는 것으로 보인다.

29.3 지역의 경향에 대한 시뮬레이션

<그림 23.2>는 지역에 관한 모델이다. 지역의 자원은 내부에 보유하고 있는 것과 외부로부터 구매할 수 있는 것 모두를 포함하고 있다.

<그림 29.3>의 왼쪽에는 지역의 모델로서 물이 중요하고, 세계 자원에 대한 이용 가능성은 오른쪽의 세계 모델에 의하여 결정된다.

지역의 모델에서 강우와 지하 및 지표 수는 환경자원의 지표로 사용되므로 토양, 농업, 산림 등을 나타낸다. <그림 23.2>의 다이어그램과 같이 지역의 경제는 지역의 자원에 의존하여 외부 자원과 교역을 위한 자산을 생산한다. 외부의 자산과 연료의 유입 역시 그들의 이용 가능성에 의존할 수밖에 없다. 이런 이용 가능성은 세계자산의 변화에 의한 유도에 따라 변화하고 있다.

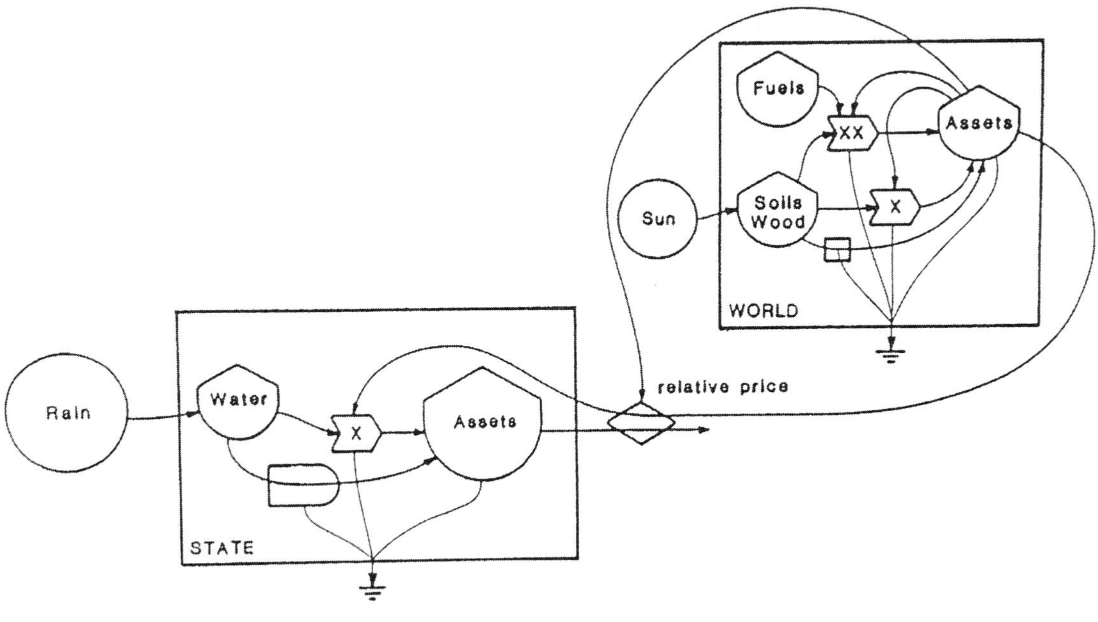

그림 29.3. 세계와 지역의 결합 모델.

29.4 세계자산의 성장에 따른 지역의 성장에 대한 시뮬레이션

지역의 경향 모델과 세계 모델이 <그림 29.3>에 결합하여 나타나 있고 컴퓨터 프로그램은 <표 A.14>에 나타나 있다.

결합 모델의 시뮬레이션 결과가 <그림 29.4>에 나타나 있다. 여기에서 수출과 교환에 따라 지역에 수입된 자원은 세계의 자산에 비례하도록 프로그램이 되어 있다. 이러한 방법으로 세계 모델이 지역의 모델을 유도하도록 만들었다.

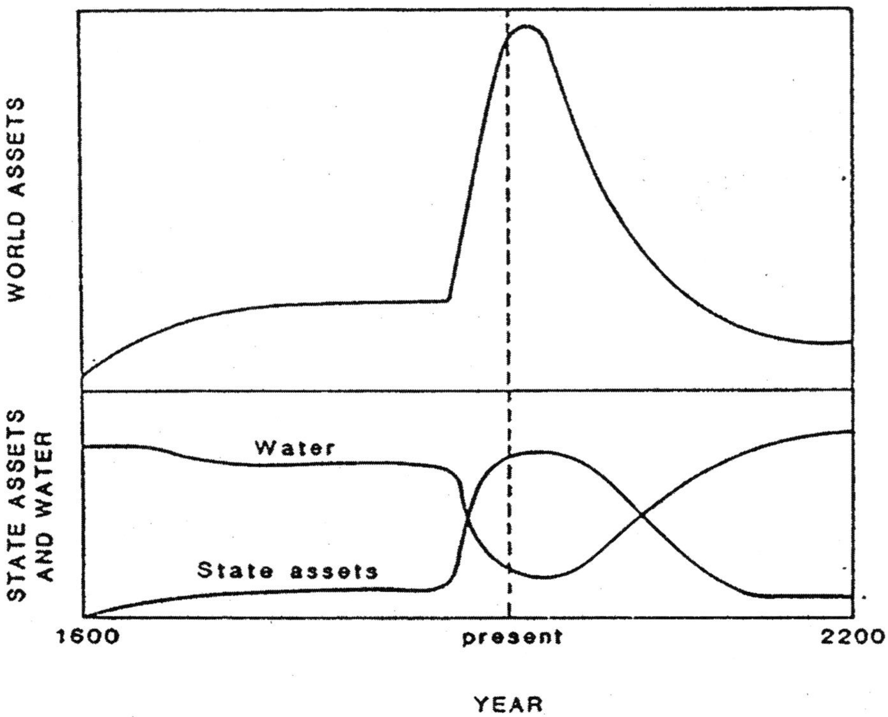

그림 29.4. 세계와 지역의 결합 모델의 시뮬레이션.

<그림 29.4>의 윗부분의 세계자산은 <그림 29.2>의 시뮬레이션에서처럼 성장하고 감소한다. 연료가 소모되기 시작한 1900년 이후 세계자산의 성장은 지역의 경제로 자원 공급을 증가시켰다. 지역의 자산(<그림 29.4>의 그래프에서 아래쪽 절반)은 세계 시장의 증가한 자원 이용 가능성에 반응하여 1900년 이후에 다소 가파르게 증가한다. 지구 자산의 성장이 정상에 도달하여 하강함에 따라 외부 자원의 이용 가능성은 감소하고, 지역의 성장은 느려지며, 재생 가능한 자원에 의하여 지속 가능한 수준의 정상상태까지 하강한다. 물은 성장이 일어나기 이전의 초기 정상상태의 특성을 나타내는 수준으로 복원된다.

29.5 외부 자원을 이용할 수 없을 때 지역의 성장에 대한 시뮬레이션

만약에 외부 세계로부터 교역으로 얻을 수 있는 자원이 없다면 그 지역은 그렇게 많이 성장하지 못할 것이다. <그림 29.5>에서 시뮬레이션은 지역의 경제가 지역의 환경자원에 기반을 둔 적절한 수준으로 성장함을 보여준다. 이 같은 지역의 경제적 발전은 물과 같은 환경자원의 양을 개발 전보다는 약간 낮은 수준으로 유지하게 된다.

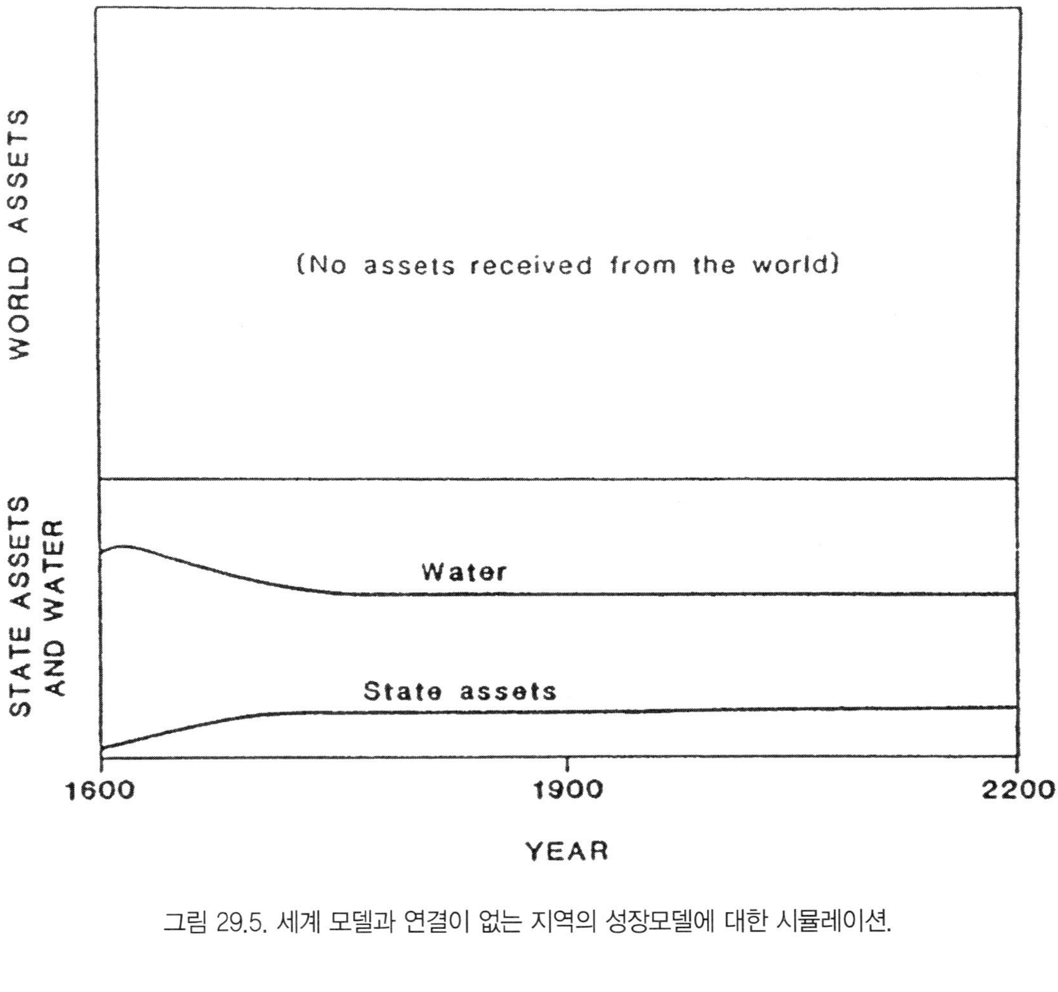

그림 29.5. 세계 모델과 연결이 없는 지역의 성장모델에 대한 시뮬레이션.

29.6 외부 자원의 이용도가 계속 증가할 경우 지역의 성장에 대한 시뮬레이션

많은 사람은 지구 자산의 성장이 미래로 갈수록 오랫동안 계속될 것이라고 믿고 있다. <그림 29.6>의 시뮬레이션에서 수출의 대가로 공급되는 세계의 자원은 시뮬레이션 전체 기간에 걸쳐 계속해서 증가하는 것으로 가정하였다.

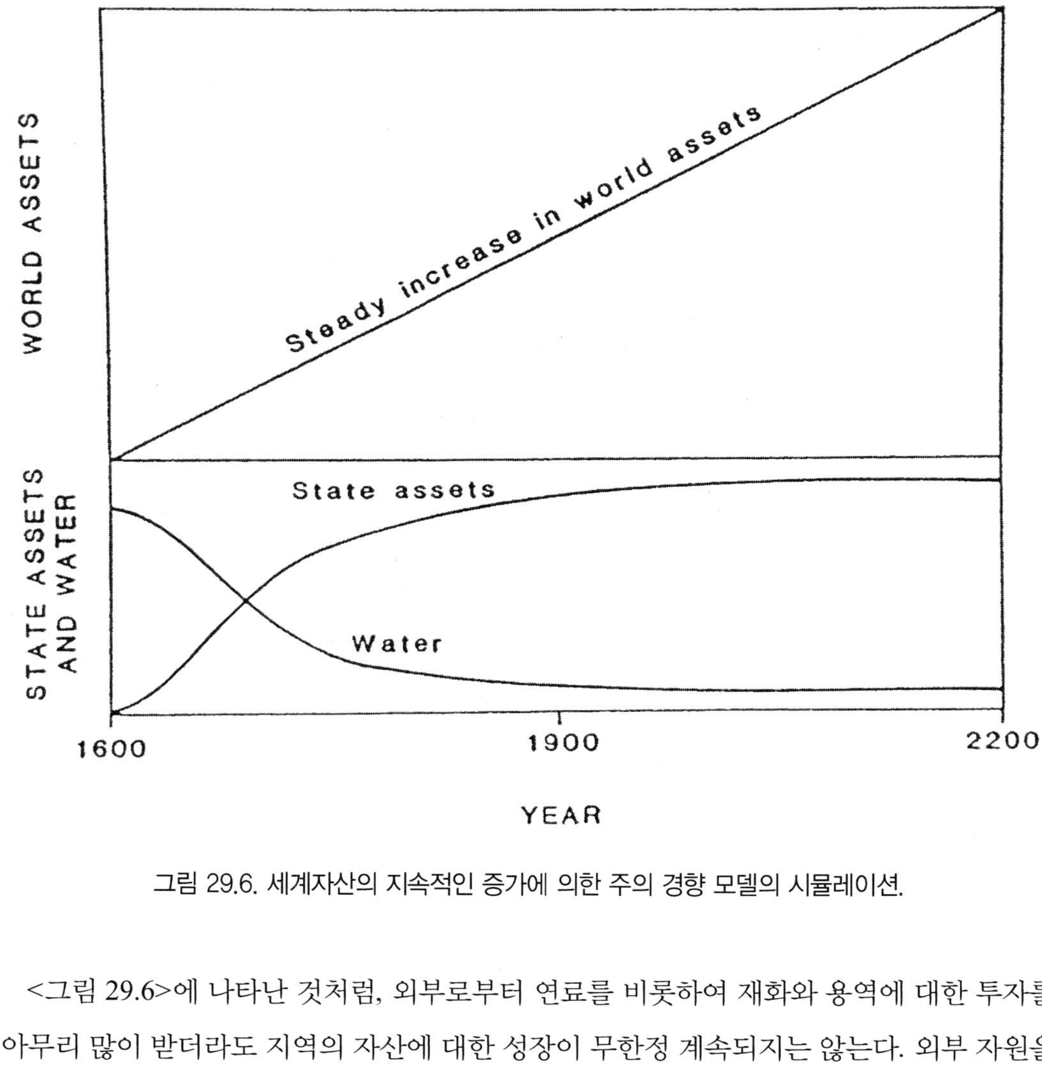

그림 29.6. 세계자산의 지속적인 증가에 의한 주의 경향 모델의 시뮬레이션.

<그림 29.6>에 나타난 것처럼, 외부로부터 연료를 비롯하여 재화와 용역에 대한 투자를 아무리 많이 받더라도 지역의 자산에 대한 성장이 무한정 계속되지는 않는다. 외부 자원을 그렇게 우호적으로 이용할 수 있다면, 우리는 지역 경제의 많은 성장을 기대하게 된다. 그

렇지만 환경자원(이 시뮬레이션에서는 물로서 표현)이 낮은 수준으로 고갈되어 더 이상의 경제성장을 제한하게 된다. 이와 같은 현상은 현재 국가의 각 분야에서 관찰되는 일부의 상황과 일치하고 있다.

연습문제

1. 지역의 미래 성장에 영향을 미치는 재생 가능한 자원과 재생 불가능한 자원을 나열하라.
2. 지역의 자산은 무엇을 의미하는지 설명하라.
3. 지역의 자산이 증가할 때 환경자원은 어떤 변화가 있는지 설명하라.
4. 세계로부터 공급받는 화석연료의 양이 무제한이라면, 지역의 성장은 어떻게 되는지 설명하라.

제30장 저 에너지 세계

학습 목표

1. 저 에너지 세계에서 사라지게 될 환경, 직업, 취미활동
2. 저 에너지 세계에서 나타나게 될 환경, 직업, 취미활동
3. 에너지 집약적인 세계에서 저 에너지 세계로 전환할 동안 사회에 주어질 스트레스
4. 전환기 동안 도움이 되는 기술과 자세

이 교재는 지구 행성에 존재하는 모든 것과 과학자들이 결론에 도달하는 과정 양쪽을 보여주기 위하여 생태계 내의 에너지를 이용하였다. 자 이제는 여러분들의 차례이다. 과학자들이 하는 일 중의 하나는 미래를 예측하는 것이다. 그들의 예측은 수집할 수 있는 최상의 정보를 기초로 하고 있다.

물리학이나 생물학에 있어 모델에 기초한 예측은 실현되기를 기대한다. 그러나 사회과학의 경우 불쾌한 결과의 예측은 때때로 결과를 바꾸는 원인이 된다. 사회에 대한 예측은 경고로서 작용한다. 인류는 그들 자신의 운명을 조절할 수 있다. 만약, 사람들이 경고에 귀를 기울이고 책임 있게 행동한다면 결과는 불쾌한 예측대로 되지 않는다. 예측의 가치는 스스로 수정을 유도할 수 있는 능력에 있다.

당신이 생각할 수 있는 많은 증거가 제시되었다. 마지막 장에서는 몇 가지 긍정적이고 희망적인 예측을 해본다. 이들 예측은 사람들이 특정한 형태로 행동할 것이라고 가정한다. 당신은 이들 예측이 실제 일어날지, 아닐지를 결정한다. 당신과 당신의 동년배들이 일생을 살면서 하는 일의 전부가 아마도 그 예측들이 이루어질지 또는 아닐지를 결정하는 것이다.

사회와 자연의 형태는 자원의 형태에 따라 변하기 때문에 현재와 같이 화석연료가 풍부

한 시기 다음에 다가올 저 에너지 세계에 대한 어떤 특징을 예측하는 것이 가능하다. 우리가 미래의 형태를 예상할 수 있다면 과도기를 계획하는데 더 좋은 역할을 할 수 있다.

30.1 2100년의 에너지 수지

미국의 에너지 수지에 관한 항목이 <표 22.2>에 나타나 있다. 이용할 수 있는 재생 불가능 자원이 모두 고갈된 시대의 상황을 가정해 보자. 미국 에너지 수지는 1980년 수준의 평균 27% 정도가 될 것이다. 일부 국가는 더 높을 것이고 다른 국가는 더 낮을 것이다.

30.2 현재 국가의 현재 모습에 대한 변화

만약 2100년까지 주요 연료나 광물 자원이 소모되어 버리면, 경제는 긴축되고, 인구는 감소하여, 국가의 모습이 인구문제로 인한 혼잡은 다소 덜할 것이다. 도시보다는 농촌에 더 많은 에너지가 있으므로 인구는 시골로 모이고, 도시는 작아진다. 시장은 지역에서 재배되어 가공된 상품을 더 많이 팔게 될 것이다. 값싼 운송수단의 결핍으로, 돈을 위한 작물이나 공업 상품의 수출은 줄어들 것이다.

그때는 국가의 연료나 광물 자원이 거의 채굴되어 버렸기 때문에, 자연의 경관은 점진적으로 새롭게 편성될 것이다. 토양, 하천의 배수, 식물 다양성 등의 형태가 자연적으로 그리고 계획적으로 재건될 것이다. 비료의 사용이 줄어들면서 녹지를 유지하고 돌려짓기를 실행하는 방식으로 토지가 이용될 것이다. 수산업에서는 더 작은 배를 이용하고, 보다 연안에서 조업하게 될 것이다.

30.3. 나빠진 모습

이미 국가 시스템의 일부 체계는 유지되는 것보다 빠르게 나빠지고 있다. 이용 가능한 에너지가 감소함에 따라 우리 경제시스템의 다른 많은 모습 또한 쇠퇴하고 있다. 고속도로, 교량, 철도, 발전소(특히 거대한 원자력발전소), 가장 복잡한 일부 통신체계, TV 시설 등을 예로 들 수 있다. 이용 가능한 에너지가 줄어들면 일부 고에너지 서비스의 사용을 줄여야 한다. NASA의 시설과 인공위성망은 지속할 수 없다. 국방기지는 서비스가 점차 인력에 의존함에 따라 덜 복잡한 항공기와 전차로 무장하여 별로 혼잡하지 않을 것이다. 해안지역에 사치, 관광, 부유한 퇴직자와 관련된 고밀도 개발은 사라질 뿐만 아니라 재건축을 위하여 남아 있는 보조금이 없으므로 자연적인 재해에 의하여 그 속도가 더 빨라질 것이다.

유럽과 아시아에 산재한 초기 문명의 위대한 건축물을 조사하면 거대한 피라미드나 사원의 구성 물질이 그렇게 중요하지 않은 기능으로 운영되어 후손들에게 이용되고 있음을 알 수 있다. 이용 가능한 재료가 선별되고 나면 나머지는 폐허가 되며, 새로운 토지가 형성되기 위해 잡초가 무성하게 자라고 먼지로 덮이게 된다. 정말로 오랜 시간 동안 견뎌온 구조물은 필수적인 주거환경과 농업생산 유지를 위한 관개시설과 같이 사회 기반 시설로서 계속 사용된 것이다. 현재 우리의 구조물 중 어떤 것이 오래 남을까?

30.4 새로운 모습

여러 세대를 거쳐 오는 동안 우리는 더 많고, 더 크고, 더 복잡하고, 좀 더 기술적인 것이 발전이라는 생각에 익숙하다. 더 작고, 더 간단하며, 덜 기술적인 저 에너지 세계에 대한 예상을 퇴보로 생각할 수 있다. 그러나 인간은 역사의 대부분을 저에너지 사회에서 살아왔다. 우리는 현재의 집약적인 도시 세계보다 저에너지 체제에 더 잘 적응할 수 있다.

분산된 인구, 전원적인 삶의 유형, 빈부 격차가 적은 모습을 보이는 생활 방식이 발전으로 여겨지게 될 것이다. 에너지 사용이 감소함에 따라 인구가 감소하여 인구 당 에너지는 많게 유지되므로 개인적인 환경은 좋아질 것이다.

에너지 유지비용이 그렇게 많지 않다면 현대 우리 사회의 몇몇 모습은 그대로 유지될 수도 있다. 아마도 많은 백신, 약품, 소형 컴퓨터, 라디오, TV, 자전거, 책의 경우는 그대로 유지될 것이다.

농업생태계는 특별한 화석연료나 기술적인 지원의 필요성이 감소하고, 초기 시대처럼 순 생산량이 더 많은 경향을 보일 것이다. 도시 성장에 대한 지금의 압박보다는 농산물과 임업 생산을 위한 토지에 대한 수요가 증가하기 때문에 자연환경을 유지하려는 투쟁은 계속 필요할 것이다. 농업활동은 더 많은 다양한 작물이 필요할 것이다. 잡초와 해충을 줄이고 암석과 강우로부터 비료 원소를 추출할 수 있는 식생의 천이가 가능하도록 휴경 기간과 함께 작물의 돌려짓기도 더욱 필요할지 모른다. 새나 다른 곤충의 포식자는 고비용의 화학 살충제를 대신해서 사용될 수 있다.

사회적, 정치적 활동은 더 작은 중심지로 이동할 것이다. 지역의 조건에 따른 차이는 다른 관습이나 문화로서 표현될 것이다.

30.5 생산과 소비 체제 사이를 교차하는 인간사회

더욱 큰 범위의 시간과 공간을 고려할 때, 생산한 것 이상으로 소모하는 현재의 세계 소비문화는 제9장에서 소개했던 반복진동의 긴 기간의 중의 한 단계이다. 현재의 소비경제는 불에 의한 화재나 저장고를 소비하는 메뚜기에 의한 폭발적 증가와 비슷한 양상을 보인다. 이러한 대량소비 후의 시스템은 다시 생산이 소비를 초과하는 긴 기간으로 이동한다. 유연한 인류문화의 적응력을 볼 때 생존을 위해 그 시대에 필요한 것이 순 생산이라면 이를 위한 세계를 관리하기 위한 문화로 확실히 이동할 것이다. 반복진동의 개념에 따라 충분한 자원이 다시 축적되면 소비자의 맥동 문화가 또 다른 기간 동안 다시 나타날 수 있다. 우리의 도전은 고에너지와 저에너지 기간 사이에서 최상의 지식을 보유하고 그것을 유용하게 다시 사용할 수 있도록 하는 것이다.

30.6 과도기

현재와 저에너지 시대 사이의 시간은 거대한 변화의 시기일 것이다. 고에너지에서 저에너지로의 전환 시기에 무슨 일이 일어날지를 사람들이 이해하지 못하면 분열과 불안을 초래할 수 있다.

만약 당신이 새로운 방향을 미리 짐작한다면, 당신은 스스로 변화의 준비를 할 수 있다. 예를 들어, 직업의 선택에 있어서 스스로 유연하도록 교육한다; 기술적인 직업에서 전문가가 되도록 준비하고, 또한 다양한 분야에서 여러 가지 일을 할 수 있도록 준비한다. 정원이나 농장을 마련하고, 당신의 집을 손수 짓고 수리하며, 자신만의 오락을 선택하고, 교통수단의 이용을 줄이며, 당신의 이웃과 지역사회를 돕고, 지역의 정치적 의사결정에 참여할 수 있도록 준비한다.

우리의 생활에 영향을 주는 원동력에 대하여 이해할 수 있는 능력이 없으면 혼란과 두려움을 유발한다. 변화에 대해 예견할 수 있는 우리는 다른 사람에게 이러한 변화를 설명해 줄 필요가 있다. 저에너지 세계에 대비한 계획을 수립하여 새로운 세계에 생존하는 것은 흥미로운 도전이다.

연습문제

1. 당신의 지역사회가 상수, 오수, 쓰레기, 폐기물, 중금속 등을 어떻게 처리하는지 설명하라. 저에너지 세계에 있어서는 이것이 어떻게 변화하겠는가?
2. 지금 당신의 식단에 있는 것이 어디서 온 것인지 설명하라. 저에너지 사회의 식단은 어떻게 변화하겠는가?
3. 저에너지 세계에서는 당신이 속해 있는 지역사회의 어떤 특징이 사라지는가?
4. 학교에 가는 방법을 설명하고 저에너지 세계에서 이것이 어떻게 변화할지를 생각해 보자.
5. 당신의 지역사회가 저 에너지 세계에서 어떤 특징을 추가할지 설명하라.
6. 저에너지 세계에는 사라지게 될 직업 3가지를 나열하라.
7. 저에너지 세계에서 나타나게 될 직업 3가지를 나열하라.

부 록

각 장의 Computer Programs

장	프로그램	Tables	Page
5	Limiting Factors	A.1	280
6	Exponential Growth	A.2	281
	Logistic Growth	A.3	282
	Growth on a Constant-flow Source	A.4	283
	Growth in a Storage Tank	A.5	284
	Growth on a Nonrenewable Source	A.6	285
	Growth on Two Sources	A.7	286
7	Draining a Tank	A.8	287
	Production-Consumption	A.9	288
8	Simple Oscillation; Predator-Prey	A.10	289
	Fire with Recycled Nutrients	A.11	290
	Pulse	A.12	291
27	World Population	A.13	295
29	World Trend	A.16	300
	State Model driven by World Model	A.17	303

Table A.1 Program for **limiting factors**

```
Sub limiting_factors()
Dim j As Integer, i As Integer
Dim k1 As Single, k3 A3 Single, p As Single
j = 5
i = 1
k1 = 0.08
k3 = 0.01
For j = 5 To 20 Step 5
For i = 1 To 320
n = j / (1 + k3 * i)
p = k1 * i * n
Cells(i, 1) = i
Cells(i, j / 5 + 1) = p
Next i
Next j
End Sub
```

Table A.2 Program for **exponential growth**

```
Sub Exponential_Growth()
Dim q As Single
Dim e As Integer
Dim k As Single
Dim k2 As Single
Dim t As Integer
q = 10
e = 1
k = 0.07
k2 = 0.05
Cells(1, 1) = t
Cells(1, 2) = q
For t = 1 To 320
q = q + k * e * q - k2 * q
Cells(t + 1, 1) = t
Cells(t + 1, 2) =       q
Next t
End Sub
```

Table A.3 Program for **logistic growth**

```
Sub Logistic_Growth()
Dim q As Single, k As Single
Dim k3 As Single, e As Single
Dim t As Integer
q = 4
k = 0.04
k3 = 0.0008
Cells(1, 1) = t
Range( "b1:h1" ) = q
For e = 0.2 To 3.2 Step 0.5
For t = 1 To 320
q = q + k * e * q - k3 * q * q
Cells(t + 1, 1) = t
Cells(t + 1, (e - 0.2) / 0.5 + 2) = q
Next t
q = 4
Next e
End Sub
```

Table A.4 Program for **growth on a renewable constant-flow source**

```
Sub constant_flow_Source()
Dim q As Single, k0 As Single, k As Single
Dim k3 As Single, j0 As Integer
Dim j As Single, t As Integer
q = 0.1
k0 = 0.1
k = 0.008000001
k3 = 0.03
j0 = 45
Cells(1, 1) = t
Cells(1, 2) = q
For t = 1 To 320
j = j0 / (1 + k0 * q)
q = q + k * j * q - k3 * q
Cells(t + 1, 1) = t
Cells(t + 1, 2) = q
Next t
End Sub
```

Table A.5 Program for **growth in a storage tank**

```
Sub Storage_Tank()
Dim q As Single, e As Integer, k1 As Single, k2 As Single
q = 1
e = 40
k1 = 0.1
k2 = 0.05
Cells(1, 1) = t
Cells(1, 2) = q
Cells(1, 3) = e
For t = 1 To 320
q = q + k1 * e - k2 * q
Cells(t + 1, 1) = t
Cells(t + 1, 2) = q
Cells(t + 1, 3) = e
Next t
End Sub
```

Table A.6 Program for **growth on a nonrenewable source**

```
Sub Nonrenewable_Source()
Dim q As Single, k0 As Single, k As Single, k3 As Single
Dim e As Single, t As Integer
q = 0.1
k0 = 0.001
k = 0.001
k3 = 0.03
e = 159
Cells(1, 1) = t
Cells(1, 2) = q
Cells(1, 3) = e
For t = 1 To 320
dq = e * k * q - k3 * q
de = -k0 * e * q
e = e + de
q = q + dq
Cells(t + 1, 1) = t
Cells(t + 1, 2) = q
Cells(t + 1, 3) = e
Next t
End Sub
```

Table A.7 Program for **growth on two sources**

```
Sub Two_Source()
Dim q As Single, k0 As Single, i As Single, k As Single
Dim k4 As Single, k8 As Single, k7 As Single, n As Single
q = 1
k0 = 0.1
i = 80
k = 0.002
k4 = 0.0007
k8 = 0.03
k7 = 0.0008
n = 160
t = 0
Cells(1, 1) = t
Cells(1, 2) = q
Cells(1, 3) = n
For t  = 1 To 320
r = i / (1 + k0 * q)
dq = k7 * n * q + k * r * q - k8 * q
dn = -k4 * n * q
q = q + dq
n = n + dn
Cells(t + 1, 1) = t
Cells(t + 1, 2) = q
Cells(t + 1, 3) = n
Next t
End Sub
```

Table A.8 Program for **draining tank**

```
Sub Draining_Tank()
Dim q As Single, k As Single, t As Integer
q = 160
k = 0.01
t = 0
Cells(1, 1) = t
Cells(1, 2) = q
For t = 1 To 320
q = q - k * q
Cells(t + 1, 1) = t
Cells(t +1, 2) = q
Next t
End Sub
```

Table A.9 Program for **production–consumption**

```
Sub Production_Consumption()
Dim q As Single, k1 As Single, k2 As Single
Dim n As Integer, s As Single, t As Integer
Dim p As Single, c As Single
q = 0.1
k1 = 0.01
k2 = 0.2
n = 1
Cells(1, 1) = t
Cells(1, 2) = s / 10000 + 100
Cells(1, 3) = q / 250
For t = 1 To 20
If n = 1 Then s = 200000
If n = 2 Then s = 350000
If n = 3 Then s = 450000
If n = 4 Then s = 350000
n = n + 1
If n = 5 Then n = 1
Cells(t + 1, 1) = t
Cells(t + 1, 2) = s / 10000 + 100
Cells(t + 1, 3) = q / 250
p = k1 * s
c = k2 * q
q = q + p - c
Next t
End Sub
```

Table A.10 Program for **simple predator-prey oscillation**

```
Sub Prey_Predator()
Dim i As Single, e As Single, q As Single, t As Integer
Dim h As Single, k1 As Single, k2 As Single, k3 As Single, k4 As Single
i = 0.1
e = 1
q = 10
h = 5
k1 = 0.1
k2 = 0.005
k3 = 0.004
k4 = 0.1
Cells(1, 1) = t
Cells(1, 2) = q
Cells(1, 3) = h
For t = 1 To 3200
dq = k1 * e * q - k2 * q * h
dh = k3 * q * h - k4 * h
q = q + dq * i
h = h + dh * i
Cells(t + 1, 1) = t
Cells(t + 1, 2) = q
Cells(t + 1, 3) = h
Next t
End Sub
```

Table A.11 Program for fire

```
Sub Fire()
Dim g1 As Single, n0 As Single, q As Single, e As Single
Dim k2 As Single, f As Single, p As Single, t As Integer
g1 = 18000
n0 = 25
q = 1000
e = 25
k2 = 0.005
f = 16000
p = 0.001
Cells(1, 1) = t
Cells(1, 2) = n * 2
Cells(1, 3) = q / 300
For t = 1 To 320
If q > g1 Then q = q - f: n = n0
q = q + n * e - k2 * q
n = n0 - p * q
Cells(t + 1, 1) = t
Cells(t + 1, 2) = n * 2
Cells(t + 1, 3) = q / 300
Next t
End Sub
```

Table A.12 Program for **pulse**

```
Sub Pulse()
Dim e As Integer q As Single, i As Single, c As Single
Dim k1 As Single, k2 As Single, k3 As Single, k4 As Single
Dim m As Single
e = 200
q = 2
i = 0.5
c = 2
k1 = 0.02
k2 = 0.01
k3 = 0.0003
k4 = 0.2
t = 0
Cells(1, 1) = t
Cells(1, 2) = q
Cells(1, 3)= c
For t = 1 To 320
m = e - q - c
dq = k1 * m - k2 * q - k3 * c * c * q
dc = k2 * q + k3 * q * c * c - k4 * c
q = q + dq * i
c = c + dc * I
Cells(t + 1, 1) = t
Cells(t + 1, 2) = q
Cells(t + 1, 3) = c
Next t
End Sub
```

〈그림 27.2〉에서 시뮬레이션한 세계 인구 프로그램과 설명

인구가 경제적 자산의 총괄생산에 영향을 받도록 한 모델이 <그림 A.1>(Odum and Scott, 1983)에 나타나 있다. 다이어그램은 수학적 관계를 보여주며 다이어그램 아래에 방정식이 표현되어있다. 모델의 관계에 대한 설명은 다음과 같다.

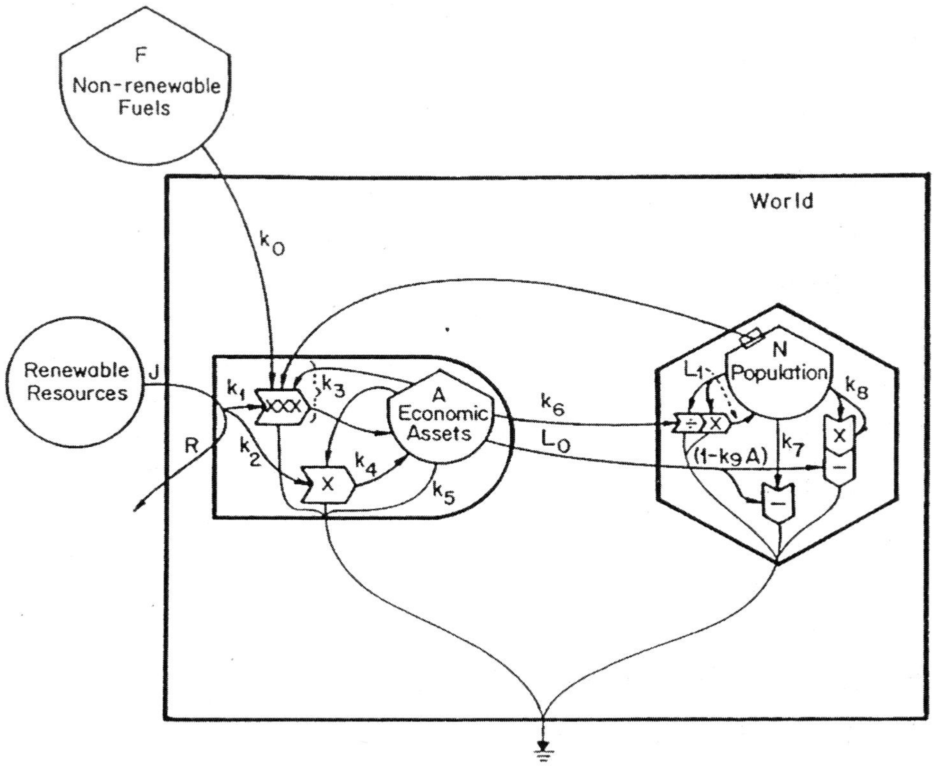

$$\dot{F} = -k_0 RFNA$$

$$R = \frac{J}{(1 + k_1 FNA + k_2 A)}$$

$$\dot{A} = k_3 RFNA + k_4 RA - k_5 A - k_6 A - L_0 N^2 (1 - k_9 A) - L_0 N (1 - k_9 A)$$

$$\dot{N} = L_1 A - k_7 N (1 - k_9 A) - k_8 N^2 (1 - k_9 A)$$

그림 A.1 프로그램 표 A.13 세계 인구 모델의 방정식.

왼편에, 경제적 자산의 생산은 사용되지 않고 남아 있는 재생 가능한 자원의 흐름(R), 재생 불가능한 자원의 보유량(F), 경제적 자산(A)으로부터 피드백, 인구(N)로부터 피드백 유입으로 생성된다. 이용 가능한 재생 가능 자원은 지금까지 이용되지 않은 유입 에너지(J)의 잔존량(R)이다(일정하고 재생 가능한 자원의 제한에 대한 상세한 설명은 <그림 6.3> 참조). 하나의 생산 흐름 K3*R*F*N*A는 재생 불가능한 연료가 이용 가능할 때까지 작용한다; 다른 하나인 K4*R*A는 재생 불가능한 연료가 고갈될 때 중요하게 된다. 경제적 자산(A)의 양은 생산적인 흐름과 유출 사이의 균형으로 결정된다. 유출은 감가상각 K5*A, 인구 증가에 사용된 경제적 자산 K6*(A/N)*N, 정기 건강 및 의학에 이용되는 경제적 자산 L0*(1-K9*A), 유행성 질병에 이용되는 경제적 자산 L0*N*N*(1-K9*A)을 포함한다.

지구상의 인구수(N)는 출산과 사망의 균형에 의하여 계산된다. 1인당 출산율은 1인당 경제적 자산(A/N)과 인구의 수(N)의 곱으로 계산되며, 여기서 경제적 자산은 환경자산뿐만 아니라 도시자산을 포함하여 에머지 단위로 평가된다. 국가가 경제적으로 발전함에 따라 1인당 에머지는 점차 감소하고 출산율도 같이 감소한다. 다시 말해서 이 모델은 인구의 재생산은 자원과 비교하여 인구가 혼잡해짐에 따라 점차 감소하는 가설에 따라 수립되었다.

사망에는 두 가지 경로가 포함되어 있으며 정상적인 사망과 전염성 질병에 의한 사망이 포함된다. 정상적인 사망 K7*N*(1-K9*A)는 인구(N)에 비례하지만, 건강관리(1-K9*A)에 사용된 경제적 자산에 비례하여 감소한다. 전염성 사망률은 인구의 제곱(N*N)에 비례하지만, 건강 및 의학을 위하여 이용 가능한 경제적 자산(1-K9*A)에 의하여 또한 감소한다. 전염병이 인구의 상호작용에 비례하여 전파되는 것을 수학적으로 표현하면 개체수의 제곱이기 때문에 인구수를 제곱하는 것은 적절하다.

프로그램은 1980년의 값으로 보정되었다. 프로그램은 <표 A.17>에 목록으로 만들어져 있다. 수행시키면 <그림 27.2>에 나타난 그래프를 생성한다. 재생 불가능한 연료가 고갈됨에 따라 경제적 자산은 최고점을 통과하여 감소하기 시작한다. 몇 해 지나지 않아 인구는 정상에 도달하고 출생률의 감소와 높은 사망률의 결과로 급속히 감소한다.

인구에 대한 시뮬레이션은 개인당 자산이 성장 기간에는 감소 기간보다 높다는 것을 보여준다. 그러나 인구가 줄어든 후에 개인당 자산은 합리적으로 좋아진다. 어떤 의미에서는 합리적인 생활 수준이 저 에너지 시기에는 가능하다는 의미와 인구수가 이용 가능한 자원에 비례하여 조절된다는 가정 아래 이 모델은 낙관적이다.

Table A.13 Program for world population

```
Sub Program_for_World_Population()
j = 8.560001
dt = 1
n = 0.01
a = 1
r = 12.5
f = 1000
k0 = 0.00003
k1 = 0.0000176
k2 = 0.01
k3 = 0.0000176
k4 = 0.01
k5 = 0.05
k6 = 0.0135
k7 = 0.126
k8 = 0.004116
k9 = 0.009
I1 = 0.001054
I0 = 0.0433
t0 = 2.8
n0 = 0.08
f0 = 16
a0 = 1.8
x = 1
t = 0
Cells(1, 1) = “Time”
Cells(1, 2) = “Population”
```

```
Cells(1, 3) = "Assets"
Cells(1, 4) = "Fuels"
Cells(2, 1) = t / t0
Cells(2, 2) = n / n0
Cells(2, 3) = a / a0
Cells(2, 4) = f / f0
For t = 1 To 900
r = j / (1 + k1 * f * n * a + k2 *a)
df = -k0 * r * f * n * a
da = k3 * r * f * n * a + k4 * r * a - k5 * a - k6 * a - 10 * n * n * (1 - k9 * a)
b = I1 * (a / n) * n
d = k7 * n * (1 - k9 * a) + k8 * n * n * (1 - k9 * a)
If d < 0 Then d = 0
f = f + df * dt * x
n = n + (b - d) * dt
If n < 0.01 Then n = 0.01
a = a + da * dt
If a < 1 Then a = 1
br = b * 100 / n
dr = d * 100 / n
Cells(t + 2, 1) = t '/ t0
Cells(t + 2, 2) = n / n0
Cells(t + 2, 3) = a / a0
Cells(t + 2, 4) = f / f0
If f < 1 Then f = 1
' If t >= 250 Then I1 = 0.0001
Next t
End Sub
```

<그림 A.2>의 모델은 <그림 29.1>에 컴퓨터 정보가 첨가된 것이다. 모델은 연료와 원료 물질의 보유량, 토양과 목재의 재생 가능한 보유량으로부터 유입을 끌어들이는 경제적 자산을 가지고 있다. 경제적 자산을 생산하기 위하여 자원을 이용하는 3가지 경로가 약간씩 다르게 존재한다.

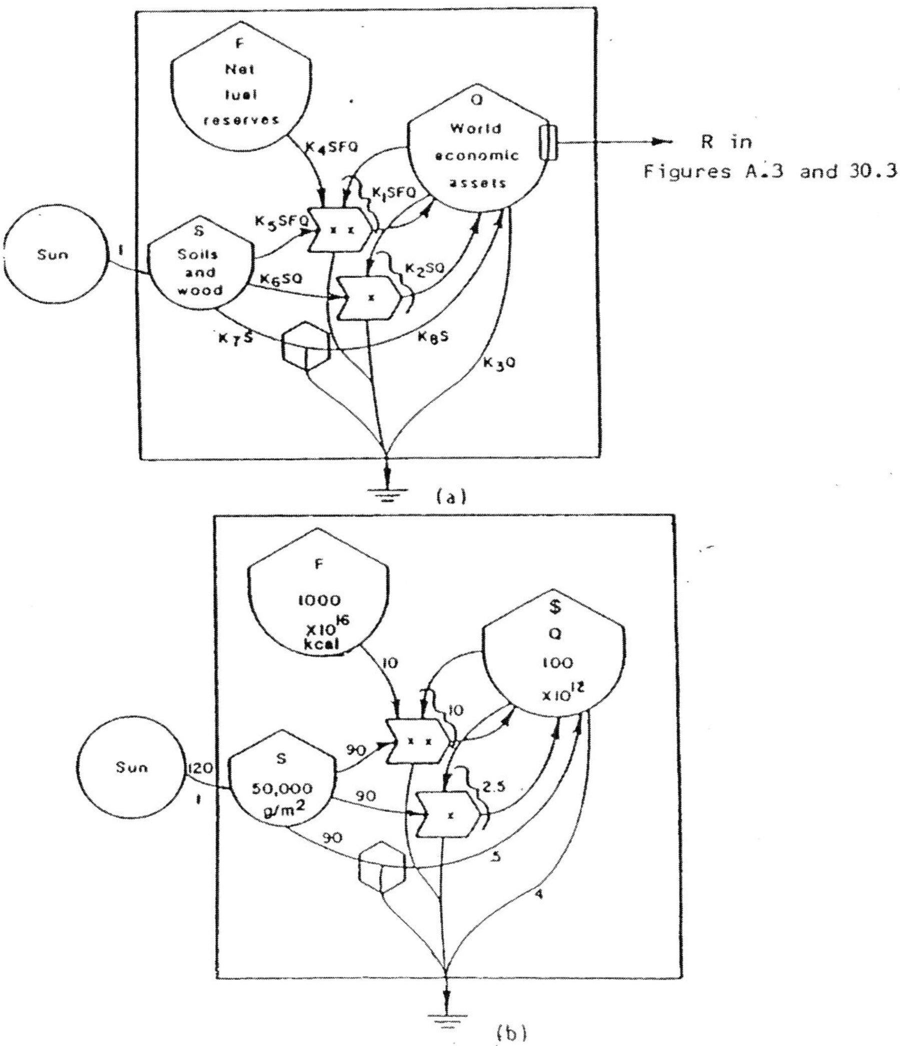

그림 A.2 세계 경향에 대한 단순 모델, (a) 컴퓨터 방정식, (b) 보정을 위한 1978년 자료.

가장 아래의 경로(K8S)는 토양과 목재의 보유량에 기초하여 지구의 자산을 형성하는 선형적인 경로이다. 가운데 경로(K2SQ)는 자동촉매 작용을 하는 경로이며, 지구의 자산이 더 많은 자원을 저장하기 위하여 상호작용하는 방식으로 이용된다. 그리고 가장 위의 경로(K1SFQ)는 연료 보유량과 추가적인 상호작용을 통하여 자동촉매 작용을 한다.

각각의 경로는 경제 발전의 다른 단계를 나타낸다. 선형적인 경로는 발전의 가장 초기 단계(미개발 경제)를 나타낸다. 여기에는 상호협동과 기계적 수단을 통하여 생산을 증가시키기 위한 인간의 역할은 거의 없다. 자동촉매 작용을 하는 중간 경로는 개발도상국의 경제를 나타낸다. 여기서는 생산을 증가시키기 위하여 피드백 작용으로 자산(연장, 기계, 정보)의 일부를 이용한다. 가장 위의 경로는 경제에 동력을 공급하기 위하여 막대한 양의 원료와 연료를 사용하는 선진국의 경제를 나타낸다.

각각의 저장고와 경로의 간단한 설명은 아래와 같다.

Q는 지구의 자산에 대한 화폐 가치이다.

S는 토양과 목재의 저장고(g/m2의 유기물질)이다.

F는 경제개발에 이용 가능한 연료의 순 매장량(연료 Calories)이다.

I는 태양에너지의 활용이다.

K1SFQ와 K2SQ는 경제적 자산의 생산율이다.

K3Q는 경제적 자산의 감가상각률이다.

K4SFQ는 연료의 이용률이다

K5SFQ, K6SQ, K7S는 토양과 목재의 이용률이다.

K8S는 야생생물을 포함하는 농촌 지역으로부터 자산의 생산이다.

R은 Q의 감지기로서 지역의 발전 경향에 대한 모델에 이용될 것이다.

세계 경향 모델의 시뮬레이션

<그림 A.2>의 모델을 시뮬레이션하기 위하여 <표 A.14>에 있는 방정식으로 제7장과 같이 컴퓨터 프로그램을 작성한다. 방정식은 모델의 경로와 부호에 의한 관계로부터 유도된다. 모델을 보정 하기 위하여 사용된 값은 <그림 A.2(b)>에 있다.

표 A.14 세계 경향 모델의 방정식

Change in Q : D1 = K1*S*F*Q + K2*S*Q + K8*S - K3*Q

Change in S : D2 = I - K5*S*F*Q - K6*S*Q - K7*S

Change in F : D3 = -K4*S*F*Q

다음으로 저장고와 흐름의 값을 1978년 자료를 이용하여 산정하였다. 각 저장고와 흐름의 값은 <표 A.15>에 수록하였다. 저장고와 흐름의 값으로부터 각 경로의 계수가 계산되고 이 역시 <표 A.15>에 수록하였다.

BASIC 언어로 작성된 시뮬레이션 프로그램이 <표 A.16>에 수록되어 있다.

표 A.15 보유량과 흐름 계수

Storage or flow	Value	Pathway coefficient*
S	5 E4	
Q	100	
F	1 E3	
I	120	
K1SFQ	10	K1 2E-9
K2SQ	2.5	K2 = 5E-7
K3Q	4	K3 = .04
K4SFQ	10	K4 = 2E-9
K5SFQ	90	K5 = 1.8 E-8
K6SK6Q	90	K6 = 1.8 E-5
K7S	90	K7 = 1.8 E-3
K8S	.5	K8 = 1 E-5

Table A.16 Program of world trend

```
Sub World()
DT = 1
S = 60000
Q = 1
F = 0
I = 120
K1 = 0.000000002
K2 = 0.0000005
K3 = 0.04
K4 = 0.000000002
K5 = 0.000000018
K6 = 0.000018
K7 = 0.0018
K8 = 0.00001
T = 0
Cells(1, 1) = T
Cells(1, 2) = Q * 1.5
Cells(1, 3) = S / 150
Cells(1, 4) = F
X = 1
For T = 1 To 600
If T = 300 Then F = 1000
DQ = K1 * S * F * Q + K2 * S * Q - K3 * Q + K8 * S
DS = I - K5 * S * F * Q - K6 * S * Q - K7 * S
DF = -K4 * S * F * Q
```

```
Q = Q + DQ * DT
S = S + DS * DT
F = F + DF * DT
Cells(X + 1, 1) = T
Cells(X + 1, 2) = Q * 1.5
Cells(X + 1, 3) = S / 150
Cells(X + 1, 4) = F
X = X + 1
Next T
End Sub
```

세계 모델에 의하여 가동되는 지역의 모델

세계 모델과 결합한 지역의 모델<그림 A.3>이 <그림 29.4, 29.5>과 <그림 29.6>에 나타나 있다. <그림 29.4>에서 R은 지구의 자산(Q)에 비례하도록 프로그램하였다. <그림 29.6>에서 R의 값은 매년 0.02씩 증가(R = R + .02)한다.

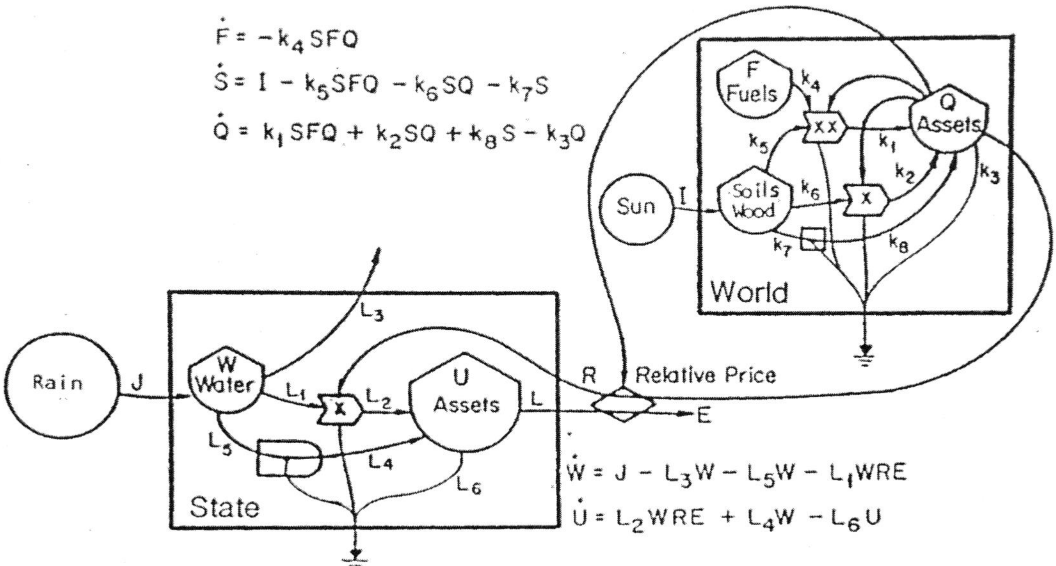

그림 A.3. 세계와 지역의 결합 모델. W는 환경자원의 지표로 이용된 물의 보유량. U는 지역의 경제적 자산($/m2/area). R은 광물, 농산물, 관광 서비스를 수출한 대가로서 지역이 세계로부터 상대적으로 받은 재화, 용역, 연료 형태의 교환.

Table A.17 Program of state model driven by world model

```
Sub STATECON()
DT = 1
J = 2
Js = 3
Q = 1
W = 10
F = 0
U = 0.1
K1 = 0.0001
K2 = 0.0000005
K3 = 0.04
K4 = 0.00004
L = 0.2
L1 = 0.00016
L2 = 0.0003
L3 = 0.17
L4 = 0.013
L5 = 0.006
L6 = 0.04
T = 0
Cells(1, 1) = T
Cells(1, 2) = Q
Cells(1, 3) = F
Cells(1, 4) = W
Cells(1, 5) = U
```

```
X = 1
For T = 1 To 710
If T = 300 Then F 1000
DQ = Js + K1 * F * Q – K3 * Q
DF = -K4 * F * Q
DW = J – L1 * Q * U * W – L3 * W – L5 * W
DU = -L * U + L2 * U * Q * W + L4 * W - L6 * U
Q = Q + DQ * DT
F = F + DF * DT
W = W + DW * DT
If W < 0.1 Then W = 0.1
U = U + DU * DT
Cells(X +1, 1) = T
Cells(X +1, 2) = Q
Cells(X +1, 3) = F
Cells(X +1, 4) = W
Cells(X +1, 5) = U
X = X + 1
Next T
End Sub
```

참고문헌

Ballentine, T. 1976. "A Net Energy Analysis of Surface Mined Coal from the Northern Great Plains." M.E. thesis, Dept. of Environmental Engineering Sciences, University of Florida, Gainesville. 149 pp.

Boynton, W. 1976. "Energy Basis of a Coastal Region: Franklin County and Appalachicola Bay, Fla." Ph. D. dissertation, Dept. of Environmental Engineering Sciences, University of Florida, Gainesville.

Burnett, M.S. 1978. "Energy analysis of intermediate technology agricultural system." Master's thesis, Dept. of Environmental Engineering Sciences, University of Florida, Gainesville.

Fisher, M.R. 2019. Environmental Biology. Creative Commons Attribution 4.0 International License. 334 pp.

Kidman, R.B. and R.J. Barrett, 1977. State energy flow patterns. pp. 113-157 in Energy Use Management, Proceedings of the International Conference, Vol. Ⅱ. Pergamon Press, N.Y. Ed. by R.A. Fazzolare and C.B. Smith.

Odum, H.T. et al. 1976. "Net Benefits to Society from Alternative Energy Investments" in Transactions of the 41st North American Wildlife and Natural Resources Conference.

Odum, H.T. and E.C. Odum, eds. 1983. Energy Analysis Overview of Nations. Working Paper WP-83-82. Laxenburg, Austria. International Institute for Applied Systems Analysis.

Odum, H.T. and G. Scott. 1983. A Resource-based Model of World Population. Unpublished manuscript.

Zucchetto, J. 1984. “Relationship between total energy consumption and economic activity for the Florida Economy 1960-1978.” Florida Scientist, 47(3), 145-153.

Zucchetto, J. and S. Brown. 1977. “Comparison of Fossil Fuel Energy Requirements for Solar, Natural Gas and Electrical Water Heating Systems.” Resource Recovery and Conservation, 2:283-300.